高等学校设计类"十二五"规划教材

工业设计毕业设计论文指导

Graduation Thesis Guidance of Industrial Design

主　编　尚　淼

副主编　杨　程　陈莹燕

参　编　张高美　凌　雁　陈胜利

WUHAN UNIVERSITY PRESS

武汉大学出版社

图书在版编目(CIP)数据

工业设计毕业设计论文指导/尚森主编．—武汉：武汉大学出版社，2014.12

高等学校设计类“十二五”规划教材

ISBN 978-7-307-14498-9

Ⅰ.工…　Ⅱ.尚…　Ⅲ.工业设计—毕业设计—毕业论文—高等学校—教材　Ⅳ.TB47

中国版本图书馆CIP数据核字(2014)第235089号

责任编辑:胡　艳　　责任校对:鄢春梅　　版式设计:马　佳

出版发行:**武汉大学出版社**　(430072　武昌　珞珈山)

(电子邮件:cbs22@whu.edu.cn 网址:www.wdp.com.cn)

印刷:湖北金海印务有限公司

开本:787×1092　1/16　印张:12.25　字数:346千字　插页:2

版次:2014年12月第1版　　2014年12月第1次印刷

ISBN 978-7-307-14498-9　　定价:28.00元

高等学校设计类“十二五”规划教材编委会

前 言

毕业设计是大学整个系统教学过程中最后的一个教学环节，也是学生综合运用所学的专业理论知识和技能，进行全面、系统、综合实践的环节。无论是机械学科下的工业设计专业，还是艺术学科下的产品设计专业，产品设计始终是设计的主题。

对工业设计来讲，产品设计是一个庞大的体系，大到包括交通行业的飞机、轮船，小到通信行业的手机、蓝牙等产品，还有家电行业的彩电、冰箱和空调等产品，也可以是实现某个目标的项目。产品设计是一个综合系统，需要运用多方面知识解决设计中的各种问题。选择毕业设计课题时，各学校工业设计专业可以根据自己的资源优势和定位，确定产品设计的方向，或以产品设计中某个阶段目标为设计主题，或以系统产品设计作为主题，假题真做和真题真做，只有这样，才能有助于全面和系统提高学生综合设计能力，提高学生专业理论知识运用能力和培养学生处理问题、表达构思的能力，帮助学生尽快进入设计状态，达到学以致用。

本书第一章强调了毕业设计的目的和重要性，说明了撰写毕业设计论文与完成毕业设计任务之间的关系，以及撰写论文与设计说明书的区别；第二章介绍了毕业设计的基本环节和内容；第三章介绍了撰写毕业设计论文的要求和规范，通过完成毕业论文撰写的讲解，让学生了解毕业设计每个环节的要求，掌握相关知识的应用，为尽早进入相关工作角色打下基础。

对于学生来说，毕业设计就是根据某一个具体设计课题，将所学到的知识进行综合梳理，通过真实的设计实践，熟悉在不同环境中运用理论知识的技巧，检查自己掌握知识的程度，为从事相关行业打下基础。在学生已分别完成各门专业基础知识和专业知识学习基础上，本书对产品设计中不同的阶段所出现的问题、使用的知识，作了一定介绍，帮助和提示学生解决毕业设计中如何运用所学的知识解决问题。第四章对设计常用的调查方法和评判方法的应用作了相应的介绍；第五章对设计常用的表达规范作了相应的介绍；第六章介绍了产品设计最新的设计理念和方法；第七章介绍了产品设计中常用的材料及性能，学生可以通过类比法，从中选取需要的材料用于设计。毕业设计是由多个设计任务组合的系统项目，如需要完成开题报告、实习报告、专业外文翻译、模型制作等任务。附录收录了国家有关设计论文撰写的标准和相关学校关于毕业设计中各种表格与论文撰写参考模板，提供大家参考。

毕业设计是学生巩固知识、提高能力的一个非常重要的环节。各个学校可以根据自身的资源和长处进行定位。不同的定位，在毕业设计主题上可以体现不同的偏向。不管是哪种定位，毕业设计的程序大多是一致的。该教材的编写得到了浙江大学城市学院工业设计系、武汉轻工大学艺术与传媒学院、广东理工学院艺术系、宁波大红鹰学院机电工程学院、江汉大学设计学院的支持与帮助，在此表示感谢。希望本教材能为高校工业设计、产品设计专业的毕业设计提供帮助。也欢迎广大工业设计专业、产品设计专业师生提出宝贵意见。

作　者

2014. 7

目　　录

第一章 毕业设计概述

第一节 毕业设计的目的及意义

毕业设计是高等院校毕业生在指导教师的指导下，在校学习的最后学习阶段。学生综合运用所学的专业知识和基本技能，针对某个研究课题，通过实地调查、分析、评判，提出有效且可实施的方案，并提交开题报告、毕业设计论文、实习报告等系列文件，通过毕业设计答辩。可以说，毕业设计是学校通过一个实际的课题，全面考查学生在校学习情况的综合环节，学生将系统学习的知识综合运用到实际课题训练中，有利于学生综合解决实际问题的能力，缩短理论到实际工作的距离。

工业设计专业毕业设计的目的和意义与其他专业一样，即在老师（或企业中级以上专业设计师）的指导下，学生选择一个具有综合代表性的实际课题，综合运用所学的专业基础理论知识和基本技能，通过自己独立分析和研究，提出具有一定科学价值并可行的设计方法和方案。

一、毕业设计的作用和目的

毕业设计是本科阶段的最后一个综合教学环节，它能够系统地锻炼和提高学生的综合设计能力，全面地检查学生掌握专业知识的程度和水平。通过完成实际课题的过程，不仅为国家培养专业技术人才，同时也能解决实际问题，取得新成果，从而促进国家和世界经济发展。

1. 围绕产品设计的毕业设计课题，能较全面、系统地提高学生的综合设计能力。课题中形态部分的设计，能检查学生掌握科学分析方法和提高解决实际问题的能力；能培养学生严肃认真的科学态度和求真务实的工作作风；设计中的表达环节，将全面展示学生的绘画表达能力、准确绘制工程图的能力和论文的撰写能力。

2. 对问题存在的环境了解，对问题状态全方位调查和分析的训练等，能够提高学生解决实际问题的能力；通过课题调研、数据处理和评判方法等环节的训练，能提高学生从事设计研究工作的综合能力；通过科学技术和美学法则相融会的实际设计训练，能提高学生综合设计的能力，为今后从事工业产品设计、设计管理等工作打下一定的基础。

3. 在综合设计领域，沟通能力起着决定性的作用。工业设计专业通过毕业设计环节中的手绘草图、计算机效果图绘制、产品结构图绘制等环节训练，能提高学生的专业设计表达能力；通过展板设计、答辩时多媒体制作和设计的动画处理以及论文撰写，能提高学生的设计沟通能力，形成学生多方位的沟通能力，从而获得团体设计中的主动权。

总的来说，毕业设计的目的就是：在教师指导下，学生通过对一个实际课题分析和设计的训练过程，检查学生对所学知识掌握的程度，提高学生综合解决问题的能力。

二、毕业设计的重要意义

毕业设计的意义主要有以下几方面：

1. 基本技能的综合训练作用。通过毕业设计论文的撰写，重点训练学生专业理论的利用、专业技术方法的运用以及专业分析能力。

2. 扩展学生所学的基本理论和专业知识。通过相关专题讲座等形式，扩展基本理论和专业知识；或者通过教师指导，让学生学习并应用一些新的理论和专业知识。

3. 培养学生严谨推理、实事求是，用实践验证理论的科学性的科学态度和工作作风。

4. 提高学生从文献分析、实践调查、科学技术的选择和调查研究中获得知识的能力。

5. 便于学生综合运用所学知识，独立完成论文撰写工作。

6. 培养学生根据实际条件变化，来调整工作重点的应变能力和百折不挠的奋斗精神。

7. 进一步提高学生的合作精神，以及书面和口头的表达能力，版面设计能力和 PPT 设计能力。

8. 为学生参加实际工作奠定基础。

第二节 毕业设计的基本概念

一、毕业设计的基本任务

设计是根据人们的需要，经过构思与创造过程，依据现有实现构想的条件，以最佳的方式，将方案转变为现实经济成果的重要活动。设计有两个明确的过程：一是依据需求形成构思方案的过程，二是依据现有最佳条件实现方案的过程。

毕业设计是对学生进行的一次专业能力的综合训练，按照这个定位，工业设计专业毕业设计的基本任务是：

1. 通过毕业设计环节，使学生对所学的系统知识进行综合梳理，从而使所学知识更具条理性。巩固和扩展学生所学的理论知识和专业知识，培养学生综合运用所学知识及技能进行分析和解决实际问题的能力。

2. 工业产品设计涉及多个学科，如产品的市场开发与策划、产品的改进性设计、产品性能的评价、产品形态的设计、产品文化的定位、产品设计管理、产品售后服务等。通过围绕工业产品设计形成的毕业设计课题的训练，能够为社会培养出从事产品形态设计、设计管理、市场调研与评价、市场策划、售后服务等领域的人才，使工业设计成为我国经济建设的生力军。围绕产品设计形成的设计，需要学生具备一定的表达能力和科学支撑技术，通过系统、全面、综合的设计训练，可以提高学生的综合设计能力，有助于学生全面发展。

3. 从考虑实际问题出发，实地了解设计的步骤和途径，熟悉常用的技术工艺，有利于提高学生解决实际问题的能力；同时，设计解决的实际课题，可以直接形成新的设计成果，服务于经济建设，获得经济效益。

4. 进一步训练和提高学生资料收集、数据处理、优化评判等能力，提高学生绘画表达基本技能、简单模型制作能力，以及学生运用计算机软件进行文字处理、工程图绘制、效果图绘制的能力。

5. 提高专业英语阅读能力。

6. 掌握产品设计基本方法，能在设计中提出自己独特、有创新的见解。

7. 了解产品设计中的材料性能、典型结构等知识。培养学生严谨推理、实事求是、理论联系实际的科学态度和求真务实的工作作风。

8. 掌握设计报告的撰写要求。

9. 掌握设计效果图表达技能和工程图绘制构图能力。

二、毕业设计的基本要求

1. 学生修完必修课程，才能进入毕业设计阶段。

2. 毕业设计是学生在教师指导下进行的一项独立工作，学生本人应充分认识毕业设计对自己全面素质培养的重要性，要以认真的态度、高度的责任感和自觉性来完成。

3. 学生要尊敬指导教师，虚心向指导教师请教，应经常主动向指导教师汇报毕业设计工作情况，接受指导教师的检查和指导，对汇报的内容和疑难问题认真做好毕业设计指导工作记录。

4. 如有需要在校外结合实际进行毕业设计，学生本人首先要提出申请，提出可行性操作方案，确定好校内指导教师。若在企事业单位做毕业设计，学生还必须有一名中级技术职称以上设计人员担任指导教师，经过毕业设计指导委员会同意，方可实施。学生应尊重所在企事业单位安排，虚心向所在企事业单位指导教师学习。

5. 学生应独立完成毕业设计论文的系列任务，不得抄袭和弄虚作假，一旦发现，按考试作弊论处。

6. 学生在毕业设计过程中，要严格遵守纪律，服从安排，爱护公物，爱护仪器设备，遵守操作规程和各项规章制度。

7. 对于不服从指导教师管理的学生，指导教师有权停止其毕业设计的进行，其成绩按不及格处理。

8. 在毕业设计期间，学生一般不准请假，但因特殊情况需要请假时，须经过指导教师同意，并按学校规定办理手续。学生缺勤（包括病、事假）累计超过毕业设计 1/5 时间以上者，取消答辩资格，不予评定成绩，须重新补做。

9. 学生应对本人的毕业设计质量负责，必须在规定的时间内完成给定的毕业设计各项任务，毕业设计要严格按照毕业设计论文撰写规范的要求书写和装订。

10. 学生毕业设计论文重点应放在设计内容的论文设计说明书上，其文字不得少于 1 万字，设计绘图量不少于折合成两张 A0 号图纸的工作量，在设计模型、设计样件和动画虚拟展示中，选择一种手段展示设计对象；对于偏重设计表达和不涉及结构的产品形态设计类，其论文文字为 5000 ~8000 字，设计图和效果图量不少于折合成两张 A0 号图纸的工作量，完成一个设计模型制作。

11. 对学生外语水平需要进一步的训练，完成由指导教师制订的、近期出版的、与课题内容相关的外文文献翻译工作，工作量要求不少于6000个印刷符号，在毕业设计中期交予指导教师批阅。

12. 学生答辩前应进行充分的准备，提交答辩申请，备齐必要的图纸和表格，以及制作10分钟的答辩时的多媒体文件。

13. 答辩后，学生应交回所有资料，包括毕业设计论文或设计说明书和工程图纸，以及相应的电子文档，并刻成光盘。

14. 若学生毕业设计课题是参与企事业单位真实课题的设计，而企事业单位有保密要求时，学生的毕业答辩可在密级范围进行，撰写论文前必须备有一份保密保证书，对保密时间段、保密范围、保密内容、保密形式等方面进行说明。对于参与教师课题，并将其作为毕业设计课题相关的学生，未经指导教师许可，不得擅自对外发表或转让有关技术资料。

15. 学生在毕业设计开始时，应提交毕业设计工作进度表，应对毕业设计整个过程进行规划，避免虎头蛇尾。开始撰写设计说明书或毕业设计论文时，应提交毕业设计论文开题报告。经过指导教师认可或合格后，方能开始毕业设计论文或设计说明书的撰写。

16. 在毕业设计中期，学生应进行自查，并填写毕业设计期中学生自查表。

三、毕业设计基本流程

为了培养社会需求的人才，毕业设计应尽量选择接近实际的课题，争取真题真做，模拟题真做，反对假题假做的做法。可以说，毕业设计是高等教育对毕业学生进行的综合、全面、系统的实践训练环节。一般毕业设计分为以下三个阶段：

（一）设计资料准备阶段

这个阶段的主要任务是收集进行设计相关的所有资料，并对所收集的资料进行整理和分析，对设计的目标及实现目标所要解决的各种问题进行深入、全面的了解，分析需求的性质和特点，找出各种解决问题的途径和关键的要素，对通过调查获取的信息进行加工、整理。调查的方法可以通过文献参考、现场调研等形式获得。大体的工作有：

1. 毕业设计进度表编制。
2. 进行课题实地调研、资料收集。
3. 资料的整理和数据的处理。
4. 通过优化分析，明确设计思路。
5. 通过手绘记录每个阶段的设计草案，形成多个设计初步方案。
6. 从社会市场需求、最佳经效比、制造的难易程度、可行的材料及结构、合理的人机界面等方面对多个草案进行分析和修改，形成初步方案。
7. 绘制初步设计方案效果图。
8. 提交毕业实习报告。
9. 提交中期检查表。
10. 提交毕业设计开题报告。

（二）设计实施阶段

设计实施阶段对学生来说是重要的阶段。学生通过对设计初稿进行结构的可行性、适用材料的挑选、加工方法的分析等内容的进一步设计，这帮助学生避免纸上谈兵，提高设计的可操作性，提高学生的动手能力，最主要的是，设计只有走出了这一步才有意义。运用工程图清楚地展示设计的各个零部件之间连接和结构排列顺序关系，进一步对设计细化，检验设计的合理性，实现设计目标。对于结构较复杂的设计，工业设计专业的学生需要和其他所需专业的设计者合作，共同处理设计结构问题，修改或完善、探讨设计初步方案，培养学生的协作团队精神。通过实践落实初步设计方案的结构细节，初步形成可以达到预期目标的各种方案，提出问题的解决办法，此阶段极具创造性。

1. 根据使用环境和要求选择各个零部件、外壳等材料。
2. 根据使用环境和要求进行整体和部件形态设计。
3. 绘制设计总图和零件图，实现设计的构架，为批量生产做准备。
4. 完成毕业设计（论文）或设计说明书的撰写。
5. 完成设计模型或样件的制作。

（三）设计修正和展示阶段

在这个阶段，学生整理毕业设计全部的资料，梳理毕业设计的整体思路，编写毕业设计答辩申请和提纲，修改设计效果图，完成答辩时多媒体的制作和设计展板的制作，准备接受专家或答辩小组人员对设计质量的检查。学生应谦虚、认真接受专家的评价，修改设计中的缺陷，使设计进一步完美可行。

1. 提交答辩申请。
2. 完善所有的资料。
3. 编写答辩提纲。
4. 修改设计效果图。
5. 设计展板和布置设计（模型）展示。
6. 制作设计多媒体文件（10 分钟答辩所用）。
7. 提交所有设计文件和电子文档（刻盘）。

第三节 毕业设计的误区及分析

一、毕业设计的误区

（一）教学培养目标

工业产品设计中的工业是指批量生产，产品是指具有一定使用价值的物体，设计即为实现目标的方案，涉及产品形成的整个过程。围绕工业产品设计形成的毕业设计课题，可以针对小型产品覆盖整个过程综合设计，也可以针对产品某个领域的概念探讨。各个学校可以根据自己的优势，确定自身工业设计人才培养定位。

目前，我国工业设计专业设计表达方面人才的培养人数，远远大于综合工业产品设计人才的培养人数，市场特别需要具有制造背景的产品形态设计、设计管理、设计分析与评判、市场策划方面的人才。他们是既具有设计想法，又能将设计方案转化成产品的具备综合能力的工业设计师。

工业产品设计的创新、设计方案的实现，是工业产品设计的重点，但这些需要科学技术来支撑，没有技术的支撑，创新得不到巩固，效果图将失去魅力，毕业设计就会成为纸上谈兵。

（二）毕业设计的误区

在毕业设计中，常常在以下几个方面存在误区：

1. 毕业设计选题方面：学生在选题时，只顾选择感兴趣课题，对课题的要求和涉及知识面了解不够，遇到困难时，要求换题或改题，或避难就易，对自己没有掌握的方面采用蜻蜓点水、拼凑、抄袭等手段，企图蒙混过关。这使得整篇论文思路不流畅，基本技能和综合能力不全面、不系统。

2. 指导教师对工业设计毕业设计要求方面：在工业设计毕业设计中，有些指导教师用标新立异造型代替创新设计观念，强调学生的效果图绘制和模型制作能力的表达，忽视了对学生的科学技术支撑知识的要求；用假题假做形式代替了真题真做、真题假做和假题真做，导致设计流于形式，设计方案成为纸上谈兵。

3. 误认为完成毕业设计论文的撰写，就是完成了毕业设计的全部。

4. 指导学生的尺度把握不够。由于指导教师工作量过大或其他原因，有些毕业设计指导教师直接将设计论文模板交给学生，学生的设计论文撰写成为模板填空作业，没有注重学生的独立完成能力、分析解决问题的能力和创新思路的培养。

5. 产品设计课题能综合检查学生的知识均衡程度，学生在前期基础课程的学习中，各项知识的掌握程度参差不齐，有的学生手绘能力较差，有的学生对产品的工程技术问题不够了解，有的学生看不懂设计工程图，有的学生计算机设计操作能力较差等。在撰写毕业设计论文过程中，学生会遇到许多问题，不能按时按量完成设计任务。

6. 学生第一次独立完成一个综合性设计课题，忽视了设计的计划环节，前松后紧，以至于影响设计效果和任务的完成。

二、毕业设计特性

围绕工业产品设计进行的毕业设计，具有系统性、综合性和全面性的特点。选用工业产品设计作为工业设计专业的毕业设计主题，能够综合检查学生系统学习专业知识的程度。在工业产品设计中，产品的结构设计、新科学技术手段的运用以及新材料的使用、加工工艺的选择、批量生产中设备配置等方面，需要有科学知识的支撑，对于技术需要有严谨的逻辑思维方式；许多实际问题的解决，来源于对环境、设备、构件等性能的充分认识和了解。

（一）系统性

每一个实际课题包含大量的问题需要解决。毕业设计的系统性体现在，运用综合知识，按照设计计划解决每一步骤中的问题，产品设计就是围绕实际课题步骤展开的整体设计，能全面提高学生的综合能力。

产品设计主要有以下7个设计步骤：

1. 课题调查，资料综合，数据分析；
2. 根据调研数据结果，初步绘制产品草案（及设计草图）；
3. 运用人机交互知识，对各个草案进行可行性和优化分析评价；
4. 确定最佳方案，并绘制效果图；
5. 充分协调、讨论，最后完成方案工程图绘制；
6. 对设计方案进行模型或样件的制作；
7. 通过展板、多媒体等形式进行设计方案的展示说明。

围绕着实际课题，在编写专业人才培养计划时，应由浅入深、由基础到专业，形成教学的系统性。下图是工业设计专业人才培养计划的参考思路图。教学主要从设计表达能力、产品形态设计能力和设计素质拓展三个方面培养学生的设计能力。下图中间一列主要展现产品设计的主要步骤，要完成产品设计的基本步骤，需要设计表达能力和产品形态设计这两个能力的结合。图的左侧是“设计表达能力”，其链接的课程帮助学生掌握设计的表达能力；右侧是“产品形态设计能力”，其链接的课程帮助学生初步掌握产品设计的基本知识。它们形成了该专业的专业基础课程。产品设计的主体包括许多方面，学生毕业后可能会在从事某个专业方面的工作，也可能从事某个专业方面中的某个工序的工作，图中间是“产品设计主体”，其链接的课程相对独立，形成了产品设计的不同方向，是提高学生综合设计能力、拓展设计素质的课程。从图中可见，每个设计步骤都需要一个或多个知识的支撑，体现了毕业设计的系统性。

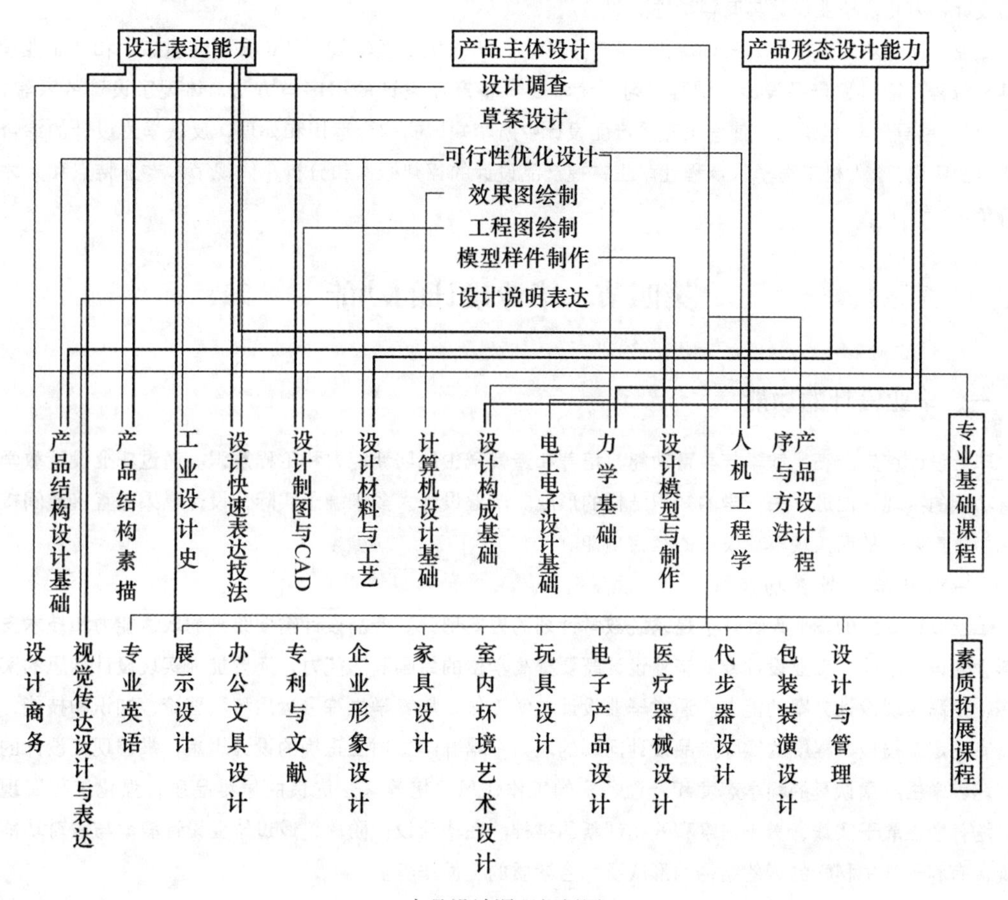

产品设计课程规划图

（二）综合性

结合人才培养模式和综合性原则的要求，将本专业的主要应用能力锁定在产品设计的下列7个基本设计程序相关的知识点上：市场调查能力、手绘效果图能力、计算机设计能力、工程制图能力、材料与工艺应用能力、模型制作能力和设计评价能力。相应的，这7个设计程序形成两个方面知识综合的教学体系。

工业设计按照知识、能力、素质协调发展和综合提高的原则，构建了“学科、专业基础课程+专业核心课程+专业拓展课程+综合实践平台”，形成了专业知识课程体系。掌握各个设计步骤，合理运用所学的知识，体现了工业产品设计的综合性。

（三）实践性

以批量生产的产品设计为主要内容的工业设计，需要运用材料知识、加工方法和工艺技术等方面的科学知识，这些科学知识需要学生参与大量实践，才能获得解决实际问题的能力。

（四）严谨性

工业产品设计需要相应的科学技术作为支撑，学生必须以严谨的科学研究态度、正确的科学研究方法、真实的科学计算撰写毕业设计论文；否则就是纸上谈兵，毫无实用价值。

（五）科学性

围绕工业产品设计的工业设计毕业设计主题，需要运用材料、结构设计、加工工艺等科学技术来实现产品设计，因此，毕业设计具有科学性。

工业设计专业专业核心课程设定为："产品设计"、"人机工程学"、"PROE 强化训练" 和 "工业设计引导" 课程。通过 "产品设计" 课程学习，使学生具备产品设计的程序与方法，体现了设计的系统性；"工业设计引导" 课程学习，使学生熟悉产品设计中所学知识的综合运用和处理，反映学生设计的综合适应能力的实现；"人机工程学" 课程让学生掌握产品设计的评判标准和分析，体现了本专业特点和人才培养特色。

第四节 毕业设计的功能

一、毕业设计的功能

毕业设计首先应满足教学与教育功能，培养和造就学生的创新能力和工程意识。通过毕业设计教学与教育功能的实现，促进学生科学的知识结构的形成。毕业设计大多来源于实际，设计成果可直接或间接地转化为生产力，从而实现毕业设计的社会功能。

（一）教学与教育功能

工业设计专业的毕业设计环节是系统教学计划的重要部分。产品设计需要绘画的表达能力和技术支撑的科学知识。因此，工业设计专业毕业设计既要提高学生的绘画表达能力，还要加强实现设计构思的实践训练，提高实现设计方案的能力。通过毕业设计教学工作，培养学生综合运用科学理论、知识和技能，达到具有一定工程技术程度的实际产品设计问题的能力；培养学生树立正确的设计思想，掌握现代设计的方法；培养学生严肃认真的科学态度和严谨务实的工作作风；培养学生优良的思维品质，强化工程实现意识；培养学生敢于实践、勇于探索和开拓创新的精神。在毕业设计阶段，通过毕业设计教学与教育功能的实现，有利于学生科学的智能结构的形成及综合素质的全面培养。

（二）社会功能

真实的毕业设计课题来源于实际，其成果直接或间接地为社会经济建设、生产、科研、社会服务，以实现毕业设计的社会功能。培养了符合社会需求的人才，从而使本专业得以可持续地发展。

二、毕业设计的特点

鉴于毕业设计是在特定条件下为实现其功能而进行的设计工作，所以毕业设计具有以下特点：

1. 毕业设计任务的确定，首先要考虑基本的教学要求，其次也要兼顾社会的需求，这是毕业设计选题之一。

2. 毕业设计具有时间的限定和学业的要求。毕业设计任务规定为学生毕业前必须完成的必修科目。

3. 毕业设计是在指导老师指导下由学生独立完成的。指导教师可以是教师，也可以是企事业单位具有中级职称的工程技术人员。

鉴于毕业设计的工程与特点，本科学生的毕业设计课题应力求接近于实际、难度中等，有一个较为完整的设计过程，有利于全面检查学生的知识面。课题有真题真做、真题假做、假题真做和假题假做的情形，杜绝假题假做的情形，一般毕业设计的课题是由指导教师提供，指导教师拟订课题需要经过学校专业指导委员会审阅和批准，实际真实课题不得少于20%。由于产品设计是个综合性较强的学科，其设计具有产品构成的创新和实现设计目标的技术支持，因此，该专业的学生必须具备设计创新的思维，同时还必须具有一定的科学技术基础。而科学技术需要参加大量的实践活动，因此，工业设计课题应涵盖“以人为本”的设计理念和技术支持。产品科学技术的应用，有利于学生深入生产与科研的实践，促进理论与实际紧密结合，从而使基础理论知识深化，使得科学技术知识得到扩展，专业知识得到技能的延伸。在解决实际问题的过程中，学习新知识，获得新信息，有利于提高学生解决工程实际问题的能力，使学生获得实现设计目标的技术能力，避免纸上谈兵现象的发生。

实际课题来源于企事业单位和社会生产、科技、设计的需求，有利于学生深入生产实践，教学和科研与生产相结合，从而促进教学的发展。

实际课题可以显著增强学生完成设计的责任感。而对于虚拟课题，学生缺乏完成设计任务的动力。对于实际课题，设计目标具体，设计方案要求明确，站在不同的角度，可以有多种解题方案，有利于学生参与设计任务的积极性，避免学生抄袭的可能。而设计成果可以直接或间接转化到应用的项目中去，从而为国民经济建设服务，形成生产力。

通过毕业设计，贯穿了三个方面的结合，即：理论与实际结合、教学与科研同生产结合、教学与国民经济建设结合，达到毕业设计教学功能和社会功能共同发展的效果。

第二章 毕业设计基本环节和内容

第一节 毕业设计基本环节

毕业设计是高校教学计划的重要组成部分，是学生从学校走向社会的最后一个实践性、综合性的教学环节。为使学生受到综合运用知识解决实际问题的全面系统的训练，毕业设计专业一般围绕工业产品设计形成课题。对于学生来说，毕业设计环节基本有以下几个内容：

一、毕业设计课题的确定环节

1. 毕业设计课题的形成；
2. 选题。

二、毕业设计工作计划与准备环节

1. 设计指导书；
2. 设计进度表。

三、课题调查与实践环节

1. 实习日志、实习报告；
2. 课题调查与分析；
3. 设计草案的形成和模型制作。

四、期中检查环节

1. 期中检查表；

2. 提交实习报告；
3. 外文专业资料翻译一篇。

五、开题环节

1. 开题报告；
2. 参考资料的查阅表。

六、设计论文撰写环节

1. 论文的撰写；
2. 效果图的绘制；
3. 工程图的绘制；
4. 指导教师论文评阅；
5. 评阅教师论文评阅。

七、答辩环节

1. 提交答辩提纲及申请；
2. 设计展板；
3. 制作答辩多媒体文件；
4. 布置展厅；
5. 答辩成绩评判；
6. 答辩评语。

八、后期工作环节

1. 毕业设计成绩总分；
2. 资料归档。

第二节 毕业设计选题原则

一、毕业设计课题形成方式

高校毕业设计课题一般是由毕业设计指导教师经申报毕业设计领导小组批准后而确定的。在毕业设计开始前一个月，指导教师根据科研项目、设计任务和新产品的开发研制等工作，从中选出适合学生情况和教学要求的部分，形成毕业设计课题，以及确定自己所带毕业生数量，拟定毕业设计课题，上报给毕业设计领导小组批准。这是毕业设计课题的主要形成方式。毕业设计领导小组要求毕业设计课题每年有10%以上的新增课题，课题能进一步系统和综合地培养学生的分析能力和解决问题的能力，全面提高毕业生的素质。

毕业设计课题还有其他形式：

1. 学生直接参与指导教师的科研课题，指导教师根据毕业设计要求，将科研材料进行重新剪裁、组合，形成毕业设计课题，上报毕业设计指导委员会；

2. 学生根据就业情况，直接参加就业单位的设计项目，通过参与实践单位的真实课题，形成真实的毕业设计课题；

3. 学生从参加竞赛的活动、研究课题或专利项目等项目中产生自己申请的毕业设计课题。学生自己拟定课题时，除选择一位在校毕业设计指导教师外，还应有实习单位中级以上职称科研人员指导，实习完后，该企业应对学生毕业设计整个过程表现进行说明。

二、毕业设计课题的原则

课题分配的原则是学生一人一题，因材施教，全面训练，指导教师与学生双向选择。

一般课题由指导教师（提出报告）说明其意义、目的、主要内容、前期工作和具备的条件，经过毕业设计委员会批准后，方可列入计划。选题确定后，指导教师应向学生下发指导说明书。

毕业设计课题在满足教学要求时，应重视开发学生的创造性，注意防止偏离培养目标，忽视教学要求，把学生单纯当成劳动力。

不管毕业设计选题怎样形成，都必须考虑毕业设计的时间限制和专业特点，在选题时，应注意以下几点：

1. 选题应符合专业培养目标和教学基本要求，使学生在所学专业基础上能够综合运用所学知识和技能，设计出具有创新效果和可行性的产品。

2. 选题应具有科学性、实用性、创新性和可行性。优先选择社会、市场或国家急需的具有实际应用价值的课题，这样有利于增强学生的责任感、紧迫感和经济观念，减少虚拟题名。

3. 选题应在理论和实践方面具有一定的水平，主要课题既应具备内容的先进性和经济上的可行性，又要符合学生实际能力；既有理论分析和设计表达方面的训练（手绘、计算机绘图），又要考虑设计制造、材料选择等工程问题，这样才能帮助学生在未来的设计中拥有话语权。

4. 选题需要提交毕业设计领导小组集体讨论，以确保毕业设计课题具有深度和广度，以及实施的可行性和结果的可预测性。

5. 选题应贯彻因材施教的原则，使学生的创造性得到充分发挥。允许学生自选或自拟课题。

6. 选题应在教师的指导下进行充分论证，集思广益，完善选题方案，优化设计课题，确保设计课题的合理。

三、毕业设计课题申请书的内容

毕业设计课题申报需填写毕业设计课题申请表。由于各个学院专业侧重点不一样，学校可以根据自己的特点和要求，编排课题申报表形式。为了让大家迅速了解毕业设计课题内涵，毕业设计课题申请表应尽量介绍以下几个方面的内容：

1. 毕业设计课题题名；

2. 学生完成课题所需要的知识点，对于完成简单、小型工业产品设计的毕业设计课题来讲，应尽量综合大学所学的所有知识，如：调查方法、数据的处理方法、人机相容评价、设计素描的表达、计算机效果图和工程图绘制、典型简单产品结构计算、美学法则、材料运用等方面的知识；

3. 设计难易程度；

4. 设计的饱和程度；

5. 毕业设计课题训练的侧重点；

6. 课题设置目的和要求。

每个高校和学生都有自己的优势，毕业设计指导教师对以上 6 个方面进行清楚的介绍，有利于指导委员会了解指导教师课题设置的意图，有利于学生毕业设计课题的正确选择。

申报表例如下：

××学院工业设计专业毕业设计课题申报表

<table>
<tr><td>课题名称</td><td colspan="5"></td><td>课题类型</td><td></td></tr>
<tr><td>课题来源</td><td colspan="7"></td></tr>
<tr><td>导师姓名</td><td></td><td>职称</td><td></td><td>有否科研背景</td><td></td><td>有否实际工程背景</td><td></td></tr>
<tr><td>所在单位</td><td colspan="2"></td><td>所学专业</td><td></td><td colspan="2">上机时数 （小时）</td><td></td></tr>
<tr><td>目的要求</td><td colspan="7"></td></tr>
<tr><td>主要内容</td><td colspan="7"></td></tr>
<tr><td>预期目标</td><td colspan="7"></td></tr>
<tr><td rowspan="7">教研室审查小组意见</td><td colspan="5">本课题能否满足综合训练学生的教学要求</td><td colspan="2"></td></tr>
<tr><td colspan="5">课题中有无基本工程训练内容，分量多大（限于理工专业）</td><td colspan="2"></td></tr>
<tr><td colspan="5">本课题的要求、任务、内容是否明确、具体</td><td colspan="2"></td></tr>
<tr><td colspan="5">进行本课题现有实施条件是否具备</td><td colspan="2"></td></tr>
<tr><td colspan="5">工作量是否饱满，课题难度是否适中</td><td colspan="2"></td></tr>
<tr><td colspan="5">进行本课题尚缺的条件本单位能否解决</td><td colspan="2"></td></tr>
<tr><td colspan="7">对本课题的评审结论：
教研室主任（签字）：
年 月 日</td></tr>
<tr><td>毕业设计领导小组审定意见</td><td colspan="7">院长（系主任）（签字）：
年 月 日</td></tr>
</table>

四、毕业设计课题的特点与要求

（一）课题调研的特点

课题调研时学生深入生产实践，从中了解工业生产的整个过程，了解从设计到施工、管理以及新技术、新设备的应用，结合所学的理论知识，使认识向深化发展。只有理论与实践的紧密结合，才能完成调研任务。因此，调研的目的就是学生围绕毕业设计课题进一步了解与之有关的实际知识，进行资料的收集，为解决课题任务提供必要的条件。具体来讲，调研的目的如下：

1. 了解课题研究的对象及生产、科研的实际。

丰富生产实践知识，巩固和加深所学的理论知识，深入了解工业产品生产的全部过程及最新科学技术在工业设计中的应用，接触所研究的生产技术问题，了解生产的组织管理、销售、运输情况，了解企业与设计的关系，尤其要了解产品服务对象对产品的各项要求。

2. 加强理论联系实际，巩固所学知识。

了解生产中的产品设计加工手段、加工设备、加工工艺、材料选取对产品设计的作用和联系，有利于学生熟悉课题。理论原则化为生产实际的具体化、复杂化，只有在深入实际的过程中才能深刻地理解和认识，才能真正体会到理论联系实际的必要性，才能认识到学校学过的许多知识与解决实际生产问题还有很大的差距，只有实践才能缩短差距。

3. 培养深入实际调查的作风，提高工程技术素质。

学生的知识主要来源于课堂，学生要真正理解和运用知识解决实际问题，必须从多方面的角度来认识问题，学生必须到生产第一线，听取设计人员、制造人员、售后人员的设计建议和意见，这样才能有利于学生进行综合的比较分析，了解实现设计方案的逻辑思维方法，设计现实的加工、取材方案，这不但是工作方法，也是学生成长的必由之路。

（二）课题调研的要求

课题调研要求学生尽可能利用一切方法和手段，了解课题所涉及的研究、生产、销售、使用方法等实际情况，记忆有关的数据、图标、文献资料，并要求学生独立完成调研任务。

向生产实践学习，了解研究者与生产者的实践感受、认识、经验和建议，了解产品设计的生产过程中的质量分析及可能影响生产的工艺、设备等问题。

向使用者学习，了解产品存在的问题，以及他们对改进产品的愿望和要求。

向技术资料学习，了解信息资料中反映出来的先进的生产技术及手段，可使调研减少盲目性，提高效率。

总之，课题调研要求学生增强认识，端正思想，注意工作态度和方式方法，必须勤劳谦虚，在向生产者进行调查的过程中，没有满腔热情、没有求知的渴望，调研工作就无法完成，没有调查，课题就无法下手。调查时要有调查提纲，多问多记，调查的方法有许多种，根据设计要学会选用不同的调研方法，获取所需的正确设计资料，这是获得成功的基础。

第三节　毕业设计课题确定

一、毕业设计课题分配方法

毕业设计课题的选定，原则上以学为主，充分发挥学生的主动性。通过毕业设计，使学生得到锻炼，也能初步展示他们的才华；教师则因材施教，积极引导。当毕业设计课题确定后，毕业设计领导小组应安排师生见面，对学生进行毕业设计动员，每个毕业设计指导教师将课题内容和要求向学生进行详细说明，并确定毕业设计课题的设计任务书。

工业设计专业学生毕业设计课题可以从设计方法、设计制造、市场需求、专业发展、兴趣爱好、就业工作等方面选择课题。这里介绍“双选”机制（网选、手选都可操作）选题方法。

学生根据个人兴趣、能力和就业方向等因素，分别选择三位教师的某个设计课题，当有三位学生选择同一个指导教师的同一个毕业设计课题时，该课题就从网络上消失。指导教师将收集所有学生选票，根据学生第一选票进行排列，确定所有第一选课题，如果一个指导教师所带学生人数超过已定的人数，指导教师可以在现有的人数中挑选出应有的学生人数，如果指导教师所带学生人数不够，可以等待从其他教师课题退出的，或第二选自己课题的学生，如果人数还是不够，则可以等待第三选自己课题的学生，直至最后将所有的课题落实。毕业设计领导小组将最后公布设计选题。

二、毕业设计课题的基本类型和论文格式

（一）毕业设计课题基本类型

1. 理论研究型：理论研究型课题的内容一般包括问题的提出、研究的前提或假设条件、基本理论的阐述、数学模型的建立或理论论证、推理、计算，以及理论成果的应用、验证及其分析等。

2. 工程设计型：内容包括设计方法论证、结构设计、电路的设计与参数计算设备与元器件的选择与使用、现场试验等。

3. 产品开发型：市场调研、方法论证、电路设计、工艺流程、机构设计、形态设计、参数计算、造型设计、标准化设计制图、实验与参数测试等。

4. 软件开发型：软件环境及使用方法、计算模型、软件功能与结构、程序编制、软件测试、软件应用等。

（二）论文格式特点

国家《科学技术报告、学位论文和学术论文的编写格式》（GB7713—1987）标准对论文的格式作了明确的规定。毕业设计论文应根据论文类型不同，注意论文本论部分撰写形式的区别。理论研究方面的毕业设计学位论文，论文本论部分主要强调和展示论据；设计方面的毕业设计学位论文，其论文本论部分则主要阐述设计的过程，常称为毕业设计说明书，在毕业设计中，不管是理论研究类型的设计论文，还是设计类型的设计说明书，统称为毕业设计论文。

三、毕业设计选题应注意的问题

1. 课题不宜过于简单，若课题过于简单、内容太少、设计任务不饱满，会造成时间过于充分，学生无事可做，不能收到毕业设计的预期效果。

2. 课题不要过于难，否则会超出学生的实际能力，使学生无从下手，不能发挥学生的主观能动性，不能激起学生的兴趣，使学生产生畏难情绪，达不到全面训练的目的。

3. 课题不要过大，否则使得学生不能在规定的时间内完成设计任务。对于大型课题，可安排多个学生从不同的角度入手，完成课题某一个部分，明确分工，提高学生的协作能力，也可以让学生选择不同的设计方案，鼓励学生独立思考，使每个学生都得到提高。

4. 课题不能重复。毕业设计指导教师每年申报的新课题应保持20%以上，与时俱进。

5. 课题应结合实际。毕业设计选题要密切联系实际，这样可以增强学生的责任感，提高学生的实际工

作能力，有利于激发学生参与实际设计的积极性和创造性。优秀的设计成果将直接有益于国民经济建设。

6. 注意三个结合，理论与实践相结合，教育与科研、设计与生产相结合，教育与国民经济建设相结合。通过三个结合完成的毕业设计，才能给国民经济建设产生效益。

第四节 毕业设计进行计划

一、毕业设计进度表的绘制

毕业设计是学生在学校里第一次运用所学的知识进行的综合性设计活动。在毕业设计即将开始时，指导教师应该让学生清楚毕业设计中需完成的内容，并帮助学生制订毕业设计进度计划表，保证毕业设计按预定目的运行。

工业产品设计计划主要由两个指标组成，一是设计的内容，二是完成的时间。明确设计内容，是设计进度表的关键；确定时间，学生可以根据自己能力进行安排。清楚设计内容能帮助设计者有条不紊完成整体任务，而设计内容依赖于设计的程序和步骤。

下图所示为美国通用电气公司在进行工业电器产品时常采用的设计程序，左边纵向坐标是设计中涉及的人员，水平坐标是设计内容，后面用文字说明。

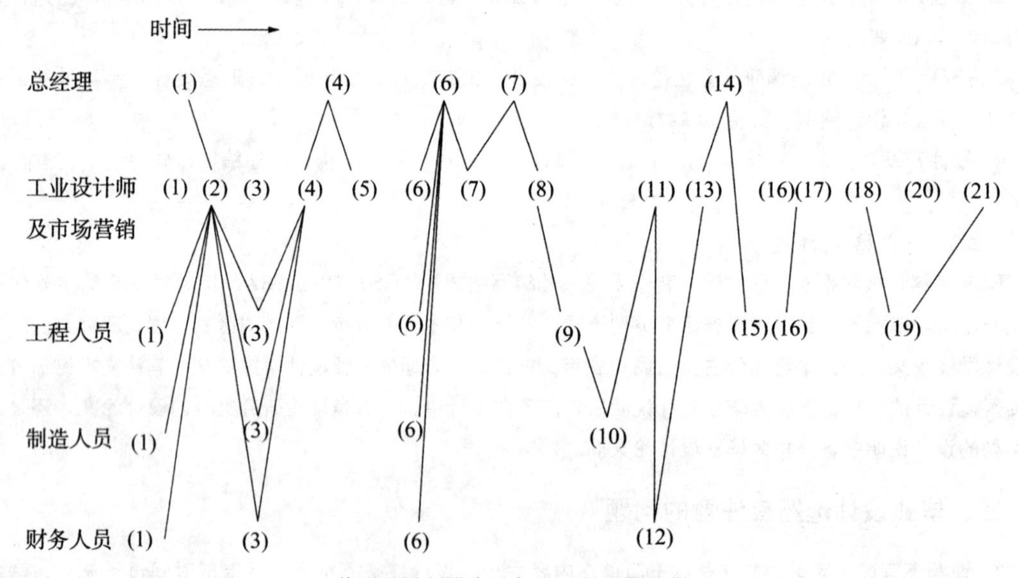

美国通用电器公司产品开发工作程序

图中相应设计内容如下：

（1）工业产品构想来源。

（2）构想初步筛选。

（3）市场可行性分析、技术可行性分析、制造可行性分析、投资分析等。

（4）归纳分析结果，核定工业产品构想。

（5）工业产品有关资料收集与分析。

（6）资料归纳及研讨。

（7）综合研讨，提出产品开发建议；核定工业产品开发建议。

（8）工业产品设计规范规定。

（9）工业产品设计与模型制作。

（10）工业产品制造策划。

（11）根据设计资料进行销售推广策划。

（12）成本、价格及销售值估计。

（13）工业产品商业可行性检查。

（14）工业产品决定量产前进行总检查。

（15）工业产品工程及样品模型制作。

（16）样品模型检讨及修正，应用工业产品试验及销售服务研究。

（17）决定正式上市前进行检查。

（18）顾客使用意见归纳检讨及改进。

（19）批量生产。

（20）工业产品有关资料转交销售部门。

（21）正式上市。

从中我们可以看到工业产品设计在整个生产环节中的参与的程度和作用。例如，在垃圾箱设计的课题中，设计者通过分析，将垃圾箱设计需要完成的内容列为设计进度表纵向坐标，根据毕业设计要求的时间，列出设计进度表横向坐标。根据设计能力和任务的难易程度，在进度表纵横向坐标焦点上，决定完成任务的时间。

二、制订设计计划（设计进度表）

工业产品设计计划是由设计程序决定的。工业产品设计面对的是不同的文化、科学技术、经济背景和千变万化的市场，因此，工业产品设计程序和方式是没有绝对定势的，它必须随这些因素的变化而变化。工业产品设计的一般设计程序和方法的掌握、运用，是通过制订设计计划来实现的，它是工业产品设计活动中最重要的环节。

工业产品设计是边缘性、多学科的综合体，它是一项系统工程，在工业产品设计过程中，对问题的认识和把握的轻重缓急是较难权衡的，因此，在设计行为开始前，应根据设计师的能力，因人而异、扬长避短地做出符合自己水平的设计计划。应注意以下几个要点：

1. 明确设计内容，掌握设计目的。
2. 明确设计自始至终所需要经历的每个环节。
3. 弄清每个环节工作的目的及手段。
4. 理解每个环节之间的相互关系及作用。
5. 充分估计每一个环节工作所需要的实际时间。
6. 认识整个设计过程的要点和难点。

在完成设计计划后，应将设计全过程的内容、时间、操作程序绘制成设计计划表。

以下示例为垃圾箱设计进度表：

垃圾箱设计进度表

时间 计划 内容		1	2	3	4	5	6	7	8	9	10	11	12	13	14	15	16	17
准备	编调查表																	
	调查对象																	
	调查方法																	
研究阶段	试产研究																	
	需求研究																	
	产品研究																	
	习惯研究																	
	生产条件																	
	综合分析																	
草图	基本功能																	
	基本结构																	
	基本造型																	
设计展开	草图展开																	
	草模制作																	
	色彩设计																	
	可行性分析																	
设计	效果图																	
	绘制模型																	
	制造加工																	
深化设计	色彩定位																	
	视觉表现																	
	完善模型																	
	表面处理																	
	生产工艺																	
报告	报告书																	
	版面设计																	

运用进度表进行表达设计简单明了，它的格式有多种，下面投影仪设计程序进度表是另一种形式的设计进度表：

投影仪设计程序进度表

序号	设计内容	完成日期									
1	思考课题										
	分析课题										
	确定课题										
	研究课题										
2	编制计划表										
3	分类、技术分析										
	选择分辨率										
	各类光源										
	投影屏幕选择										
	失误投影										
	各种性能指示										
	产品的优缺点										
	调研小组										
	人、环境、产品										
	产品设计定位										
4	草图设计										
	草模										
	造型方案初评										
	产品细节设计										
5	价值工程分析										
	技术结构原理										
	消费心理分析										
	色彩分析										
	人机工程分析										
	材料工艺分析										
6	工程制图										
	产品效果图										
	模型制作										
	版面制作										
	整理										

该表是以批量产品设计为课题的设计进度表，表格以时间为横向坐标，横跨整个毕业设计的时间，纵向将整个设计计划细化，形成纵向坐标，每个人完成的任务不一样、课题不一样、个人能力不一样，细分的形式就不一样，中间用“✓”号指出完成的时间。

还有一种表格也是以批量产品设计作为毕业设计的课题的，但是在坐标形式上做了一些变化，纵向坐标还是选用任务的分解，直接将完成的任务的时间范围写在任务之后，一般用于长时间、阶段性任务的设计进度计划。

毕业设计指导教师一定要督促学生，根据自己具体情况完成设计进度表的编制，这是培养学生独立工作的起点，使学生做到对毕业设计的每一个项目心中有数。这是每个指导教师和指导的学生见面的第一项工作。

三、制作毕业设计进度表时应注意的问题

1. 明确完成设计所需要经历的每个环节。
2. 明确每个环节中所需完成的内容，以及与整体设计目的的关系。
3. 明确完成每个设计内容需要的手段及方法。
4. 理解每个环节之间的相互关系及作用。
5. 充分估计每一个环节工作所需要的实际时间。
6. 认识整个设计过程的要点和难点。

第五节 设计指导书

每个毕业设计指导教师都应给所指导的学生下达毕业设计指导书，向每个学生讲解毕业设计的要求和任务，督促学生按照毕业设计进度表，完成毕业设计中的每个任务，达到毕业设计预期的目标。

毕业设计指导书的内容包括：

1. 毕业设计题名；
2. 毕业设计指导教师名；
3. 毕业设计学生名；
4. 毕业设计学生学号；
5. 课题的应用领域；
6. 毕业设计课题资料；
7. 毕业设计课题所需要用到的相关知识；
8. 提供相应的参考资料；
9. 毕业设计统一完成的计划；
10. 毕业设计的要求。

以下是毕业设计指导书的示范：

××学院工业设计专业　毕业设计指导书

拟定题目	小型开放式厨房整体橱柜设计	指导教师	
学 号		学生姓名	

面向专业：工业设计

一、本课题的资料

在进行毕业的设计中，首先要对设计对象进行充分的分析和了解，这就需要进行市场调查，从使用者的角度考虑设计中的每个环节，这些问题清楚了，设计目标就明确了。根据设计给定的条件和要求，设计出多个方案，并对每个方案从经济定位、使用的人机界面的合理性、色彩方案带来的视觉冲击、使用的寿命、加工的可行性和可靠性等方面进行分析。

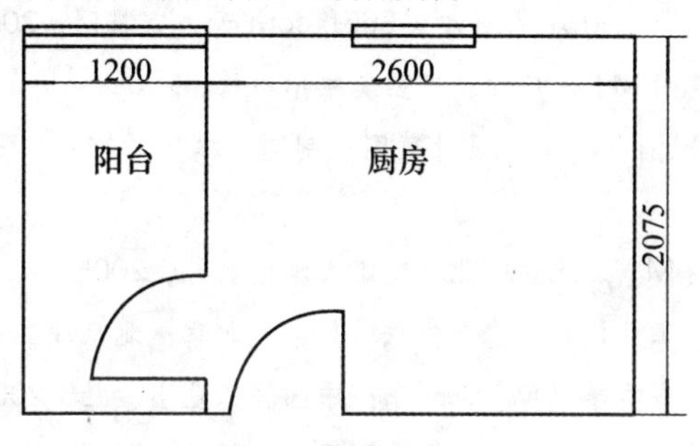

二、本课题所需要用到的相关知识

设计中，应将所学的相关知识运用其中。运用所学的市场学、家具设计、产品造型设计等课程的知识，完成设计的市场调研及分析；运用素描和速写的训练能力，完成产品的方案草图表述；运用机械设计基础和材料力学的知识，完成结构设计和设计的受力分析；运用在工程材料所学的知识，完成设计的材料选取；运用计算机辅助工业设计中所学的3DMAX、CAD或PROE等软件和机械制图知识，完成设计工程图的绘制、效果图的版面设计和工业产品设计的建模。

三、本课题的重点和难点

本课题是一个实际课题，重点：通过解决实际问题的过程，帮助学生理顺设计思路，掌握所学知识在设计中应用的方法；难点：学生在校主要接触的是理论知识，没有设计经验，对于如何实现设计工艺过程和加工方法了解较少。针对难点，在课题设计中要求学生到实地调研，了解企业实现设计的程序和实现设计常常需要考虑的哪些实际问题，熟悉设计过程和加工中的可行性处理方法。

四、参考文献

[1] 家具的功能设计 . http：//www. 365f. com 天天家具网，2001-2-22.
[2] 家具的模块化设计思想 . http：//www. 365f. com 天天家具网，2001-2-22.
[3] 家具色彩设计 . http：//www. 365f. com 天天家具网，2001-2-22.
[4] 家具设计 . http：//www. 365f. com 天天家具网，2001-2-22.
[5] 家具设计的市场定位 . http：//www. 365f. com 天天家具网，2001-2-22.

续表

[6] 家具设计后工业化理念的基本原则 . http：//www. 365f. com 天天家具网，2001-2-22.

[7] 家具设计实习与方法 . http：//www. 365f. com 天天家具网，2001-2-22.

[8] 家具设计原则与产品开发思路 . http：//www. 365f. com 天天家具网，2001-2-22.

[9] 家具设计中经济要素的研究 . http：//www. 365f. com 天天家具网，2001-2-22.

[10] 家具造型设计与标准化的关系 . http：//www. 365f. com 天天家具网，2001-2-22.

[11] 家装设计中的人机工程学应用 . http：//www. 365f. com 天天家具网，2001-2-22.

[12] 绿色家具设计方向和理念 . http：//www. 365f. com 天天家具网，2001-2-22.

[13] 什么是家具产品的系列化 . http：//www. 365f. com 天天家具网，2001-2-22.

[14] 陆红阳 . 工业设计色彩 [M] . 广西：广西美术出版社，2005.

[15]（日）清水吉治，（日）酒井和平 . 设计草图・制图・模型 [M] . 张福昌，译 . 北京：清华大学出版社，2007.

[16] 丁玉兰 . 人机工程学 [M] . 北京：北京理工大学出版社，2005.

[17] 张宪荣，陈麦，张萱 . 工业设计理念与方法 [M] . 北京：北京理工大学出版社，2005.

[18] 刘佳 . 工业产品设计与人类学 [M] . 北京：中国轻工业出版社，2007.

[19] 王受之 . 世界现代设计史 [M] . 北京：中国青年出版社，2002.

[20] 赵真 . 工业设计市场营销 [M] . 北京：北京理工大学出版社，2008.

[21] 汤军 . 工业设计造型基础 [M] . 北京：清华大学出版社，2007.

[22] 纪培红，鞠成民 . 造纸工艺与技术 [M] . 北京：化学工业出版社，2005.

[23]（英）克里斯・拉夫特里 . 产品设计工艺：经典案例解析 [M] . 刘硕，译 . 北京：中国青年出版社，2008.

[24] 何颂飞，张娟 . 工业设计——内涵 创意 思维 [M] . 北京：中国青年出版社，2007.

[25]（瑞士）格哈德・霍伊夫勒 . 工业产品造型设计2 [M] . 吴芳凌，译 . 北京：中国青年出版社，2007.

[26] 胡飞，杨瑞 . 设计符号与产品语言 [M] . 北京：中国建筑工业出版社，2003.

[27] 葛友华 . CAD/CAM 技术 [M] . 北京：机械工业出版社，2004.

[28] A. 哈珀查尔斯 . 产品设计材料手册 [M] . 北京：机械工业出版社，2004.

[29]（美）库法罗 . 工业设计技术标准常备手册 [M] . 姒一，王靓，译 . 上海：上海人民美术出版社，2009.

[30]（美）凯瑟琳・费希尔 . 儿童产品设计攻略 [M] . 王冬玲，王慧敏，译 . 上海：上海人民美术出版社，2003.

[31] 彭国希 . Pro/Engineer Wildfire 消费工业产品设计案例精讲 [M] . 北京：中国电力出版社，2008.

[32] 汤军，李和森 . 工业设计快速表现 [M] . 武汉，湖北美术出版社，2007.

[33] 高岩 . 工业设计材料与表面处理 [M] . 北京：国防工业出版社，2008.

续表

四、毕业设计 1. 3—4月进行与此相关的毕业实习，熟悉工业产品在设计中主要的工艺加工，以及工业产品设计中常用的标准问题，我国工业产品在设计和制造上有什么特点，与世界同行们在设计和制造中有哪些差距。 2. 4月3日学生开始完成毕业设计开题报告，并经过指导教师审批或在指定的小组内完成开题。开始进行毕业设计论文的编写。 3. 4月10日学生完成该学院毕业设计（论文）学生自查表。 4. 5月29日完成所有的论文编写和图纸的绘制工作，以及模型制作，进行论文和图纸检查。 5. 6月5日开始进行效果图的打印和毕业答辩提纲的拟订，以及答辩多媒体的准备工作。
五、其他说明事项 1. 毕业设计（论文）撰写要领与格式：详见《××学院毕业设计（论文）学生工作手册》； 2. 答辩之前学生应做的准备工作提要； 3. 答辩前应正确完成的毕业设计工作任务：毕业实习日志、实习报告、开题报告、文献翻译、设计工作手册、设计说明书、设计图纸、设计展示； 4. 全面总结和回顾毕业设计，主要对设计的缘起、设计过程和设计成果三个部分进行多媒体展示，满足答辩的需要； 5. 熟悉答辩事宜：通过模拟答辩的方式了解答辩的方式、程序、内容、礼仪及时间的把握、气氛的适应、语言的控制、心理的调节等。

第六节　毕业实践报告的撰写

一、毕业实践的目的和要求

（一）实践的主要目的

1. 接触实际环境，了解社会，在实践中收集设计资料，尽快进入专业工作角色。

2. 通过到制作基地、市场、设计公司进行实地调查和实践，梳理理论知识使用的环节和方法，熟悉实地专业知识使用的环境和需求，初步培养实地工作能力和专业技能。

（二）实践的教学基本要求

1. 了解社会或实践的一般情况，增强对本专业学科范围的感性认识。

2. 初步了解所学专业在国民经济建设中的地位、作用和发展趋势。

3. 巩固、深化所学理论知识，培养分析和可行设计技能。

4. 熟悉工业设计师的工作职责和工作程序，获得组织和管理设计的基本知识。

二、实践基地和实践方式

工业设计专业毕业实践基地应满足专业要求，并力求稳定，提倡和鼓励专业建立与专业对口的校内和校外基地。

毕业设计实践可采用多种方式进行，既可以以专业为单位集中安排，也可以学生自行安排、分散进行，还可以尝试利用校内实习基地，无论采用什么形式，都要满足毕业设计的要求。

三、毕业实践日志

当工业设计专业学生以工业产品设计作为毕业设计课题时，设计需要解决一些实际问题，学生需要一定的时间，到现场进行实际考察，熟悉环境，探讨解决问题的方法。一般各个学校会安排一定的实践时间，在实践期间，学生必须坚持写实践日志（20 次以上），记录所有见闻，为撰写毕业实践报告做好准备。

××××专业毕业实践日志表

实践地点或单位		实践的时间	

四、毕业设计实践报告

（一）毕业设计实践报告

毕业实践报告主要包括三大部分：

1. 实践经历、方式和内容的介绍；

2. 在实践中发现的问题和自己遇到的问题，自己是如何解决的，别人是如何解决的；

3. 总结实践中关于专业发展和毕业设计课题有关认识、体会和有用的资料，对于只有设计表现要求的学生，则需要加强图纸到实物转化的实践，到现场了解设计图纸转化成实体模型整个过程，并有实习日志记载。

（二）毕业设计实践报告规范

1. 毕业设计实践报告封面内容如下：

校名（字体华文行楷，字号初号，加粗，居中）；

毕业设计实践报告（字体宋体，字号一号，加粗居中）；

姓名（字体宋体，字号四号，加粗，居中）；

学号（字体宋体，字号四号，加粗，居中）；

院（系）（字体宋体，字号四号，加粗，居中）；

专业（字体宋体，字号四号，加粗，居中）；

指导教师姓名（字体宋体，字号四号，加粗，居中）；

指导教师职称（字体宋体，字号四号，加粗，居中）；

时间（年、月、日）（字体宋体，字号四号，加粗，居中）。

2. 报告使用 A4 幅面，用 Word 排版，页边距：上 2.5cm，下 2.5cm，左 3cm，右 2.5cm；字体：正文使用宋体，字号小四，章节标题字体宋体，字号小三；行间距为 1.5 倍行距；页码居中，底部。

五、毕业实践考核和成绩评定

1. 对于工业设计的学生，毕业实践是培养计划重要的环节，一般不得免修。在毕业实践期间，学生应完成实践日志撰写 20 篇以上，翻译专业文章一篇，撰写 3000 字左右的实践报告。

2. 实践成绩按优秀、良好、中等、及格和不及格五级计分制评定，评定的标准为：

优秀：能很好地完成实践任务，达到实践大纲中规定的要求，实践报告能对实践内容进行比较全面、系统的总结。应运用学过的理论知识，在设计思路中初现建树，能对设计中有些问题加以分析和评判，在考核中比较圆满地回答问题，并有独到的见解，态度端正，无违纪行为。

良好：能较好地完成实践任务，达到规定的要求，实践报告能对实践内容进行比较全面、系统的总结。考核时，能比较全面圆满地回答问题，实践态度端正，无违纪行为。

中等：达到实践大纲总规定的主要要求，实践报告能对实践内容进行比较全面的总结，在考核时，能正确地回答主要问题，实践态度端正，无违纪行为。

及格：实践态度基本端正，完成了实践的主要任务，达到实践大纲中规定的基本要求，能够完成实践报告，内容基本正确，但不够完整、系统，考核中能基本回答主要问题。实践中虽有违纪行为，但认识深刻，并及时改正。

不及格：具备以下情况均为不及格：未达到实践大纲规定的基本要求，无实践笔记；实践报告潦草马虎，或内容有明显错误，考核时不能回答主要问题或出现原则性的错误；未参加实践的时间超过全部时间的1/3；实践中有违纪行为，教育不改，或有严重违纪行为。

第七节 毕业设计期中检查

毕业设计进入开题报告前，基本上已走完一半的过程，为了保证毕业设计按计划进行，指导教师应通过毕业设计期中自查表督促学生按时、保质完成任务。毕业设计期中自查表由学生完成。

××××专业毕业设计期中自查表

<table>
<tr><td>学生姓名</td><td colspan="2"></td><td>专业</td><td colspan="2"></td><td>班级</td><td colspan="2"></td></tr>
<tr><td>指导教师姓名</td><td colspan="8"></td></tr>
<tr><td>课题名称</td><td colspan="8"></td></tr>
<tr><td>个人作息时间</td><td>上 午</td><td>自 时
至 时</td><td>下午</td><td>自 时
至 时</td><td colspan="2">晚 间</td><td colspan="2">自 时
至 时</td></tr>
<tr><td>个人精力实际投入</td><td>日平均工作时间</td><td></td><td>周平均工作时间</td><td></td><td>迄今缺席天数</td><td></td><td>出勤率</td><td></td></tr>
<tr><td>指导教师每周指导次数</td><td></td><td>每周指导时间（小时）</td><td></td><td>备注</td><td colspan="4"></td></tr>
<tr><td rowspan="2">毕业设计工作进度内容及比重</td><td colspan="2">已完成主要内容</td><td>%</td><td colspan="2">待完成主要内容</td><td colspan="3">%</td></tr>
<tr><td colspan="2"></td><td></td><td colspan="2"></td><td colspan="3"></td></tr>
<tr><td>存在的问题</td><td colspan="8"></td></tr>
</table>

第八节 毕业设计的开题报告

一、开题报告的内容

1. 综述本课题国内外研究现状，说明选题的依据和意义。
2. 研究的内容，拟定解决的主要问题。
3. 研究的步骤方法及措施。
4. 工作进度安排。
5. 主要参考文献（15 篇以上）。

（一）综述本课题国内外研究现状，说明选题的依据和意义

这部分内容主要说明该课题论述的理由和意义、此课题的背景环境，如怎样产生的设计课题；社会或市场对该课题的需求和认可；国内、国外在类似范畴的探讨状况；该设计或研究给社会或市场带来的效应、起到的作用等。另外，还包括对特定研究领域的情况加以介绍，现场环境的了解资料或图片的展示等。设计者对这一部分内容描述清楚，则说明设计者思路清晰；否则说明设计者还没有做好设计的准备。

下文示例仅供参考：

《校内操场周边垃圾箱设计》开题报告

1. 选题的背景和意义

1.1 选题背景

垃圾箱的分类与回收一直是困扰国人的一大难题，其实说难也难，说不难也不难，只要从自己身边做起，再难的问题除以国人的基数，化整为零，也会变得异常简单。学校的操场是垃圾容易堆积的地方，废弃饮料瓶也随处可见。一是空瓶体积大，很容易就填满了垃圾箱，使得后来的人只能选择把塑料瓶扔在地上；二是学校设立的垃圾桶开口位于筒壁侧面，并且开口较小，想要把饮料瓶扔进垃圾桶存在一定难度。而且垃圾并不只有废弃饮料瓶，各种垃圾混合在一起，不利于对废弃饮料瓶的处理与回收。所以，设计一个在操场使用的、利于饮料瓶的收集与回收的垃圾箱是必要的。

讲评：

1. 从垃圾箱使用分类入手，提出学校操场周边垃圾的特点，如垃圾多少、垃圾的类型等。
2. 本校操场周边垃圾箱及周边环境介绍，收集在垃圾回收中出现的问题。
3. 针对所发现问题，拟定设计要解决的问题。

1.2 国内外研究现状

1.2.1 国外研究现状

对于垃圾的分类和回收，国外的一些做法，虽然并不一定是针对校园操场垃圾的处理，但也是值得借鉴的。

在新加坡，随地吐痰将被罚款 600 美元，随手扔垃圾者第一次罚款 605 美元，第二次罚款高达

1200美元；甚至乱扔垃圾的人还会在电视上曝光。利用罚款来治理乱扔垃圾的现象，虽然很有效，但是不适合学校的情况，也不是一个学校所能决定的。

在日本，人们从小学四年级起就要学习垃圾处理的常识，人们可以通过政府提供的免费录像、漫画等宣传了解垃圾的处理方法。并且，日本的城镇会设立不同的垃圾箱来方便居民的垃圾分类，还会安排不同的周期回收垃圾。对于垃圾处理常识的普及，这是值得我们学习的地方，大学里素质教育也是十分重要的一部分。

在瑞典，许多超市都设有易拉罐和玻璃瓶自动回收机，顾客喝完饮料后，将易拉罐和玻璃瓶投入其中，便会吐出收据，顾客凭收据可以领取一小笔费用。利用奖励来激励人们垃圾分类的意识，值得借鉴，并且学校操场也可以设立这样的回收机，鼓励同学们分类处理垃圾，这也有利于空饮料瓶的回收。

讲评：这段主要介绍了国外对垃圾分类处理的状态，应主要介绍国外院校操场周边垃圾处理情况和管理。

1.2.2 国内研究现状

在国内，有人认为，校内根本就不应该设立垃圾箱，他们认为：一是，垃圾箱的设立影响了学校的美观环境；二是，设立垃圾箱暗示学生多吃零食，造成更大的垃圾污染；三是，垃圾箱内的垃圾不是经常有人清理，在夏天，会散发气味，造成环境污染。其实，操场垃圾乱扔的问题和垃圾箱设立也是有关的，没有因就不会有果。经过调查发现，更多的人认为学校的垃圾箱设立的数量还是太少了，需要增多垃圾箱的设立点。所以，是否需要在学校操场周边设立垃圾箱，多远距离设立一个垃圾箱，成为关注重点。

讲评：国内情况研究出来的问题，不能支撑论文的设计思想。应该通过本校操场周边垃圾收集出现的情况，考虑垃圾箱结构、造型、技术处理等方面来提出论点，而不是设立多少、距离大小的问题。另外，应针对校内操场周边垃圾箱的环境附上图片。

具体问题具体分析，针对学校操场的垃圾泛滥的现象，有必要设计并改进垃圾箱。既然已经形成了乱扔垃圾的现象，所以对原有垃圾箱再设计成为必然，学校操场垃圾的分类处理需要得到更加合理的解决。

由于前面国际、国内情况介绍，没有铺垫设计的主题，此时的校内操场垃圾箱设计有些牵强。

1.3 发展趋势

国外大部分国家对于垃圾的分类回收有完善的社会系统，市民的基础教育也比较完善，但是，就国内而言，对于垃圾的处理还不尽如人意，我们只是简单的分类垃圾，其中的经济效益是少得可怜的，而且国民的垃圾分类意识也不是很强。

学校是人口密集的地方，垃圾问题比较突出，而国内学校目前也没有什么好的解决办法，大学生的素质教育尚比较欠缺，垃圾分类势在必行。塑料是一种可以多次使用的材料，称为再生材料，有环保的作用。学校操场周边垃圾箱中的空塑料瓶所占比例较大，让同学们将其分离出来，一来可以减少人工的二次分类工作量，二来可以保证再生材料的回收。

通过学校操场周边垃圾状态分析，学校垃圾箱设计在以下几个方面需要改进：（1）由于饮料瓶相对于现有的垃圾桶的开口较小，不利于投掷，所以需要重新考虑垃圾箱的投掷口的大小和开口方式；（2）由于空饮料瓶需要占一定的空间，在垃圾箱改进设计中，需要考虑碾压空瓶功能或设计两次收集垃圾时间内放置空塑料瓶的足够空间；（3）加强学生的素质教育，通过在垃圾箱上设计公益广告，提醒人们分类处理垃圾，不要随意丢弃。

讲评：此处应该说明生活的变化使得垃圾内容发生了哪些变化，现代垃圾处理发生了哪些变化，在这个基础上说明这些变化对原有垃圾箱结构、外观、色彩方面有什么影响，通过什么高科技或结构可以改变它，不然，所有设计只是在形态、色彩方面的改变，没有实质性的进步。

（二）研究的内容，拟定解决的主要问题

开题报告在对相关学科国内外情况进行说明后，应明确存在的问题，作为研究对象，说明解决问题的思路。下文示例仅供参考：

2. 存在问题

2.1　校内操场周边垃圾桶及环境调研

浙江大学城市学院北校区操场主要分两个功能区，南边是水泥地露天篮球场，北边是塑胶跑道绿茵足球场，中间有围栏相隔，并且在足球场内无垃圾桶，在篮球场旁设有多个不锈钢垃圾桶。

虽然设有垃圾桶，但是在垃圾桶旁废弃的空饮料瓶仍然随处可见，不是垃圾桶被空饮料瓶塞满溢出散落在地上，就是学生随手一投，砸在桶壁上，学生也懒得再次把空瓶捡起扔进桶内。学校操场一天内能产生大量的垃圾，而空饮料瓶占了绝大多数，可是却与其他垃圾混合在一起，不利于其回收处理。

操场周边被扔弃的空饮料瓶

操场周边垃圾桶

操场周边设立的垃圾桶多为圆柱形不锈钢垃圾桶，桶身不高，侧面的开口偏低，人们在扔放垃圾时，常需要弯腰把垃圾扔进桶内，并且没有设立垃圾分类，空饮料瓶与其他生活垃圾被一起扔放在内，不利于分类回收。

2.2　待解决的问题

通过调查发现：空塑料瓶体积大，很容易就填满了垃圾桶，使得后来的人只能选择把塑料瓶扔在地上；学校设立的垃圾桶开口位于桶壁侧面，并且开口较小、高度不合理，想要把饮料瓶扔进垃圾桶，存在一定难度。

所以需要解决的问题有：垃圾桶的容积问题及空饮料瓶和其他垃圾的分类处理；垃圾桶的开口位置及桶身高度。

讲评：注意这些信息的出处，做好记录，以便参考文献选用。基本内容是进行设计工作，列出需要完成的各个具体任务，也就是设计工作进度表中纵向内容，只有明确每个需要完成的具体任务，给出完成任务的时间，设计才能做到从容不迫。应做好具体尺寸记录。

（三）研究的步骤方法及措施

针对不同的问题，研究的方法不同。使用的方法不同，效果也不同。垃圾箱设计者采用了调查表调查的方法。如果调查人员范围不准确，同样得不到正确的结果。下文示例仅供参考：

3. 设计调研

3.1 设计调查问卷设计

校内操场周边垃圾箱设计调查问卷表

对于学校操场空饮料瓶乱扔的现象，我们想麻烦您帮助我们做一个调查，这将有助于我们解决目前操场垃圾乱扔的现象，您也将享受更好的运动环境，谢谢合作！

1. 请问你有把垃圾扔到垃圾箱的习惯吗？（单选，下同）
   A. 有　　B. 没有　　C. 偶尔
2. 请问你扔垃圾时，所能接受的离垃圾箱最近的距离是？
   A. 0.5 米　　B. 1 米　　C. 2 米
3. 如果垃圾没有扔进垃圾箱，你会再捡起来扔进垃圾箱吗？
   A. 会　　B. 不会　　C. 看情况
4. 分类垃圾箱和传统垃圾箱你喜欢哪个？
   A. 分类垃圾箱　　B. 传统垃圾箱
5. 你是否觉得操场的垃圾箱开口小，不容易把垃圾扔进去？
   A. 是的　　B. 不觉得
6. 你觉得有必要设计一个分类垃圾箱来回收空饮料瓶吗？
   A. 有　　B. 没有　　C. 无所谓
7. 垃圾箱的外观设计会不会影响你扔垃圾的心情？
   A. 会　　B. 不会　　C. 没有感觉
8. 你觉得垃圾箱用什么材料合适？
   A. 塑料　　B. 不锈钢　　C. 木材
   D. 水泥　　E. 纸浆　　F. 其他
9. 你觉得学校操场现有垃圾箱的容量够用吗？
   A. 够　　B. 不够　　C. 没在意
10. 如果操场周边有个专门回收空饮料瓶的垃圾箱，你会自觉把瓶子扔进去吗？
   A. 会　　B. 扔一次没有进就不扔了　　C. 不会

讲评：设计方法有很多种，最好说明为什么要选择这种调查的方法，必要时需记录调查的过程、调查对象信息、调查的时间、调查参加的人数等。

3.2 设计调查数据的统计

1. 请问您有把垃圾扔到垃圾箱的习惯吗？
2. 请问您扔垃圾时，所能接受的离垃圾桶最近的距离是？

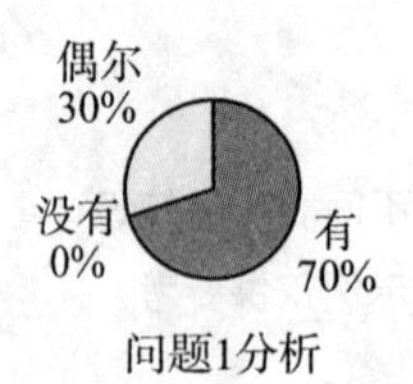

问题1分析

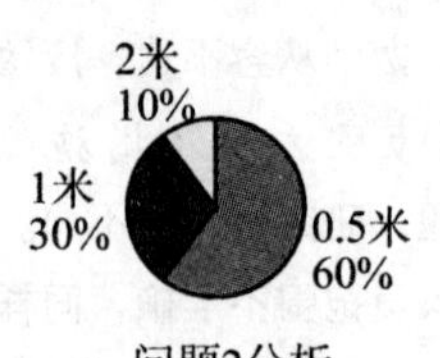

问题2分析

3. 如果垃圾没扔进垃圾桶，您会捡起来再扔进垃圾桶吗？
4. 分类垃圾桶和传统垃圾桶您喜欢哪个？

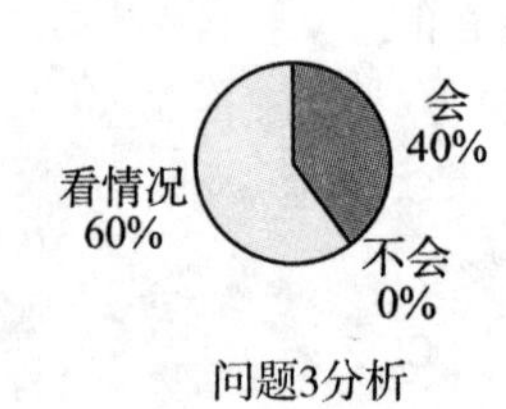

问题3分析

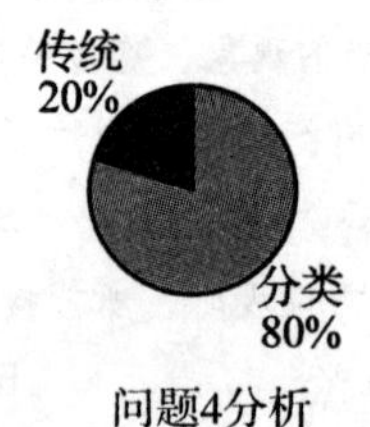

问题4分析

5. 您是否觉得操场的垃圾桶开口小，不容易把垃圾扔进去？
6. 您觉得有必要设计一个分类垃圾桶来回收空饮料瓶吗？

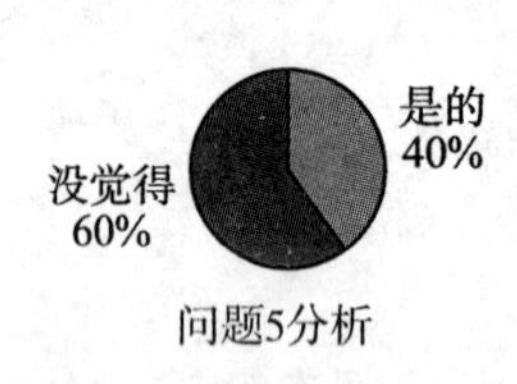

问题5分析

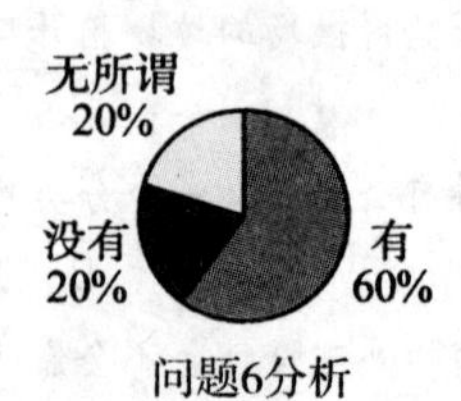

问题6分析

7. 垃圾桶的外观设计会不会影响您扔垃圾的心情？
8. 您觉得垃圾桶用什么材料合适？

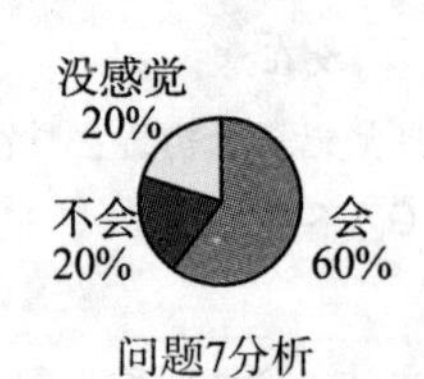

问题7分析

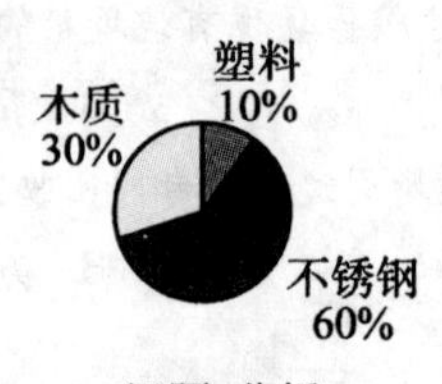

问题8分析

9. 您觉得学校操场现有的垃圾桶的容量够用吗？

10. 如果操场边上有个专门回收空饮料瓶的垃圾桶，您会自觉把瓶子扔进去吗？

讲评：这里主要有两方面的内容，一是调查方法的选择，拟定需要调查的问题，并实施调研工作；二是进行调查数据的统计和调查资料的归纳，通过饼状图或柱状图，展示调查结果。选择合适的表达方式，并作出相应的评价结论。这部分是很重要的部分，帮助我们有逻辑地思考，这部分内容也是设计方案的依据。许多同学都省略这一步，凭着自己的想象和感觉延伸设计方法，这种思维方式违背了现代设计理念。

4. 设计初步草图

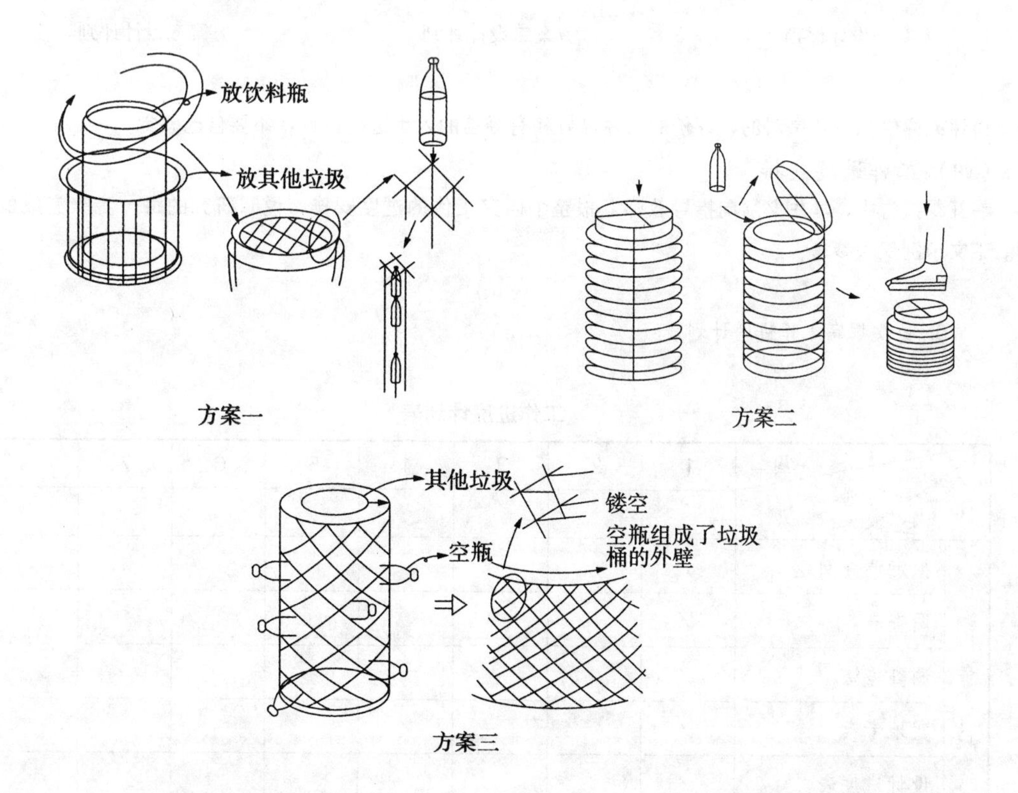

方案一：考虑了垃圾的分类问题，把垃圾桶的开口增大，并设计在顶面上，有利于垃圾的投掷，并且放空饮料瓶的空间增加了方格，目的是使空瓶能有序投放，减少空间浪费。

方案二：考虑了垃圾桶的容量问题，但是没有考虑垃圾分类。人们在投放空瓶后，可以通过踩扁垃圾桶来使得空瓶体积减小，之后垃圾桶会自行回复原状，这样就能容下更多的垃圾。

方案三：考虑了垃圾桶的成本问题，减少了材料的使用，并且仍具备分类垃圾的功能，垃圾桶的外壁由镂空的小方格组成，空饮料瓶正好可以塞入其中，而中间的空间可以存储其他垃圾，当然这需要再放置一个塑料袋。

讲评：通过以上分析、调研，在明确设计目标的前提下，完成3个以上设计草案图的绘制，并对每个草案的优缺点进行分析，草图可以是黑白素描，但要有层次感、轮廓感、肌理感。注意附图编号。

5. 设计方案的评判

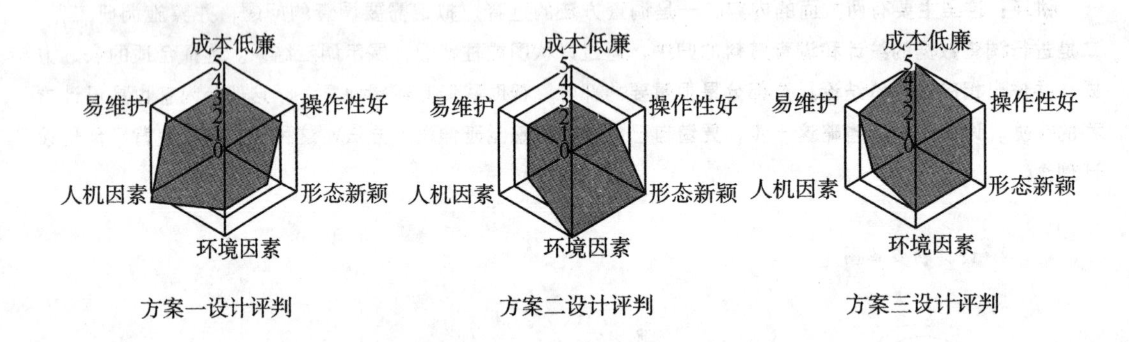

讲评：评价的方法是对的，评价的条件最好和有经验的人士进行讨论，不要自己感觉。

（四）工作进度安排

在开题报告中，学生必须向指导教师汇报整个研究工作的进度安排，说明研究的每一步骤完成的时间。下文示例仅供参考：

6. 论文撰写工作进度计划表

工作进度计划表

内容＼计划＼周		1	2	3	4	5	6	7	8
准备阶段	拟定调查问题	✓							
	调查表	✓							
	调查方法	✓							
	实地考察	✓							
	设计进度表	✓							
	申请表、指导书		✓						

续表

计划 内容	周	1	2	3	4	5	6	7	8
调查阶段	数据处理		✓	✓					
	草图绘制		✓	✓					
	草图分析			✓					
	结论			✓					
	参考文献		✓	✓	✓				
	开题报告			✓	✓				
设计阶段	效果图绘制				✓	✓	✓		
	论文编写				✓	✓	✓	✓	
	论文排版打印								✓

讲评：最好用表格展示。表格中纵向坐标内容是拟定的设计内容，然后再确定完成该项任务的时间。每个人的能力是不一样的，每个学生应根据自己的能力给定完成每项具体任务的时间，有的学生设计表达能力较强，可以减少完成该项任务的时间；每个设计论题目标不同，表格中的内容就不同，比如，本例中的设计不需要完成设计工程图、制作设计模型、制作设计展板和答辩 PPT。

（五）主要参考文献

设计完成一项研究，需要参考 15 本以上的资料文献，除了在论文中有所标注外，在论文最后，需要集中标出。以下示例仅供参考：

7. 设计参考文献

[1] 陆红阳．工业设计色彩［M］．广西：广西美术出版社，2005.

[2]（日）清水吉治，（日）酒井和平．设计草图·制图·模型［M］．张福昌，译．北京：清华大学出版社，2007.

[3] 丁玉兰．人机工程学［M］．北京：北京理工大学出版社，2005.

[4] 张宪荣，陈麦，张萱．工业设计理念与方法［M］．北京：北京理工大学出版社，2005.

[5] 刘佳．工业产品设计与人类学［M］．北京：中国轻工业出版社，2007.

[6] 王受之．世界现代设计史［M］．北京：中国青年出版社，2002.

[7] 赵真．工业设计市场营销［M］．北京：北京理工大学出版社，2008.

[8] 汤军．工业设计造型基础［M］．北京：清华大学出版社，2007.

[9] 纪培红，鞠成民．造纸工艺与技术［M］．北京：化学工业出版社，2005.

[10]（英）克里斯·拉夫特里．产品设计工艺：经典案例解析［M］．刘硕，译．北京：中国青年出版社，2008.

[11] 何颂飞，张娟．工业设计——内涵　创意　思维［M］．北京：中国青年出版社，2007.

[12]（瑞士）格哈德·霍伊夫勒．工业产品造型设计 2［M］．吴芳凌，译．北京：中国青年

出版社，2007.

［13］胡飞，杨瑞. 设计符号与产品语言［M］. 北京：中国建筑工业出版社，2003.

［14］葛友华. CAD/CAM 技术［M］. 北京：机械工业出版社，2004.

［15］A. 哈珀查尔斯. 产品设计材料手册［M］. 北京：机械工业出版社，2004.

［16］（美）库法罗. 工业设计技术标准常备手册［M］. 姒一，王靓，译. 上海：上海人民美术出版社，2009.

［17］（美）凯瑟琳·费希尔. 工业产品设计攻略［M］. 王冬玲，王慧敏，译. 上海：上海人民美术出版社，2003.

［18］彭国希. Pro/Engineer Wildfire 消费工业产品设计案例精讲［M］. 北京：中国电力出版社，2008.

［19］汤军，李和森. 工业设计快速表现［M］. 武汉，湖北美术出版社，2007.

［20］高岩. 工业设计材料与表面处理［M］. 北京：国防工业出版社，2008.

讲评：严格按照参考资料排序的方法排序。一般参考文献来源于《毕业设计指导书》或开题报告编写中参阅的其他资料，参考文献必须在 15 篇以上，且按参考顺序排序、编号，序号用方框括起来，如［1］。每个同学应根据自己实际参考资料的情况编写，不可抄袭，在论文撰写中需要一一对应。

二、开题报告的排版及要求

报告使用 A4 幅面，用 Word 排版，页边距：上 2. 5cm，下 2. 5cm，左 3cm，右 2. 5cm；字体：正文使用宋体，字号小四，章节标题字体宋体，字号小三；行间距为 1. 5 倍行距；页码居中，设在底部。

三、开题报告的字数要求

开题报告要求正文字数不少于 3000 字。

××××专业毕业设计开题报告表

<table>
<tr><td>课题名称</td><td colspan="3"></td><td>课题类型</td><td></td></tr>
<tr><td>课题来源</td><td colspan="3"></td><td>指导教师</td><td></td></tr>
<tr><td>学生姓名</td><td></td><td>学生学号</td><td></td><td>专业</td><td></td></tr>
<tr><td colspan="6">开题报告内容：1. 综述本课题国内外研究现状，说明选题的依据和意义。2. 研究的内容，拟定解决的主要问题。3. 研究的步骤方法及措施。4. 工作进度安排。5. 主要参考文献（15 篇以上）]

指导教师签名：　　　　　　　　日期：</td></tr>
</table>

第九节　毕业设计论文基本概念

一、毕业设计论文的类型

对于工业设计专业来讲，当毕业设计论文围绕产品形态设计时，学生毕业设计论文参考设计说明书撰写的规范；当毕业设计论文围绕设计文化、设计管理等课题论证时，学生毕业设计论文格式应参考学术论文撰写的规范。

科学实验类论文一般由以下几部分组成：中文题名、中文作者、中文摘要和关键词、英文题名、英文作者、英文摘要和关键词、中文论文正文、中文参考文献、中文致谢、附录等。

管理和人文学科类论文应包括对研究问题的论述及系统分析、比较研究、模型或方案设计、案例论证或实证分析、模型运行的结果分析或建议、改进措施等。其主要组成部分与科学实验论文相同，但论文正文大体上包括：引言、调查对象与方法、结论与分析、意见与建议。

二、毕业设计论文基本内容

当工业设计围绕产品设计形成课题时，学生毕业设计论文根据工业产品设计的程序，正文大体包括以下 7 方面的内容：

1. 引言：设计环境和背景的描述。引言部分应综合评述前人的相关研究工作，说明论文的选题意义。引言篇幅不要太长，一般引言篇幅不超过论文全文的 1/3。

2. 市场调查：包括数据的收集方法、数据的处理、初步方案（3 个草图）。

3. 初步方案优化与评价：设计方案的优化，设计效果图绘制；以及人机适应指标优化评价、成本核算指标优化评价、加工技术、设备支撑条件评价、设计文化元素融入与市场相容度评价。

4. 设计深化：产品结构的确定，产品工程图绘制。

5. 设计方案的确定：产品造型最后修饰，产品经济成本核算。

6. 产品模型制作。

7. 设计结论。

毕业设计论文一般由以下部分组成：题名、作者、中文摘要、中文关键词、英文摘要、英文关键词、论文正文、参考文献、致谢、附录。

毕业设计的论文题目以及作者姓名和身份，与一般科技论文形式不完全一样，这些信息反映在毕业设计论文封面上。

三、毕业论文评语与成绩评判方法

（一）毕业论文评定方法

毕业论文的评判是通过论文中市场调查、数据分析、设计评判能力、设计手绘和计算表达能力、对设计支撑的科技掌握的程度、创新点等部分来进行质量评定，再根据论文结论具有的学术价值、论述的系统性与逻辑性和文字表述能力来进行综合评定。

（二）毕业论文评定标准

1. 优秀（90 分以上）：能熟练地综合运用所学理论和专业知识，论题具有较强的现实意义或学术价值，论点鲜明正确且具有新意，表现出一定的独创性，能比较全面或深入地分析实际问题，表现出较强的独立进行观察、研究能力，论文重心突出、论据充分、论证严密、层次清晰、详略恰当，语言准确简洁、文笔流畅。

2. 良好（80～89分）：论题具有一定现实意义或学术价值，论点鲜明正确，有一定的个人见解，能运用有关基础理论、专业知识和技能，较好地分析实际问题，论文中心明确、内容充实、层次清楚、有较强的内在逻辑性，在论证方面显示出一定的深度与广度，语言表达能力较强。

3. 中等（70～79分）：运用所学理论和专业知识基本正确，但非主要内容上有缺陷或不足，论题有一定的现实意义，并以一定材料为依据进行阐述；论文符合所属各类文体的基本特点和格式，中心思想明确，层次清楚，主要论据基本可靠，学生有一定的独立工作能力，工作作风踏实，工作量符合要求，尊师守纪。

4. 及格（60～69分）：文章在真实性方面未发现问题，内容尚充分，条理和逻辑线索有点混乱。

5. 不及格（60分以下）：基本概念和基本理论没掌握，在运用理论和专业知识时出现不应有的原则错误，论文敷衍成篇，且层次混乱，条理不清，论文不符合所属文体的特点和格式，毕业设计论文未达到最低要求，学生工作作风不踏实，工作量明显不足。

第十节　指导教师评分及评阅教师评分

毕业设计论文撰写完成后，交指导教师评阅。指导教师评阅通过后，再印刷装订成册，并交指导教师填写评语意见。然后交评阅教师对毕业论文进行评阅，并写出评阅意见。指导教师不能兼任指导学生的论文评阅教师。

一、指导教师评阅工作和评语

指导教师是学生毕业论文的第一责任人，指导教师应对学生毕业设计的研究过程、论文研究任务完成情况、论文研究方向、论文研究结果、论文的文字表达等做出全面的评价，指导教师的评语主要从观点是否正确、鲜明，论据是否充分，分析是否全面，结构是否合理，语句是否通顺，有无实际应用意义等方面进行表述。

二、毕业设计的评阅工作和评语要求

评阅教师的评语不包含过程的评价，方法和结果评价评语与指导教师评语的要求类似，评阅教师要独立评阅，严禁抄袭指导教师的评语。评阅教师同时要负责评阅指导教师评语的正确性。

三、指导教师和评阅教师的评阅

指导老师和评阅教师除了给出评语外，还要给出成绩评定，其评定采用五级计分制：优秀（90～100分）、良好（80～89分）、中等（70～79分）、及格（60～69分）、不及格（60分以下）。

第十一节　毕业答辩评分标准及毕业设计总成绩

一、毕业设计答辩准备工作

当毕业设计论文通过后，学生应做好毕业设计答辩的准备工作，准备的任务有：答辩提纲、制作答辩

多媒体（10 分钟 PPT）、制作打印展板、修改毕业论文并打印、打印效果图、打印工程图等，收集整理毕业设计所有的资料，整理毕业设计资料的电子文档并刻盘。

二、毕业设计答辩

（一）毕业答辩工作的组织

毕业设计答辩小组一般由讲师、专家、企业中级以上专业人员组成，答辩小组一般以 3 人、5 人或 7 人奇数为好，答辩工作由答辩小组组长主持。答辩小组应指定一名秘书，做好比较详细的答辩记录，答辩记录存档备查。

（二）答辩资格审查

在答辩前，答辩小组负责学生答辩资格审查工作，答辩资格审查内容有：毕业论文（设计说明书）是否按撰写规范格式编制，设计中的图纸、论文中的图表是否执行了相关国家标准，译文是否符合规范化要求，毕业设计（论文）的材料是否按时、全面交齐，是否有抄袭行为，是够有重大违规事件发生。答辩资格审查通过后方可参加答辩。

凡是进行毕业设计（论文）的学生都必须进行答辩，不答辩者其毕业设计（论文）成绩按不及格计。

（三）答辩方式

学生陈述毕业设计（论文）的主要内容在 10 分钟左右，学生报告论文名称，主要研究内容，论文国内外研究的现状、论文过程、重要结论、理论价值、实用价值、论文的不足及其可以完善的方向、方法等。然后，毕业答辩小组人员就学生陈述质疑提出问题，学生回答问题，但时间不超过 20 分钟，一个学生答辩总时间一般控制在 30 分钟左右，秘书负责做好记录和时间提示。提问包括以下几个方面：

1. 现场报告中的疑、错点。
2. 论文中存在疑、错处。
3. 论文涉及的基础理论、基本技能。
4. 阶段性成果的价值。
5. 本论文的不足及完善方向、方法。

（四）答辩评定

答辩成绩由答辩小组评定。答辩小组应根据论文内容、学生现场报告、学生回答提问 3 个方面、评定毕业答辩成绩。

答辩内容以毕业设计（论文）内容为主，也可涉及与毕业设计（论文）内容有关的其他学过的知识。

答辩小组要依据答辩内容的正确性、逻辑性、创新性等方法，给答辩的学生写出评语，并按要求填写答辩评审表。

答辩小组的评语要尽力做到以事实为依据。答辩委员会的意见应从答辩态度如何、思路是否清晰、答辩是否准确、语言是否流畅、对原文不足方面有无弥补等方面进行表述。

在外校进行毕业设计的学生也必须回校参加答辩。

三、毕业答辩成绩评判与评语

1. 毕业答辩成绩评定，采用五级计分制，优秀（90 ~100 分）、良好（80 ~89 分）、中等（70 ~79 分）、及格（60 ~69 分）、不及格（60 分以下），要求优秀比例控制在 20%以内，良好比例控制在 40%以内。

2. 对于毕业设计（论文）总成绩不合格的，可给予一定的时间修改，参加第二次答辩，二次答辩还不及格者，暂时做结业处理，半年后可随下一届申请毕业设计（论文）重修。

3. 毕业设计（论文）工作结束后，专业设计答辩小组负责将专业学生毕业设计答辩总成绩进行公示，在公示期内，学生对自己或他人成绩有异议，可向答辩小组或毕业设计指导小组提出复议申请，小组给出答复后根据情况举行争议答辩，复议后争议答辩的认定成绩作为最终成绩，毕业设计领导小组将该材料备案。

四、毕业答辩成绩评价标准

优秀：答辩时，思路清晰，论点正确，回答问题时基本概念清楚，对主要问题回答正确、深入。

良好：答辩时，思路清晰，论点基本正确，能正确地回答主要问题。

中等：答辩时，对主要问题的回答基本正确，但分析不够深入。

及格：答辩时，主要问题能答出，或经过启发后能答出，回答问题较为肤浅。

不及格：答辩时，对毕业论文的主要内容阐述不清，基本概念模糊，答辩时不能回答基本问题或原则错误较多。

第十二节 毕业设计资料归档和总分

一、毕业设计（论文）总成绩评定方法

毕业设计（论文）的总评成绩由指导教师评分、评阅教师评分和答辩小组评分三部分组成。各学校可以根据自身的定位，采用一个比例权重，如按40%、20%和40%或30%、30%、40%的方法计分。其中，有任何一项考核不合格（即单项指标考核分数低于单项总分的60分），均以毕业设计论文的成绩不及格计算。

二、毕业设计资料装袋文件要求

1. 任务书和设计指导书；
2. 毕业设计论文；
3. 开题报告；
4. 学生期中自查表；
5. 指导教师评审表；
6. 评阅教师评审表；
7. 答辩小组评审表（含毕业设计总评成绩）；
8. 译文（外文资料译文打印与原文复印装订成册）；
9. 附图（工程图纸、效果图）；
10. 指导教师情况记载表；
11. 全部电子文档刻盘；
12. 其他。

第三章 毕业设计论文的内容及要求

第一节 毕业设计论文的主要类型

撰写毕业设计论文是毕业设计主要任务之一。根据国家论文规范，设计论文主要由绪论、本论和结论三部分组成。由于不同学校的不同定位和不同研究方向的区别，其论文形式大同小异。一般毕业设计论文形式大体可分为两大类：一类是对项目设计、产品设计等方面的新技术、新材料、新工艺等设计说明，称为设计说明书；另一类主要在社会科学、科学理论、文学等学科方面，对某个新观点、新概念、新趋势进行推测、论述，称为论证论文。毕业设计中，论证论文和设计说明书统称为毕业设计论文。

当工业设计专业毕业设计课题围绕工业产品科学研究时，其论文格式采用设计说明书的规范；当毕业设计课题定位在产品造型趋势的研究，或者新的观念、新概念发掘时，毕业设计论文格式遵从论证论文的规范。

工业产品设计是工业设计的主要内容，采用工业产品设计作为工业设计专业毕业设计的主题，可以全面检查或系统提高学生的综合设计能力。撰写产品设计方面的论文，一般采用设计说明书规范。

第二节 毕业设计论文的主要内容

为了提高学生的综述素质，进一步强化本科毕业设计教学环节的管理，严把毕业设计的质量关，确保毕业论文档案资料的规范性、完整性，毕业设计应该有严格的论文设计规范。撰写毕业设计论文是毕业设计论文的主体，论文必须实事求是、客观、真实，达到准确完备、合乎逻辑、层次分明、简练可读。

毕业设计论文一般包括：论文题名、作者信息、摘要、关键词、目录、正文、参考文献、致谢等几个主要部分，论文主体主要由引言、正论和结论三部分组成，这部分论证论文和设计说明书的要求有一定的区别，下面分别对上述主要部分进行讲解。

第三节 毕业设计论文的题名

根据国家 GB/T7713—1987 标准对论文题名形成的规范，中文论文题字数一般在 20 字以内，这就要求论文题名应该用简单、明了和恰当的词语来说明论文的特点，反映论文观点，使读者一目了然。GB/T7713—1987 标准指出："题名是以最恰当、最简明的词语反映报告、论文中最重要的特定的逻辑组合。"

一、毕业设计论文题名的意义

随着计算机、网络的到来，面对大量的信息，人们常常需要通过大量的查询和浏览文章题名，来获取所需要的信息。通过对浏览题名的解读，决定是否需要详细阅读全文。由此可见题名的拟定对于信息传播的重要性，论文是否能够与读者直接见面，其论文题名的确定至关重要。

一般毕业设计的命题，是由指导教师拟定，申报毕业设计专业委员会批准；学生也可根据自己就业和实习的需要确定，以及将直接参加企业的某个项目的设计、参加某个比赛项目或专利发明项目作为毕业设计的课题，此时，毕业设计论文的题名需要学生自己申报确定。如果毕业设计论文题名需要学生自己确定，则需要掌握题名设定的原则。如果研究是大题目中的某一小的课题，可采用副标题，一般毕业设计论文题名一旦确定，就不能再改动了，因此，确定毕业设计论文题名时要反复推敲。不管怎样，我们首先要了解毕业设计论文题名的意义：

1. 论文题名体现毕业设计的方向、角度和规模。毕业设计题名可以直接从论文的研究方法、范围和对象论文题名等方面考虑，对于第一次撰写毕业设计论文的学生来说，选择一个合适的题名，需要多方面的思索，互相比较、反复推敲和精心策划。通过从个别到一般、分析与综合、归纳与演绎相结合的逻辑思维和分析，当毕业设计的着眼点、论证角度、大致规模、初步轮廓形成时，毕业设计的方向、角度和规模就会成为论文的题名。如"××角度的××规模的××研究"或"××地域××类型××设计"。

2. 从毕业设计的学术价值和学术水平定题名。毕业设计的学术价值和学术水平最终取决于论文的客观效果，但题名对其有重要影响。一个成功的选题过程不仅是给文章定个题名和简单地规定一个范围，而且是形成毕业设计初步观点的一个过程。选题过程中产生的思想火花飞跃，是撰写毕业论文非常重要的思想基础。由这样的选题写出来的论文才有价值。如果选题与文章结构、论点没有呼应，就起不到画龙点睛的效果和作用。

3. 正确命题有利于提高学生的设计能力，有助于设计工作向着正确的方向发展，因为正确命题，必须建立在对所研究领域的过去和现状信息资料全面了解的基础之上。这需要学生掌握资料收集、文献检索能力，具备资料和数据整理、筛选和归纳能力，同时，对所学的专业知识反复认真的思考，并从一个角度、一个侧面深化，对某一个问题进一步进行研究，从而使归纳和演绎、分析和综合、判断和推理、联想和发挥等方面的思维能力和研究能力得到全面、综合锻炼。因此，论文命题是写好毕业论文的关键。

例 1：论文题名“关于校园中垃圾桶与路灯杆结合的创新设计”。

讲评：“校园”定位过广，在学校毕业设计，用“校内”就知道是针对本校某个环境条件下的设计；另外，题名中用词重复，不够精练，建议改成“校内路灯杆下垃圾桶创新设计”比较好。

例 2：论文题名“图书馆垃圾桶设计改良”。

讲评：该题设计环境不明确，不能用动词“设计改良”，建议改为“校内图书馆内垃圾桶改良设计”比较好。

例 3：论文题名“校园室外公共分类垃圾箱的产品的研究”。

讲评：“校园”概念大于“本校”，室外垃圾箱一般都是公用的，应突出“分类”特点，论文叙述的是另类分类垃圾箱设计，而不是对已有分类垃圾箱的研究，建议改为“校内室外分类垃圾箱改良设计”比较好。

例 4：论文题名“网球场座椅设计”。

讲评：论文是对本校网球场内的设计，该题定位的范围大于论文的范围，实际上是运用本校特色元素或网球元素探讨座椅的造型设计，建议改为“校内网球座椅造型设计探讨”比较好。

二、论文题名的要求

（一）论文选题的原则

1. 专业性原则

专业特长是设计研究的前提条件，只有具备扎实的专业基础，才能在设计研究中获得最佳设计方案并有所建树。

例如：论文题名“新型水泥在茶具设计中的探讨”。

2. 创新性原则

毕业设计成功与否、质量高低、价值大小，很大程度上取决于论文是否有新意、具有特色。就是说，所选择的题目一定要有研究应用的价值。

例如：论文题名“模糊数学在产品评价中的应用”。

3. 实用性原则

课题的实用性，是指课题应能回答和解决现实生活实际问题，或具有学术研究和应用价值。一般从学术和社会两个方面衡量论文选题的合理性。

例如：论文题名“二级矩阵在计算机产品评价体系中的研究“。

4. 可行性原则

可行性包括两个方面，一是指设计论文研究的课题具有可实现性，在提出方案的同时，也要考虑实现方案的每个构件的选材、加工方法和工艺、成本核算等因素。二是在选题时，要考虑自己力所能及范围之内，在一定时间内获得成果的可能性。总的来说，选题时重点注意两点：不管课题的真假，但一定要真做，设计要考虑方案的可实现性；做自己能把握的课题，包含的内容量一定要适中，难易要适度。

例如：论文题名“红外线技术在垃圾投放设计中的应用”。

（二）论文题名信息量要求

论文题名应突出文章的主题，明示文章的要点，还要尽可能反映所研究的各种信息，体现文章的深度与广度，使读者能从多方面了解论文的内容，以吸引更多的读者。

例如：论文题名“关于纳米材料在电冰箱除味效果方面的研究”。

（三）论文题名用词的要求

论文题名用词要准确、恰当，题名要求使用合适、准确和能引人关注的词语，避免使用夸大、虚张、模棱两可的词语。要简明扼要、直截了当，避免繁琐、重复用词；要有逻辑组合，不能无序堆砌；题名用词应具有明确的专业特色和科学特色，体现设计的科学支撑特点；题名用词切忌使用不常见的缩略词，首字母缩写、代号、字符和公式等。

例如：论文题名“慧乐家家具品牌春季新品展示展厅设计”。

讲评：对于会展设计专业，设计有细分，如展台设计、展柜设计、展示空间设计等，展厅设计包括：组织、接待、布置、规模定位、宣传、协调、信息收集、时间的长短等内容，比较宽泛，对于本科学生毕业设计完成这样的课题，难度较大，最好具体到某个主题的某个具体的设计。

例如：论文题名“无印良品家具展展会设计”。

讲评：“无印良品”是某个品牌公司的名字，应用引号圈定；据了解，该公司主要销售休闲服装、办公用品、生活日用品等，部分产品属于家居类，该同学将“家具”和“家居”的概念混淆了，“展”是动词，题目中不能出现。展会设计内容很多，不知该同学具体设计的是哪部分，如果都做，比较有难度。

例如：论文题名“结合 Besana 家具品牌风格展厅设计”。

讲评：从题目看，Besana 是个品牌公司，但不是人人都熟悉的公司，上网查到它是意大利典型的家居企业。第一，该题混淆了“家具”和“家居”的概念；第二，对于市场不熟悉的公司和概念，不能直接用其字母名来定位设计风格；第三，展厅设计概念太宽泛。

例如：论文题名"'缝隙草堂' LOGO 设计"。

讲评：LOGO 是专业人士对"标志"音译称呼，但圈外人不一定知道，在中文题目中尽量用中文，当论文题翻译成英文时再用；设计定位不明确，是首次设计，还是改良设计？这牵涉论文的内容怎么写。

（四）避免问句式的题名

工业设计论文不同于科普文章，一般不采用问句式的题名，这是由作品的自身定义和阅读者定位所决定的。

（五）毕业设计题名字数要求

国家标准规定论文题名一般不超过 20 个字，过长的题名需要反复修改、压缩、删减多余的字数，使题名字数在 20 字以内，但有些学校也放宽到 24 字，我们最好还是按国家标准来。

三、毕业设计论文题名常见的弊病

在毕业设计论文命题中常见问题有以下几个方面：

1. 论文题名与所写内容不符；
2. 论文题名涉及面太广，超出能力范围和时间范围；
3. 论文题名的研究太普通，使人觉得没分量；
4. 论文题名结论不明显，使人觉得该研究没有必要；
5. 论文题名不切实际，没有实现的可能；
6. 论文题名过于宽泛，使人们觉得好像在哪见过，失去了阅读的兴趣。

例如：论文题名"操场的垃圾箱设计"。

讲评：现代城市中垃圾箱比比皆是，该论题没有场地提示，好像所有的操场都能使用，超出了设计的范围；没有设计特点提示，使人感觉过于宽泛，失去阅读的兴趣；没有提示设计类型，体现不出论文的水平；没有使用特色等方面的提示，使人觉得没有研究的必要。

第四节 毕业设计论文信息（封面）

一、毕业设计论文主要信息

一般科技论文中，作者的姓名和信息一般放在论文题名的下方；在毕业设计论文中，作者的信息集中在论文封面上，主要信息有：学校名、论文性质、论文题名、学生姓名、学生所在专业、学生在校学号、指导教师职称、指导教师姓名等。各个学校对论文封面排版都有特殊的规范，学生可以根据模板填写。

二、毕业设计论文封面规范示例

××××学 院 （字号初行，字体华文行楷，加粗，居中）

毕业设计（论文）　　（字号一号，字体宋体，加粗，居中）

设计（论文）题目：＿＿＿＿＿＿（字号四号，字体宋体，加粗，居中）

姓　　名：＿＿＿＿＿（宋体，四号，加粗，居中）

学　　号：＿＿＿＿＿（宋体，四号，加粗，居中）

院　（系）：＿＿＿＿＿（宋体，四号，加粗，居中）

专　　业：＿＿＿＿＿（宋体，四号，加粗，居中）

指导老师：＿＿＿＿＿（宋体，四号，加粗，居中）

年　　月：＿＿＿＿＿（字号四号，字体宋体，加粗，居中）

第五节　摘要与关键词

一、毕业设计论文摘要

毕业设计论文摘要主要交代课题研究的背景、理由，把论文的观点和价值简明扼要地揭示出来，使读者（主要是导师、评委、编辑等）在没有阅读全文前，就可以获得论文的主要信息。

摘要是论文内容的简要陈述，应尽量反映论文的主要信息：内容研究目的、方法、成果和结论，不含图表，不加注释，具有独立性和完整性，要有高度的概括能力，语言精练、明确，同时有中英文对照，中文摘要文字在300字左右。

（一）摘要的意义

论文摘要可看成是论文内容的浓缩，并涵盖了全部的信息。国家标准GB7713—1987指出，“摘要是论文内容不加注释和评论的简短成熟并且具有独立性和自含性”。可见，摘要也可以视为反映论文核心内容和全面信息的特殊短文，是论文最简单、最准确、最全面、最迅速的介绍。

（二）摘要的特点

设计论文摘要在科技论文中的位置比较固定，即在论文的题名、作者的姓名和作者的工作单位之后。在毕业设计论文中，摘要单起一页，紧贴着封面之后。不起页码。

摘要的内容也是比较固定的，一般摘要要说明研究目的、方法、结果和结论，称为摘要的四要素。

一般设计论文的摘要字数应根据论文篇幅信息量而定，一篇3000～6000字论文的摘要字数控制在300字左右。

作为一般研究性论文，其摘要的内容具有独立、完整的形式。摘要除了说明该论文的有关信息之外，还能被有些刊物收录，在更广泛的范围内进行学术交流，以备学术界的检索、参考。所以，文摘传播的范围已超过论文本身。现在硕士以上研究生的毕业论文已进入电子文本备案，本科毕业设计论文也将进入这个程序，这样有利于论文研究更大范围的传播，防止信息的重复研究，浪费精力，同时防止抄袭的可能。

（三）摘要的编写

1. 摘要四要素排序：《文摘编写规则》（GB6477—1986）国家标准对文摘的编写规范做出了详细的说明：

（1）目的——说明为什么要做此课题；

（2）方法——说明如何做的；

（3）结果——说明做的结果如何；

（4）结论——说明由此得出的结论。

这就是论文摘要的四个要素。摘要为了强调设计工作的科学性和实践性，可以将结果、结论提前，按结果、结论、目的、方法排序；也可以将结论和结果合并，按目的、方法、结果排序。

2. 摘要的编写要求：高质量的论文摘要，通常出自高质量、创新、规范的论文。总之，首先在完成好论文总体任务的前提下，充分讨论以下各项问题的基础上，才能编写出高质量的论文摘要。

（1）摘要应重点说明论文的主要内容，说明论文的创新点或技术创新的特色。在摘要的四要素中，特别是在“结果”中，不要简单地重复题名中已有的信息，应突出论文工作的成就。以下示例仅供参考：

摘要：根据强量化设计思想，通过可靠性设计方法设计的零部件仍然具有足够的剩余强度。为了实现减重的目标，需要对可靠性设计的结果作进一步优化。文章介绍了一种进一步优化的方法，这种方法考虑了低载强化特性，并通过卡车半轴设计优化实例，得出可靠性设计优化可以根据实验标准中给出的试验载荷实现的结论。这种方法可以有效地应用于汽车和其他车辆的轻量化设计。

讲评：读完该论文的摘要，可以清楚地看到此论文的目的是对零件的可靠性设计的结果作进一步优化；论文采用的方法是优化设计方法，这种方法考虑了低载强化的强度特性；论文的结果是得出了可靠性设计优化，可以根据试验标准中给出的试验载荷实现的结论。论文最后的结论是这种方法可以有效应用于汽车和其他车辆的轻量化设计。在工程类论文摘要中，目的、方法、结果、结论（有时可以省略）四要素一目了然。

（2）摘要全文没有段落，一气呵成。

（3）摘要用第三人称的写法，不使用“本人”、“作者”、“本文”、“我们”、“我们的课题组”、“我们研究小组”等作为主语。虽然毕业设计的摘要要由作者自己撰写，但根据国家标准《文摘编写规则》（GB6477—1986）的规定，摘要应当采用第三人称的写法。对于设计说明书的论文，一般采用省略主语的句型。例如：下文为论文《校内“小花园”休闲椅造型改良设计》摘要：

校内“小花园”是学生少有的室外休闲区。“小花园”直线方格布局，顶上有长条紫蔓萝藤覆盖，与下方水泥方块凳形成鲜明的对比。为了充分发挥“小花园”释放和消除学生疲劳和压力的作用，（本论文）通过校内调研，对“小花园”休闲椅造型进行改造设计，采用田园风格，使之与紫蔓萝藤风格形成一体，从而达到放松、休闲的目的。

讲评：①设计类论文摘要的四要素为：背景、理由、观点和价值。该论文对这四个方面都一一进行了说明，只是论文摘要建议采用第三人称，不要使用“本人”、“作者”、“本文”、“我们”、“我们的课题组”、“我们研究小组”等作为主语。摘要全文没有分段落，一气呵成。

②摘要应采用国家颁布的法定计量单位，一般不出现数学公式和化学结构等。

③摘要的编写应该繁简适度。摘要内容不易过简，不能只强调某一要素，忽略其他三要素的表述，这样的摘要不能全面表达论文的主要信息。摘要内容也不宜过繁，摘要表述如果超过四要素的要求，就会出现摘要内容繁多的问题，有的把引言中出现的内容纳入摘要，有的在摘要中解释专业名词，有的把过多的数据写入摘要中。总之，摘要的内容应控制在四要素的范围内。

④摘要应该是不加注释和评论的简单陈述。摘要不可对论文中的成果进行渲染与夸张，有的论文未经过实践检验，就在摘要中宣称具有显著的经验效益和社会效益、具有重要的推广价值等。应保持论文摘要

的简单朴实性，以及清纯的风格。论文的评价应来自本专业同行、相关生产单位与应用单位，在摘要中不必进行自我评价。

⑤摘要内容的完整性和准确性，是高质量论文的条件之一。摘要内容与论文内容的特征应保持完全一致，尽可能保留原文结构要素和论文中的信息量，论文与摘要的区别应只在于“信息密度”的高低、篇幅的长短。应将编写好的摘要与论文进行对比，使摘要中损失的信息降到最低，以保持内容的一致性。

在摘要与论文对比时，还要注意摘要内容的准确性。摘要的准确性应表现在一些关键性数据，它们应与论文中的数据一致、统一，不应出现前后不一致的情况。从而保持论文所包含信息不变，即信息量不变与信息不失真。

（四）中、英文摘要规范

1. 中文摘要：在毕业设计论文中，中文摘要应另起新的一页，放在论文封面后，反映论文主要内容，主要说明论文研究的目的、研究方法、所取得成果和结论，要突出论文的创造性成果或见解，力求语言的精练准确，中文论文要求在300字左右，让读者在没有阅读论文正文时，仅查阅摘要，就能获得论文主要的内容。

“摘要”两字居中，字号三号，加粗，字体黑体；中文摘要字体采用宋体，字号小四，行间距为1.5倍行间距。

2. 英文摘要：英文摘要另起一页，处在中文摘要之后，英文摘要在中文摘要的基础上采用意译，毕业设计论文题名、作者名不采用英文翻译。

二、毕业设计论文关键词

关键词是从论文标题或正文中挑选出来的3~5个最能表达主要内容的词，同时翻译成英文，分别置于中、英文摘要之后。主题词条应为通用技术词汇，尽量从《汉语主题词表》中选用，按词条外延层次（学科目录分类），由高至低顺序排列。关键词主要提供检索作用。

（一）关键词的定义

关键词和摘要一样，是论文重要的一部分，它具有表示论文的主题内容、文献标识的功能。在一般论文中，关键词一般紧接在摘要的下面；在毕业设计论文中，摘要和关键词同处一页，在摘要的下面。

国家标准GB7713—1987规定指出：“关键词是为了文献标引从报告、论文中选取出来，用来表示全文主题内容信息款目的单词或术语。”关键词用于文献的标引语，表示全文主题内容的信息款目，而且这些词必须是单词或者是专业术语，并能表示全文主题内容。

关键词的正确选用，对论文的传播起着非常重要的作用，尤其是在期刊网络化迅速发展的时代，充分运用关键词，可以准确、快速、大量地检索到所需的文献资料，使论文走向更广泛的交流空间，进入更多不同地域同行的视线。如果关键词选择不恰当，使得论文的内容与关键词不匹配，关键词就起不到标引内容的作用，而论文的内容得不到标引，就使得该论文深沉于浩瀚的文献海洋之中，不容易被同行发现，无法与同行交流，论文的成果就不能迅速传播。所以在撰写论文时，要选择好关键词，以利用其标引工作，使论文能顺利地进入期刊网络系统，进入学术交流的网络世界。

（二）关键词的选择原则

如何确定关键词，可以从下面几个方面考虑：

1. 关键词应包括论文的主题内容。

关键词的第一个功能是反映论文的主题思想，所以在选择关键词时，首先应选取能揭示论文的核心思想与主题内容相关的词语；其次应选取论文中其他主要研究实物的名称和方法等。

例如：《校内“小花园”休闲椅造型改良设计》关键词：田园风格　休闲椅　造型改良设计

讲评：该论文的关键词来源于论文题名，小花园是由紫萝蔓藤等组成，有田园自然元素，因此该论文关键词有田园风格，另外，休闲椅和造型改良设计来源于论文题名，这些关键词直接或间接提及论文涉及的范畴，便于检索。

2. 关键词具有专指性。

关键词应当表示一个专指的概念，避免选用不加组配的泛指词，出现概念含糊现象。从论文中选用的术语应尽可能规范为术语，有时有些是专指性的术语词，需要通过组配后，才能成为只表示一个单一概念的关键词。

3. 关键词的数量。

关键词的数量一般为3～5个。关键词的数量太少，可能会造成信息遗漏，造成某一部分信息不能进入文献数据库和检索系统，影响信息的传播与扩散，从而减少论文被他人引用的机会。关键词的数量也不宜太多，一篇论文所载的信息是有限的，关键词的数量如果超过5个，其所载信息的质量或数量都会受到影响，因此，关键词的数量为3～5个为宜，如果每篇论文为3000～6000字，关键词为3～5个，这样的标引密度就是适合的。

（三）关键词与论文题名

关键词与论文题名的关系非常密切。前面说过，论文题名具备报道论文主题信息的功能，而关键词也是用于表示论文主题信息的，二者在报道论文主题信息方面的任务是共同的，显然，论文题名是关键词的词源之一。但二者在表述的格式上是不同的，论文题名是以一个完整的短语和短句出现的，而关键词则是以若干个单词或专业术语的形式表述的，一篇论文完稿后，在拟定关键词的时候，可以将论文题名作为关键词的一个组成部分，也可以从论文层次标题中选取关键词。

（四）关键词与层次标题

由于层次标题是论文主题内容的一个组成部分，层次标题也反映了论文部分内容，关键词也可以从层次标题中选取。显然，层次标题提取为关键词后，这部分的内容也能与论文的主题内容一样，容易被同行所关注，可以被网络文献检索，进入学术交流空间。

（五）中、英文关键词规范

1. 中文关键词。毕业设计论文的中文关键词一般3～5个，每个关键词之间采用空格键分隔。字体宋体，字号小四。中文“关键词”三字居中，字号三号，加粗，黑体。

2. 英文关键词。毕业论文的英文关键词位于英文摘要下面，字体采用新罗马字体，字号小四，行间距为1.5倍行间距，关键词两个词加粗，字号三号居中。

第六节　目　录

一、目录的编码

毕业设计论文从正论开始标明页码。在撰写论文前，应首先编写出论文目录，做到心中有数，不走题。目录按三级标题编写，要求层次清晰，且要与正文标题一致。主要包括绪论、正文主体。结论、致谢、主要参考文献及附录等。如果采用电子文件，在论文完后，通过自动生成目录，可保证页码的正确性。

二、题目顺序层次编制规范

中文论文撰写通行的题目顺序层次大致有下表中所列的几类，在论文撰写中，只能选择其中一类，不可混合使用。

第一种	第二种	第三种	第四种
一、	第一章	第一章	1.
（一）	一、	第一节	1.1
1.	（一）	一、	1.1.1
（1）	1.	（一）	1.1.1.1

格式是保证文章结构清晰、纲目分明的编辑手段，撰写毕业设计论文时可任选其中一种格式，但所采用的格式必须符合上表规定，并前后统一，不得混杂使用。

三、论文目录生成

1. 对整个文本进行排版处理。

2. 先将第一个一级标题选中，再点击工具栏“字体”前“正文”的下拉菜单，选择“标题1”。

3. 此时会在此行前出现一个黑点，表明此行已被设为目录项（前方黑点不会被打印）。

4. 对此行进行段落、字体的设置，直到满意为止。

5. 光标放在刚才筛选的目录行中，再点工具栏的格式刷，将文中所有需要设为一级标题的全部用格式刷统一格式。

6. 依照第2~5步骤，将文中2级、3级……标题依次设置完毕。

7. 光标放在文中需要放置目录的位置，点击菜单中的“插入”→“索引和目录”，在“目录”选项单中进行适当设置，也可不用修改，直接使用默认值，确定。

8. 此时目录就会自动生成了。

9. 要想对目录进行字体、字号等的修改，可选中目录进行修改；选取时，注意不要直接点击目录，而应将鼠标放在目录左方，光标成空箭头时单击，此时会将整个目录选中，进行修改。如果只想修改某一行，可将光标放在该行最后，向前拖选。

10. 如果文章中某一处标题有改动，可在改动完后，在生成的目录上点右键，在右键菜单中点击“更新域”，所修改处在目录中会自动修改。

第七节　正　文

毕业设计是学生在校学习的最后阶段，是培养学生综合运用所学知识，分析和解决实际问题、锻炼创新能力的重要环节，毕业设计论文是记录研究成果的重要文献资料，也是申请学位的基本依据。为了保证毕业设计的质量，根据国家论文撰写规范要求，各个学校都会制定具体、更详细的论文撰写规范。

论证论文主要对研究问题进行论述和系统分析、比较研究、模型或方案设计、案例论证或实证分析、模型运行的结果分析，提出建议、改进措施等。论文正文大体分为引言、调查对象与方法、结论与分析、意见与建议四个部分。

1. 引言主要是阐述调查问题的提出，引言部分一般不超出全文的1/3。

2. 调查对象与方法主要说明调查的目的、对象、方法和调查组织及工作完成情况等。

3. 结论与分析是以调查研究后提出的观点或得出的结论为纲目，对逐个观点（问题）进行论述，同时阐述它们之间的关系。切忌知识调查材料的简单堆砌，没有主次之分，没有作者自己的分析和观点。

4. 意见与建议是调研报告的重要组成部分。调研的最终目的在于解决实际问题。作者在经过调研摸清情况、掌握规律的基础上，提出解决问题的意见和建议，它既可以为决策者提供依据和空间，也可为后人做进一步研究奠定基础。

一、毕业设计论文基本要求

1. 毕业设计论文应中心突出，内容充实，论据充分，论证有力，数据可靠，结构紧凑，层次分明，图表清晰，格式规范，文字流畅，结论正确。

2. 毕业设计论文中，所使用的度量单位一律采用国际标准单位。

3. 对论文中的图或表要给予解释，统一标上图号和图题或表号和表题，安排于相应位置，若同类图表数量过多，也可作为附录列入论文后面。

4. 若论文要直接贴入手绘图形，建议采用拍摄图片形成电子文档，或用碳素笔在硫酸纸上描，并标上图号、图题，然后贴附入适当的位置或附录中，要求图面整洁、比例适当。

5. 毕业设计论文的正文用宋体小四号字（标题除外），A4 纸打印。

6. 参考文献著录格式要符合《科学技术报告、学位论文和学术论文的编写格式》（GB7713—1987）的规定。

二、引言（或绪论）

引言有时也是序言、引论，是论文的开头部分，主要说明论文写作的目的和现实意义、对所研究的问题的认识、国内外文献综述，并提出论文的中心论点等。引言要写得简明扼要，篇幅不要太长。毕业设计论文开题报告已对这部分做了清楚的说明。

对于设计说明书来讲，这部分主要说明本设计的目的、意义、范围及应达到的技术要求，以及目前研究具有的世界水平；简述本课题在国内外的发展概况及存在的问题，本设计的指导思想；阐述本设计应解决的主要问题。

（一）引言的意义

引言是设计论文的一个重要组成部分，是论文的开场白。国家标准《科学技术报告、学位论文和学术论文的编写格式》（GB7713—1987）指出，引言要简要说明研究工作的目的、范围、相关领域的前人成绩和知识空白、理论基础和分析、研究设想、研究方法和实验设计、预期结果和意义等。换句话说，引言应清楚地陈述进行此项工作的理由，阐明论文的新意，扼要地回顾有关这一课题的前人的工作。

引言的内容应说明研究对象、研究目的、文献综述、研究方法、实践设计、预期的结果与意义，以及对篇幅等方面进行说明。

（二）引言的内容

1. 研究对象。

任何一篇设计论文都有其特定的研究对象。不同学科或专业，甚至相同专业内的不同研究方向，它们所涉及的研究对象都是不同的。所以引言的开头部分，首先应阐明论文的研究对象是什么，有什么特点，需要逐一进行说明。引言的内容要使本专业的同行们能清楚地了解论文的研究对象以及特点，以吸引读者进一步阅读论文的全文。

2. 研究目的。

研究目的就是要回答为什么要进行研究，说明进行此项工作的理由。不同的学科和专业的不同论文，有着各自不同的研究目的，有的是为了对某些研究对象未说明的某些特点进行研究，显然具有某种理论上的意义与价值，填补某些知识空白；有的是为了资源的综合利用，从而开展某个阶段的研究；有的是为了新工艺而进行的某部分的研究；有的则为了开发新的产品，而对其人机环境开展的研究。

通常选择工业产品毕业设计论文的篇幅均为6000 ~8000 字/篇，在正常情况下，一篇论文内所能够完成的研究目标是有限的，对于引言中研究目的的阐述，要求实事求是、恰如其分，防止研究目的写得过高，而实际上能完成的研究工作只是其中一个很小的部分。应当将研究目的写具体，说明是总目标中的一部分，引言中研究目的要与正文的实践部分、结果与讨论、结论等部分相一致，前后呼应，不要出现相互矛盾或相互不衔接的现象。

3. 相关领域的文献综述。

在毕业设计课题所涉及的研究领域中，前人工作成果及需要解决的问题，均应通过文献检索后，写出专题文献综述，文献综述的要求包括以下几个方面：

（1）文献综述要求真实。文献综述是一个对众多文献的浓缩的过程，是对设计知识的精练和提升的过程，不应只是文献简单的拼剪，而是应当选择其中与课题联系直接、紧密的一批著作、论文和专利，加以归纳和提炼。

（2）文献综述要求全面。文献检索要求全面，也就是要求检索与课题相关的所有文献资料，一定不可以只检索、阅读手边的部分资料就动手进行综述。由于资料不全面，作者的判断会有片面性，甚至得出错误的结论，产生误导作用。

（3）文献综述要求精练。在相关文献较全的基础上，用精练的文字对所有的文献进行归纳、概括。

（4）文献综述要全，要求准确。文献综述信息尽量全；引用科技刊物论文的作者、题名、刊名、出版时间、卷、期、页码要准确；引用的专利文献、专利发明人、专利名称、专利国别、专利号、专利授权日，以及引用的专著、作者、书名、出版地、出版社名称、出版年等要一一写清楚；引用的会议文献，对于作者、论文的题名、会议名称、会议地址、会议时间也要一一写清楚。

（5）引言中的文献综述的参考文献数量。对于毕业设计论文的参考文献数量，各个学校有不同的规定。一般院校规定博士学位论文的参考文献为100 篇以上，硕士学位论文的参考文献为50 篇以上，学士学位论文的参考文献为15 篇以上。而论文参考文献包含了引言中的文献参考，一般占全部文献综述的大多数。所以要重点写好引言中的文献综述，整个论文的参考文献数量才能得以确保。在引言以外所引用的参考文献，随着写作的进程，可以逐篇引入正文中。

4. 研究方法与实践设想。

引言中对于怎样完成研究工作提出了研究的方法与实践设想，不同的学科和专业，以及同一个专业内的不同研究方向，它们的研究方法，包括实践的方式，都是不同的，引言中的研究方法，包括实践设想表述，应当简要、大概地提供解决该课题的具体思路。

每个专业的研究方法，包括实践设想的表述，应遵守某个专业惯例和规定，用规范的语言进行叙述。为了叙述方便，也可以利用流程图帮助阐明研究方法与研究过程。

5. 预期结果与意义。

按照国家标准 GB7713—1987 要求，引言的最后要叙述研究工作的预期结果与意义。引言的全部内容形成了一个完整的短文系统，预期结果与意义要与研究目的一致，要与题名、摘要等论文的前置部分相统一，同时，预期结果与意义还要与论文的正文部分的结果、讨论，特别是结论的内容相统一。总之，在写引言时，要顾及论文全文，做到全文统一。

（三）引言的篇幅

引言的篇幅没有具体的字数标准，设计论文的引言篇幅，以不超过全文篇幅的 1/5 为宜（500 ~1000 字），长短没有统一的限制。

在毕业设计论文的引言中，为了反映出作者的确掌握了坚实的基础理论和系统的专业知识、具有开阔的视野、对研究方案做了充分论证，有关历史回顾和前人工作的综合评述以及理论分析等可以独立成章，用足够的文字叙述，毕业设计论文的引言篇幅比发表在科技刊物上的科技论文的引言篇幅要长一些，字数要多一些，这是由毕业设计论文的形式与特点所决定的。

以下是“纸张拉伸强度测试仪产品造型设计”一文引言案例，仅供参考：

一、引言

造纸工业是国民经济的重要支柱之一，与社会经济发展和人民生活密切相关。中国造纸工业发展迅速且前景广阔，将是 21 世纪的“朝阳工业”。[1] 我国已成为世界造纸业的主要生产国和消费国，无论是纸巾用纸、纸尿裤、办公用纸……纸张质量生产都需要进行检测，这就为国内生产的纸张拉伸强度测试仪创造了广阔的应用前景，但是国内生产的纸张拉伸强度测试仪在造型设计上十分普通，主要是侧重功能的实现，较少考虑产品美观和人机工学。虽然国内生产的这类产品功能很好，但是由于没有很好的外观，使得产品没有较高的附加值，不能很好地走向国际化。而国外的纸张拉伸强度测试仪产品造型设计很新颖，满足功能的同时，更加注重人性化及美感。他们把科技、精确、美感、人性化作为设计的要素，在设计中十分注意细节。这就使我们国内的产品面临较大的竞争压力。为了提升国内这种产品的竞争优势，我在国内研发的纸张拉伸强度测试仪的造型基础上进行了深入设计。

纸张拉伸强度测试仪产品造型设计是对机械仪器的设计，随着时代的前进、科学技术的发展、人们审美观念的提高与变化，机械产品的造型设计不断地向高水平发展变化。在设计中，影响产品造型设计的因素很多，但是，现代产品的造型设计主要强调满足人和社会的需要，美观大方、精巧宜人，为人类生活生产活动提供便利，并提高整个社会物质文明和精神文明水平。这是现代工业产品造型设计的主要依据和出发点。

如今，产品与工业设计已息息相关，密不可分。

1）工业设计与产品

1995—1997 年，开创了个人电脑时代的苹果公司股票一路下滑，几被收购。公司不得已请回了苹果原 CEO 史蒂夫 · 乔布斯。1998 年，苹果电脑公司正式发布推出了具有全新理念的苹果 iMac 电脑，将传统 PC 彼此分离的主机、显示器与音箱融为一体，并摒弃了千篇一律的米黄色外壳，代之以半透明状、五种颜色的彩色外壳。尽管 iMac 在技术与技能方面并无太多过人之处，且售价比其他电脑高出数百美元，但产品推出市场后，却受到了热烈的欢迎。在美国，当时差不多每隔15秒钟就有一台iMac被售出，苹果公司的股票随之飞速上扬，掀起了一股空前业界狂飙。1998年9月，美国权威市场调查公司PC Data的统计数据表明：上市只有17天的iMac在8月底迅速跻身美国电脑市场销售排行榜第2名。1998年12月，PC Data报告：在美国市场1998年11月零售和邮购两项排名中，iMac高居榜首，估计占美国PC总销售数量的7.1%和总零售收入的8.2%。据测算，工业品外观每投入1美元，可带来1500美元的收益。日本日立公司的数据则更具说服力，该公司每增加1000亿日元的销售收入，工业设计所占的作用占51%，而设备改造的作用则只占12%。[7]

这些都已经说明产品离不开工业设计，工业设计能给产品带来意想不到的附加值。

市场竞争决定了任何企业只能不断地努力，不断地进取，否则，总有一天会被其他竞争者所取代，被社会所遗弃。现在意义上的产品创新是全方位、全层次的，不再局限在技术创新、形象创新上，而是进入了标准创新的时代。谁掌握了设计标准，谁就掌握了市场。从产品的产生到衰落的发展过程来看，在一类产品诞生的初期，主要是技术标准的竞争，技术标准竞争开拓并占领市场，形成消费心理。在成长期、饱和期主要是在使用舒适度、外观、售后服务、产品成本等方面的竞争，在强调个性化消费，商品过剩的情况下，消费者对产品的需要越来越细致。简易的包装、粗糙的外形，将无法吸引消费者的目光。

今天，商品价值中除了材料成本、人工费用、设备折旧和运输费用等有形的“硬”价值外，还包括技术的新颖性、实用性，产品整体的优良设计，售后服务及产品文化等无形的“软”价值，随着消费观念的更新和市场的不断发展，“软”价值在商品价值中所占的比重将越来越大。[11]同样的产品、同样的功能、同样的制造成本，由于设计的差异可能使售价相差几倍。

2）工业设计与市场

随着工业设计的发展，企业由被动细分市场到主动细分市场。市场细分的目的是从分割开的市场内，辨认企业营销的目标市场，为自己的产品在目标市场上的“定位”，并以此采取适当的营销策略，实现企业自身的价值。在生产力不太发达的时期，人们的需求只是为了满足最基本的生理需求，人们只重视商品的实用性，而对商品的结构合理性、外观的新颖性都不太追求。再加上企业的生产能力有限，只要满足了人们的需求，就能赚取高额的利润。因此，企业对于产品的设计也仅停留在比较原始的层面上。但随着社会的进步、人们需求产品的层次不断提高、竞争的加剧，迫使企业必须改进产品的设计，工业设计也由此开始在企业内蓬勃发展起来。由于设计给企业带来的巨额商业利润，企业开始主动进行设计，去引导消费的趋向。产品设计的个性化，使产品更具有针对性地面向具体的受众，这就是真正意义上的细分市场。也正是由于工业设计的介入，使我们生活的世界更加丰富多彩，使我们有了更广阔的生活空间。工业设计在市场细分的过程中，起到决定性的作用。设计使企业适应市场，更使企业去引导市场。[19]

因此，搞好产品的设计对企业具有不一般的现实意义。

三、毕业设计本论内容

论证论文的本论包括调研材料、研究内容与方法、实验结果与分析（讨论）等。在本论部分要运用各方面的实际事实和研究方法，分析问题，论证观点，尽量反映自己的科研能力和学术水平，要求层次清楚，文字简练、通顺，重点突出。

1. 设计方案的论证：说明设计原理，并进行方案选择。说明为什么要选择这个设计方案（包括各种方案的分析、比较），阐述所采用方案的特点（如采用了何种新技术、新措施，提高了什么性能等）。

2. 计算部分：这部分在设计说明书中应占有相当的比例。要列出各个零部件的工作条件、给定的参数、计算公式以及各主要参数计算的详细步骤和计算结果；据此来计算应选用什么元器件或零部件；对应采用计算机的设计，应包括各种软件的设计。

3. 结构设计部分：包括机械结构设计、各种电器控制线路设计及功能电路设计、计算机控制的硬件装置设计等以及以上各种设计所绘制的图纸。

样机或试件的各种实验及测试情况，包括实验方法、线路及数据处理等。

4. 方案的校验：说明所设计的系统是否满足各项性能指标的要求，能否达到预期效果。校验的方法可以是理论的验算（即反推算），包括系统分析；也可以是实验测试及计算机的上机运算等。

围绕工业产品设计论文的本论，根据设计的产品流程，本论内容包括设计调研、数据处理、设计评判、草案拟定、效果图展示、工程图绘制验证、设计修正等内容。

下面以“纸张拉伸强度测试仪产品造型设计”一文为例，仅供参考。

二、明确设计目标

通过市场调研得知，市场现有纸张拉伸强度测试仪有立式和卧式两种，如下图所示，国内生产的仪器造型比较普通，缺乏美感，较少考虑人机因素，需要进行再设计，使产品更加美观，更好地适应市场的需求。因此，确定我的设计目标——纸张拉伸强度测试仪外观改良设计。

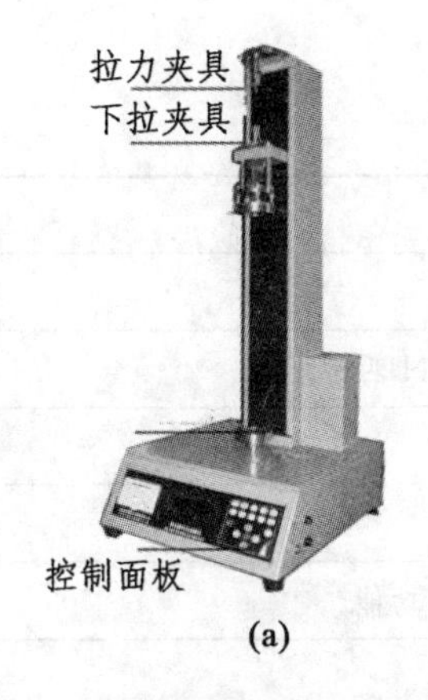

(a)

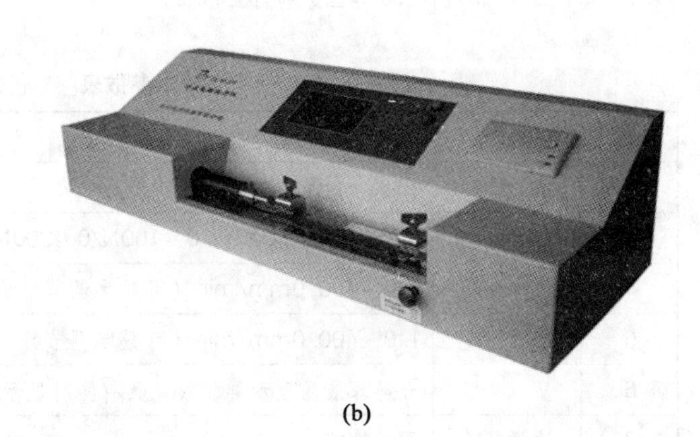
(b)

这类产品市场上已经批量生产，而且造型有很多种，我的设计是在原有产品的基础上通过重新设计产生新产品，并使新产品比原有的产品在局部或整体、质量与功能、外形与使用上都有明显的提高。

三、产品设计调研

由于这类仪器主要用于纸张质量监督检验中心，应来测量合成纤维长丝断裂能力和伸长率，使用者不是很广泛，因此，我采用访问调查和抽样调查的调研方式，主要通过与被访问者口头交谈，向被访问者了解产品的使用情况，并做好记录进行分析。

客户需求列表

客户陈述	需求翻译
仪器有时候使用出现误差	使用灵敏度高的感应器
仪器外观不够漂亮	设计外观更加美观
仪器按键操作有点复杂	简化人机界面
显示屏对眼睛有点刺激	使用柔和的颜色
产品造价有点高	降低产品的加工制造难度，造型简洁
产品包装起来浪费空间	合理利用空间
控制面板单调，长期工作引起视觉疲劳	色彩搭配应具有活力
开机维修不是很方便	方便拆装维修

我在调研中发现，这类产品使用的颜色搭配比较单一、枯燥、缺乏活力。面板设计没有活力，不符合人机工学设计。

通过了解还得知，该类产品年产量不超过500台，造价在25900元左右，不同型号的仪器测试不同的范围及特点：

1）图（a）所示型号

（1）技术特点：符合GB/T 12914—1991《纸和纸板抗张强度的测定法（恒速拉伸法）》的规定要求设计。同时参照GB 13022—91、GB/T1040—92、GB2792—81、GB/T 14344—2008、GB/T 2191—95、QB/T 2171—95等国家和行业标准。

技术参数表

1	电　　源	AC220±10%，50Hz，2A
2	准 确 度	±1%
3	测量范围	0 ~30N（卫生纸）/0 ~100N/0 ~300N/0 ~500N 四种规格
4	拉伸速度	1.0 ~400.0mm/min（可数字调节）
5	回程速度	1.0 ~400.0mm/min（可数字调节）
6	显　　示	大屏幕液晶显示屏，软件具有实时显示抗张曲线功能
7	试样尺寸	国标规定
8	通信输出	标准RS232接口
9	环境条件	温度20 ~40℃、相对湿度<85%
10	外形尺寸	长×宽×高=530mm×400mm×950mm
11	重　　量	65kg

（2）产品特点：传动机构采用滚珠轴承，传动平稳、精确；采用进口电机，噪音小、控制精确；大屏幕液晶显示、中文菜单。试验时，实时显示拉伸时间、负荷张力等；最新软件具有实时显示抗张

曲线功能；仪器具有强大的数据显示和分析、管理能力。采用模块式一体型打印机，安装方便、故障少；有热敏打印机和针式打印机可选。在0～30N测量范围内，精度可达0.01N，分辨率为0.01N，专业针对卫生纸各相应参数的测量。直接得到测量结果：在完成一组试验后，能方便地直接显示测量结果和打印统计报告，包括平均值、标准偏差和变异系数。

自动化程度高：仪器设计选用国内外先进器件，单片微机进行信息感测、数据处理和动作控制，具有自动复位、数据记忆、过载保护和故障自诊断的特点。

多功能，灵活配置：仪器主要用于纸张测量，改变仪器的配置可广泛适用于其他材料的测量。本仪器配有标准RS232接口，可配合微机软件进行通信。（软件另购）

2）图（b）所示型号

技术参数表

1	电　源	AC220±10%，50Hz，2A
2	准确度	±1%
3	测量范围	0～30N（卫生纸）/0～100N/0～300N/0～500N/0～1000N 五种规格
4	拉伸速度	1.0～399.0mm/min（可数字调节）
5	回程速度	1.0～399.0mm/min（可数字调节）
6	试样尺寸	试样长度180mm（200mm、100mm、90mm、50mm、0mm 六挡可调）

（1）性能特点：

①传动机构采用滚珠轴承，传动平稳、精确。

②采用进口电机，噪音小、控制精确。

③大屏幕液晶显示、中文菜单。试验时，实时显示拉伸时间、负荷张力等。

④热敏打印机，噪声低、更清晰。

⑤在0～300N测量范围内，精度可达0.1N，分辨率为0.1N。直接得到测量结果：在完成一组试验后，能方便地直接显示测量结果和打印统计报告，包括平均值、标准偏差和变异系数。

⑥可变试样尺寸及拉伸速度：对常用标准尺寸试样，直接以规定速度进行拉伸试验，亦可随情况需要，设定合适的拉伸速度，改变试样的试验长度及宽度。

⑦自动化程度高：仪器设计选用国内外先进器件，单片微机进行信息感测、数据处理和动作控制，具有自动复位、数据记忆、过载保护和故障自诊断的特点。

⑧数据通信：仪器设有标准串行RS232接口，可为上位微机综合报表系统提供数据通信。

⑨测量范围：仪器测量范围能按用户需要，以配置不同测力器进行变换，能够广泛应用于各种纸张及材料的拉伸试验测定。

⑩多功能，灵活配置：仪器主要用于纸张测量，改变仪器的配置可广泛适用于其他材料的测量。

四、产品设计定位

通常机械产品造型设计要具有时代性。

人们处在不同的时代，有着不同的精神向往，如果机械产品的造型形象具有时代精神意义，符合时代特征，这些具有特殊感染力的“形”、“色”、“质”就会表现出产品体现当代科学水平与审美观

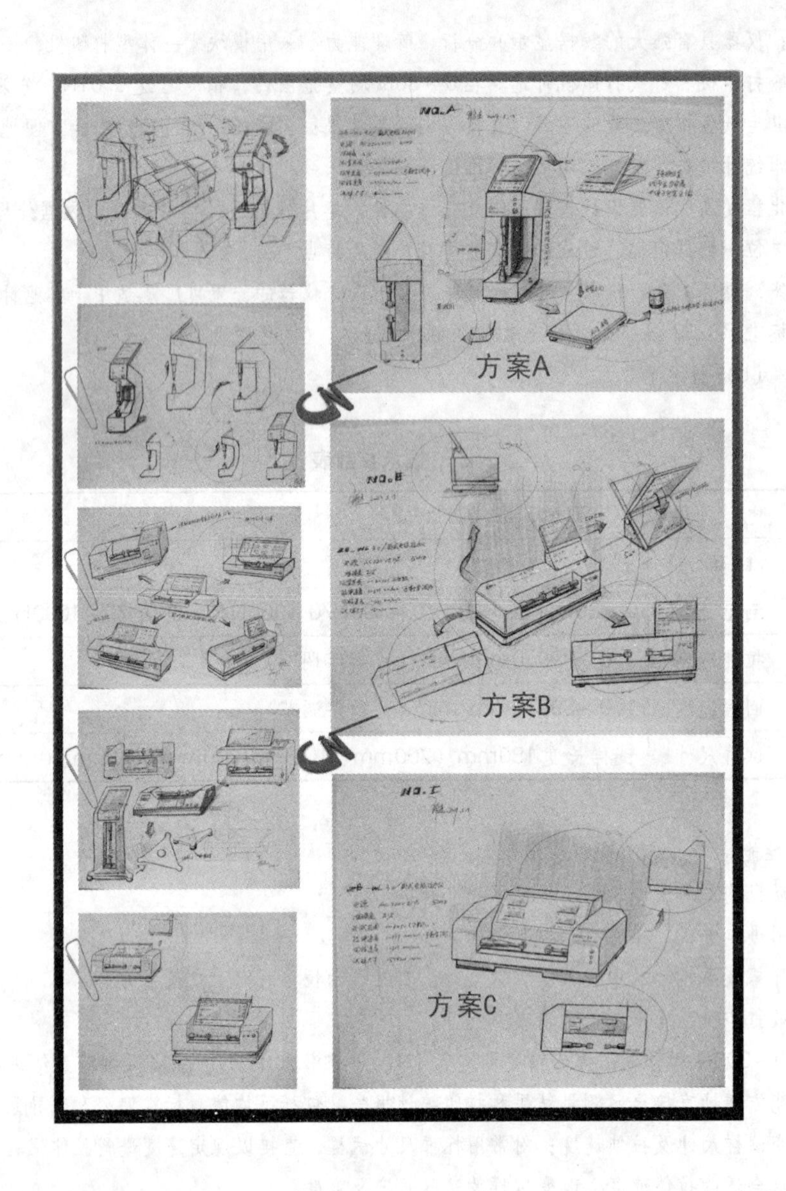

念的时代特征，这就是产品的时代性。[8]

作为产品造型，真实地反映人们对于高科技大胆执著的追求，选用几何体造型，使布局和构成更加简洁明快、理智抽象、充满几何美的多样化表现，自然而然地成为现代产品造型的时尚。[5]

通过市场调研，我对现有市场上现有的产品进行分析，将我的产品设计定位为：现代风格、线条简单、美观、具有时代感、使用舒适。

设计元素：几何造型、合理的色彩搭配、创新。

五、产品设计草图

围绕我的设计定位，我在设计过程中，将这些元素都进行了糅合，利用到我的设计中展开设计。以下是我初步设计的草图，通过筛选，初选 A、B、C 三个方案。

六、方案评估

系列方案确定下来后，接着就是对所有设想进行评估优化。

评估的方法，我采用坐标轴方法进行评估，首先我确定评估的六个方面：空间利用程度、造型创新、加工方便、人机环境、易维护、操作方便。

方案分析表

序号	评估内容	A	B	C
1	空间利用程度	3	5	3
2	造型创新	4	4	3
3	加工方便	4	4	4
4	人机环境	4	5	4
5	易维护	3	4	4
6	操作方便	4	4	3

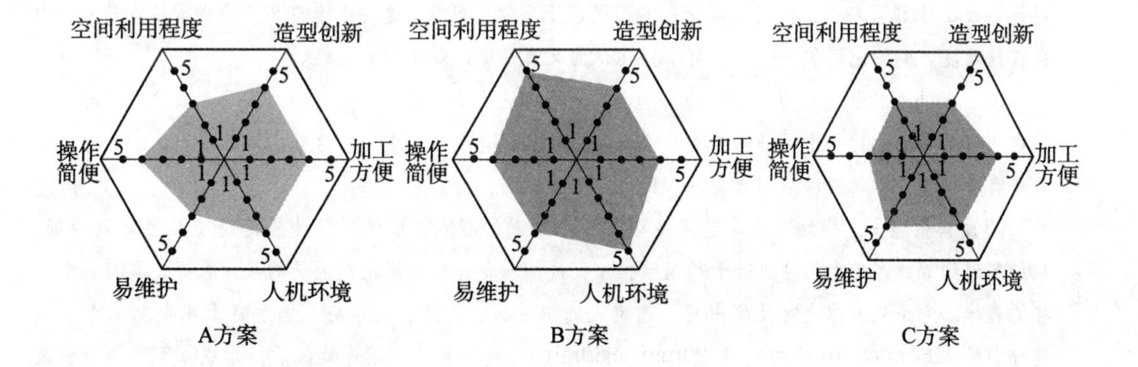

七、确定方案及优化设计

综上分析，B 方案综合性能最好，因此我选定 B 方案作为我的最终方案展开优化设计。

八、产品人机工学设计

现代工业设计中，如搞纯物质功能的创作活动，不考虑人机工程学的需求，那将是创作活动的失败。如何解决“产品”与人相关的各种功能的最优化，创造出与人的生理和心理机能相协调的“产品”，这将是当今工业设计中，在功能问题上的新课题。[6]

为工业设计中考虑“环境因素”提供设计准则：通过研究人体对环境中各种物理因素的反应和适应能力，分析声、光、热、振动、尘埃和有毒气体等环境因素对人体的生理、心理以及工作效率的影响程度，确定了人在生产和生活活动中所处的各种环境的舒适范围和安全限度，从保证人体的健康、安全、合适和高效出发，为工业设计方法中考虑“环境因素”提供了设计方法和设计准则。[12] 以上几点充分体现了人机工程学为工业设计开拓了新设计思路，并提供了独特的设计方法和理论依据。

社会发展、技术进步、产品更新、生活节奏紧张，这一切必然导致“产品”质量观的变化。

人们将会更加重视“方便”、“舒适”、“可靠”、“价值”、“安全”和“效率”等方面的评价，人机工程学等边缘学科的发展和应用，也必然会将工业设计的水准提到人们所追求的那个崭新高度。

1）产品外观造型设计

正确的比例和尺度是完美造型的基础和框架。一般地讲，比例只要在不违背产品功能和物质技术条件的前提下，就可呈现多种变化组合形式，展现造型整体与局部或局部与局部之间的关系。尺度则比较固定，它是专指造型物尺寸与人体尺寸或是某种标准之间适应的程度和范围。造型若只有良好的比例而无正确、固定的尺度去约束，则该设计肯定会归于失败。所以，正确造型设计的次序应该是首先确定尺度，然后根据尺度确定和调整造型物的比例，如机床的护罩、汽车的车身、自行车的车座……都是首先要考虑到该造型物的尺度，即人体尺寸适应的长、宽、高、直径等，然后才是该造型物的比例和细部调整。

造型物的比例尺度应依据影响组合的各方面因素做出合理的安排与协调。这些因素包括基本功能、物质技术条件、审美时尚三个主要方面的因素。比例协调的造型物体不仅美观，而且使用合理，能给人们以舒适、亲切的感觉。机械产品造型常用的几种比例关系有以下几种：

（1）黄金分割。从古到今，黄金分割一直被公认为最美的尺度，大自然中许多美景的构成均有黄金分割比例的反映，我国数学家华罗庚推广的优选法，其优选数值也是0.618。黄金分割比例是采用优选数0.618为基数，使得构成比例的两线段比率为0.618。这种比率符合人的视觉特点及人体内在模数尺度。它的比例优美调和、富于变化，而又有一定的规律和安定感。

（2）均方根比例。长方形中若令短边为1，而将这些均方根比例无理数列应用于长边设计时，反映在几何图形上，就会出现一种非常严格而自然且非常有规律的重复，这就是均方根比例。这种比例关系有着和谐、协调的动态均衡美感，因而应用较广泛。

（3）模数理论。模数理论是艺术造型中一个学派的观点。该学派认为美的造型从整体到局部、从局部到细部，都是由一种或若干种模数推演而成的，是含有共同比例因子的尺寸系列，具有一个内在的规律。它是从人体绝对尺度出发，选定人的举手高、头高、肚脐高、垂手高为4个基本点（它们分别是2260mm、1830mm、1130mm、860mm），插入相应的其他数值后，形成如下的两套费波纳级数数值（单位：mm）：

第一套为：1830、1130、700、430、270、170，称为红尺。

第二套为：2260、1400、860、530、330、200，称为蓝尺。

这些数值之间不仅包含着中间值比率的制约关系，而且基本上符合人体活动区间的各种尺度，能达到人机关系的融洽如一。因此，模数理论是一种有实用价值的形体比例设计模式。

从科学上看，人坐着作业的空间如下图所示。

一般人操作有一个适度的范围，因此，设计尺寸应根据人的这个操作范围来设计。大部分人习惯右手操作，因此，当控制面板较小时，应该设置在离右手近的地方。所以我在设计时，将控制面板设计在右手边，让用户在使用时更加方便。

设计时应注意的是，必须兼顾两种操作姿势的舒适性和方便性，由于控制台的总体尺寸高度以操作者的立姿人体尺寸为依据，坐姿操作时只要在控制台下方设有高度适宜的座椅就可以满足了。因此，我设计该产品只需考虑仪器的适宜高度，方便人操作。

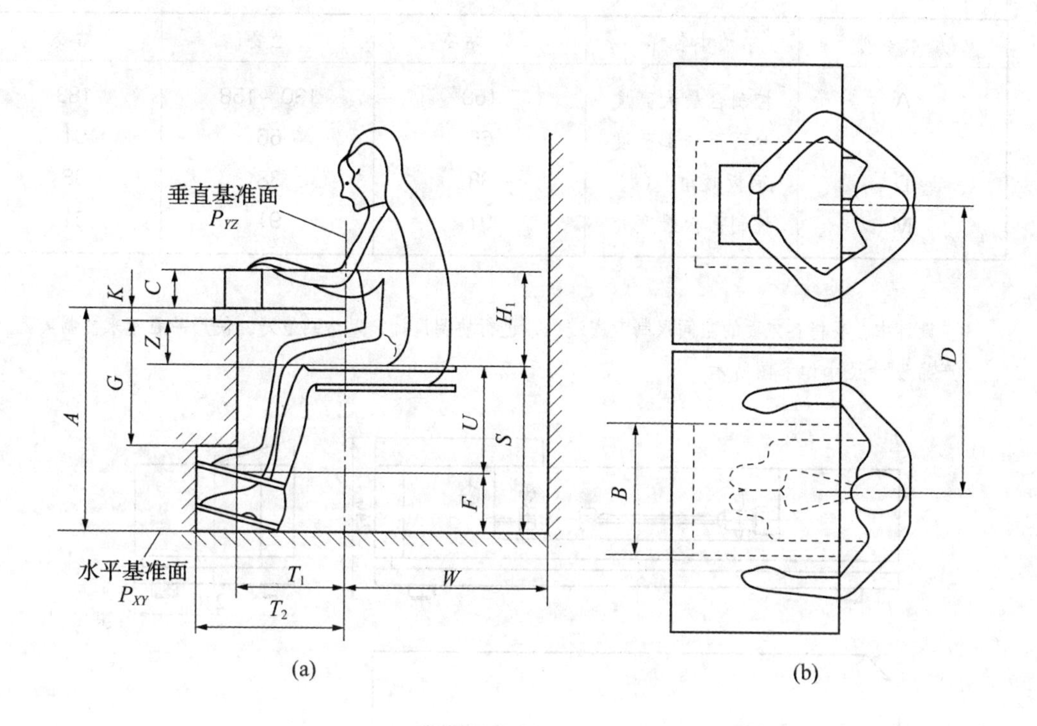

垂直基准面
P_{YZ}
K
C
Z
G
A
H_1
U
S
F
水平基准面
P_{XY}
T_1
T_2
W
D
B

(a) (b)

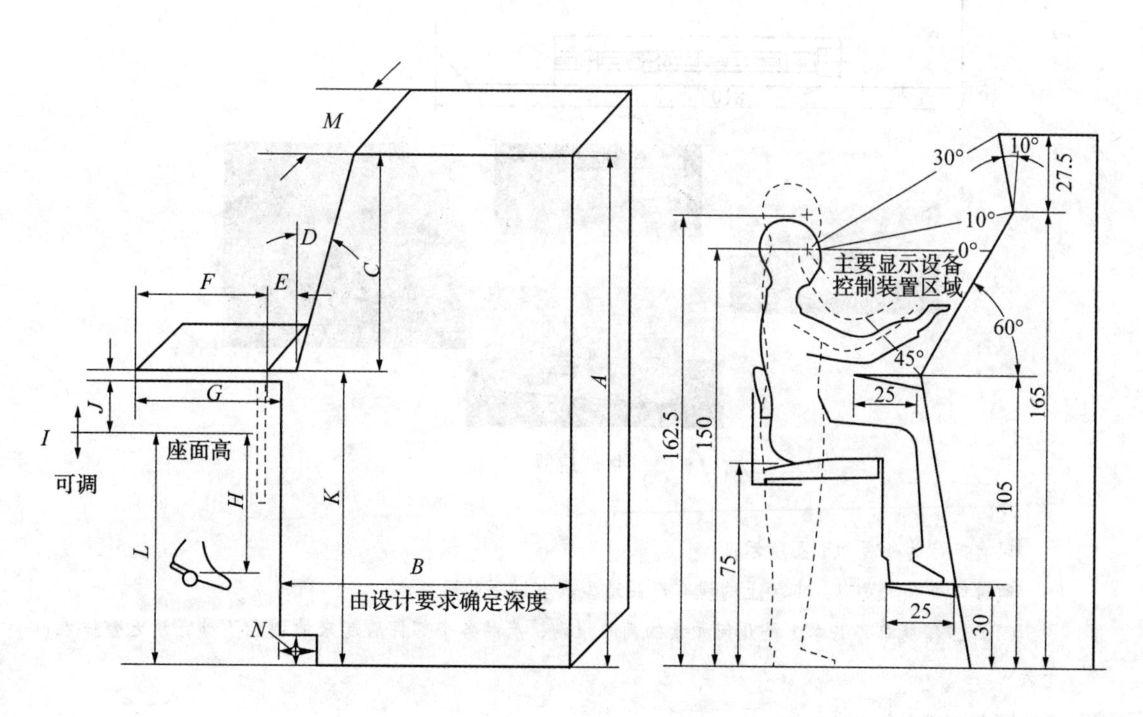

M
D
C
F
E
A
G
J
I
座面高
可调
H
K
L
B
由设计要求确定深度
N
30°
10°
27.5
10°
0°
主要显示设备
控制装置区域
60°
45°
25
162.5
150
165
105
75
25
30

标准控制台尺寸表格 （单位：cm）

尺寸序列	尺寸名称	坐/站姿	坐姿	站姿
A	控制台最大高度	158	130 ~158	183
C	台面至顶部高度	66	66	91
D	面板倾角/（°）	38	38	38
M	控制面板最宽处	91	91	91

在设计中，我将各方面的空间限制考虑进去，进行协调设计，以达到最好，使产品看起来协调美观。产品设计尺寸如下图所示。

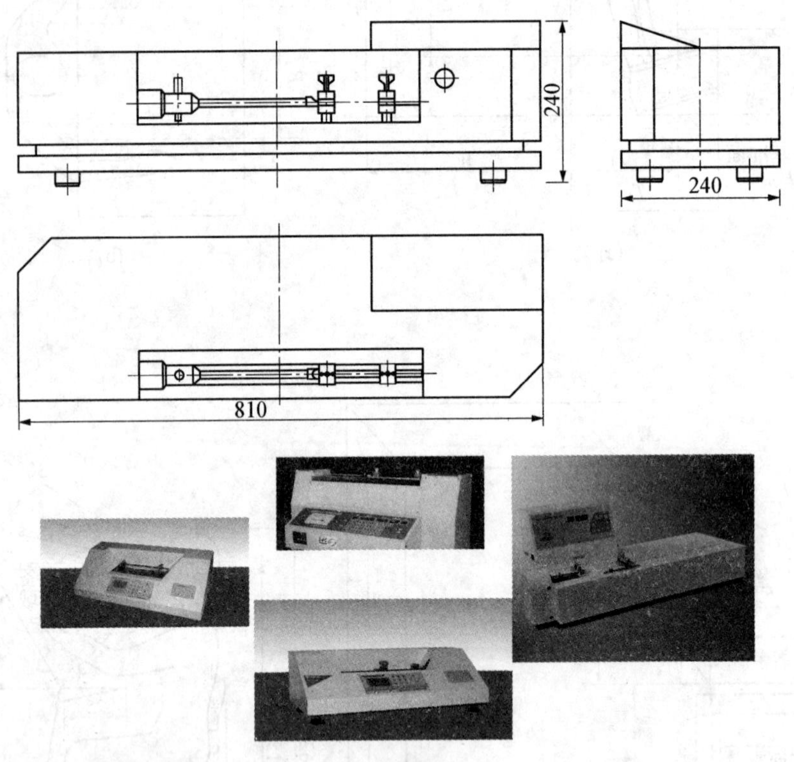

卧式造型

现有产品的外观如下图所示：

通过调查对比发现，市场上的现有产品造型具有以下共同特点：

（1）造型简单，基本上是几何元素的简单堆砌，产品各个部件看起来协调性不够，缺乏整体性，不美观。

（2）控制面板设计简单，较少考虑人机因素。

（3）制造工艺简单，不需要很复杂的加工手段就可以制造出来。

（4）表面处理很简单。

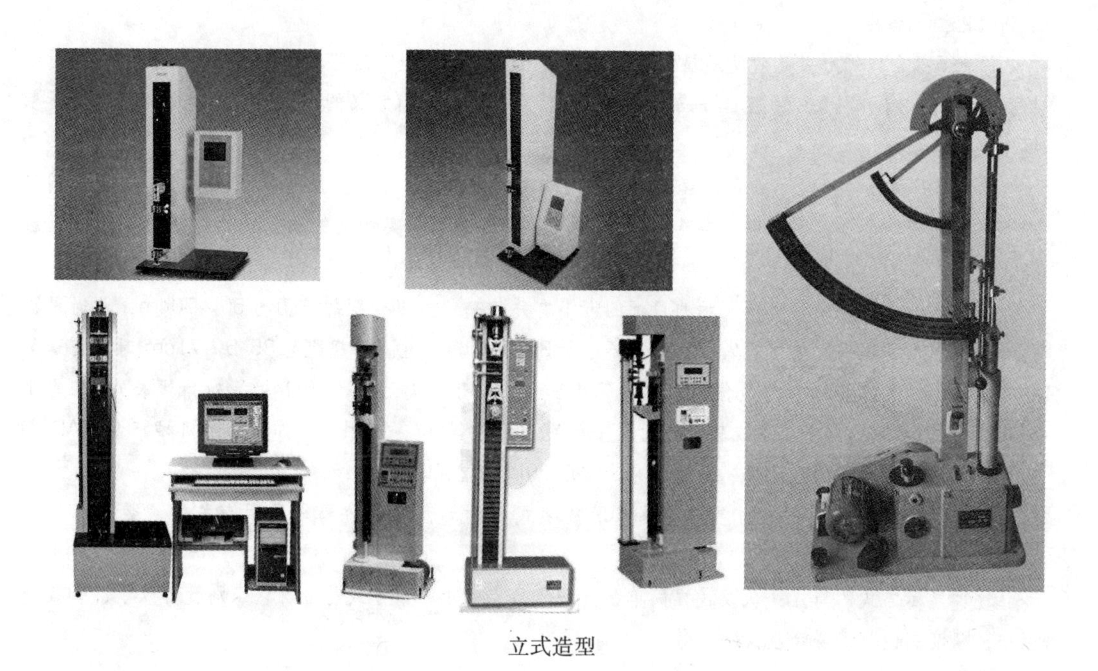

立式造型

改良后的造型设计见下图：

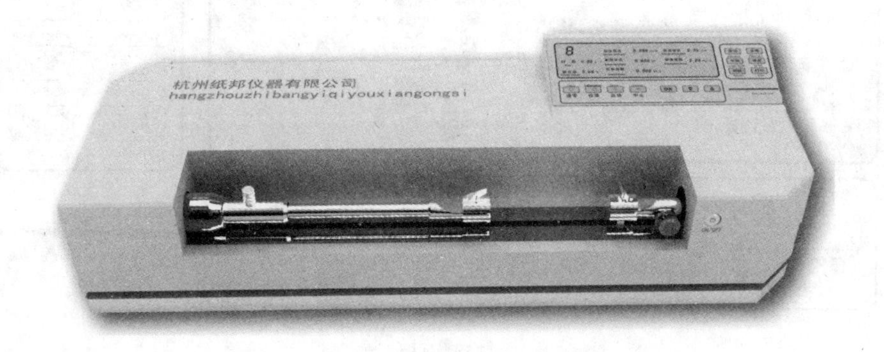

2）人机界面设计

人机界面设计的好坏与设计者的经验有直接的关系，有些原则几乎对所有良好的人机界面的设计都是适用的，一般地，可从可交互性、信息、显示、数据输入等方面考虑：

原则1：在同一用户界面中，所有的菜单选择、命令输入、数据显示和其他功能应保持风格的一致性。风格一致的人机界面会给人一种简洁、和谐的美感。

原则2：对所有可能造成损害的动作，坚持要求用户确认，例如提问："你肯定……"，对大多数动作应允许恢复（UNDO），对用户出错采取宽容的态度。

原则3：用户界面应能对用户的决定做出及时的响应，提高对话、移动和思考的效率，最大可能地减少击键次数，缩短鼠标移动距离，避免使用户产生无所适从的感觉。

原则4：人机界面应该提供上下文敏感的求助系统，让用户及时获得帮助，尽量用简短的动词和动词短语提示命令。

原则5：合理划分并高效使用显示屏。仅显示与上下文有关的信息，允许用户对可视环境进行维护：如放大、缩小图像；用窗口分隔不同种类的信息，只显示有意义的出错信息，避免因数据过于费解造成用户烦恼。

原则6：保证信息显示方式与数据输入方式的协调一致，尽量减少用户输入的动作，隐藏当前状态下不可选用的命令，允许用户自选输入方式，能够删除无现实意义的输入，允许用户控制交互过程。

屏面的大小与视距和需要显示的目标的大小有关。一般人眼视距的范围为50 ~70cm，此时屏面的大小以在水平和垂直方向对人眼睛形成不小于30°的视角为宜。当视距为35.5 ~71cm时，雷达屏面直径以12.7 ~17.8cm为最佳；而对计算机而言，常用的屏面尺寸为14in（对角线长），相当于35.6cm，当显示的信息较多或较复杂时，平面可以增大至17 ~20in。例如，对于机械产品CAD图形的显示，由于图形的点、线、面较复杂，常用20in的显示器。[3]

计算器、电子表及仪表的显示屏幕采用数字式显示，直接用数码来显示有关的参数或工作状态。[10]

这种显示方式的特点：认读过程简单、直观，只要对单一数字或符号辨认识别就可以了；认读速度快，精度高，且不易产生视觉疲劳。

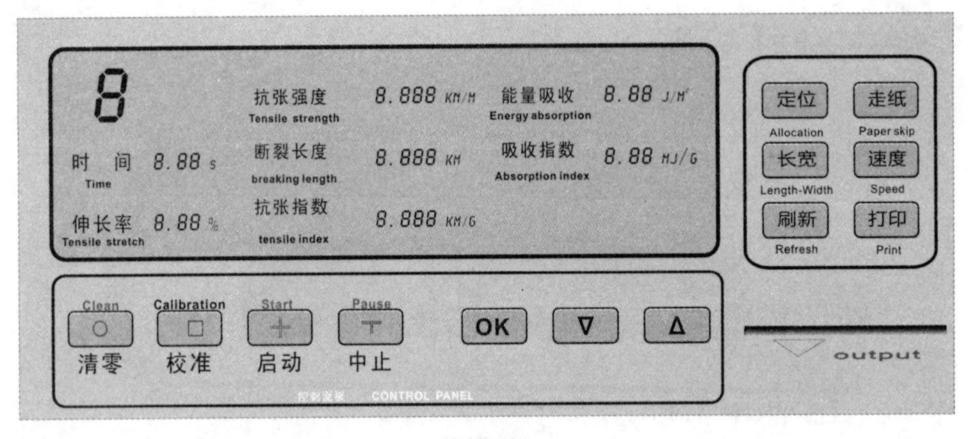

控制面板

3）产品色彩设计

在色彩使用方面，色彩对人类生活的重要性是显而易见的。由于职业、年龄、时代、风俗习惯等的影响，不同的消费者对颜色会产生不同的心理反应，从而对颜色形成不同的感情。随着消费者审美情趣和文化品位的不断提高，对产品色彩的关注度越来越高。对一些新上市的时尚产品，消费者往往愿意花更多时间去选择自己喜爱的颜色。在今天产品外形日趋类同化的情况下，颜色已经成为购物的关键要素之一，颜色是彰显产品个性和时尚的重要元素。[9]

当前色彩流行趋势一：是与健康、可持续的生活方式相关的色彩，如与森林、天空、水、环境意识以及健康潮流相关的绿色、棕色和蓝色等；

趋势二：是彰显成熟魅力的优雅华丽色彩，这类色彩比较柔和，如大红色、香槟金以及其他深沉而浓烈的色彩；

趋势三：是未来科技派色彩，比如白色和银色，或者黑色等其他中性色彩；

趋势四：主要是具有液态金属感或者亚光漆质感的色彩。

在产品激烈竞争的今天，产品的质量固然重要，产品的包装更是不可缺少的一环。人们在感受空间环境的时候，首先是注意色彩，然后才会注意物体的形状及其他因素。色彩的魅力举足轻重，影响着人们的精神感觉，只有室内色彩环境符合人的生活方式和审美情趣，才能使人产生舒适感、完整感和美感。

产品色彩如果处理得好，可以协调或弥补造型中的某些不足，使之更加完美，更容易博得消费者的青睐，而收到事半功倍的效果；反之，如果产品的色彩处理不当，则不但影响产品功能的发挥，破坏产品造型的整体美，而且很容易破坏人的工作情绪，使人产生枯燥、沉闷、冷漠，甚至沮丧的心情，分散了操作者的注意力，降低了工作效率。所以，产品的造型中，色彩设计是一项不容忽视的重要工作，其色调的选择是至关重要的。

仪表色彩是否合适，对认读速度和误读率都有影响。由实验获得的仪表颜色与误读率关系可知，墨绿色和淡黄色仪表表面分别配上白色和黑色的刻度线时，其误读率最小，而黑色和灰黄色仪表表面配上白色刻度线时，其误读率最大，不宜采用。[3]

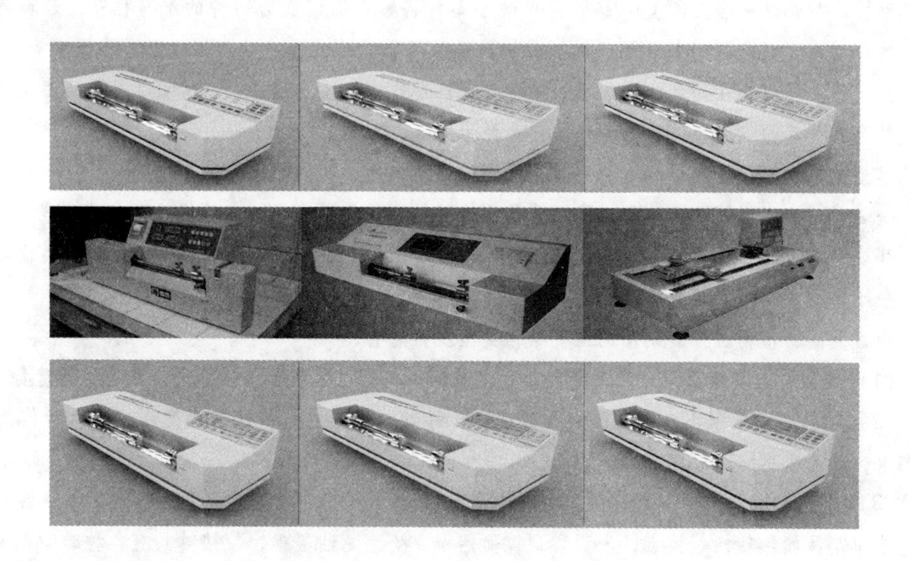

在我的产品中，屏幕色彩我选择了三种方案，分别是黄色屏幕配黑色字、蓝色屏幕配白色字、墨绿色屏幕配白色字。

九、材料选择

材料科技与制造技术的发展，使产品设计的内涵不断丰富。过去工业设计师更多被束缚于产品的功能和内在因素，很多创意变为空想，无法实现。如今这种状况被彻底改变了，是材料激发了设计师的无限创意。

材料的魅力是无穷的。自工业革命到信息时代的一百多年是一部产品设计的进步史，也是一部材料的发展史。从木材、陶瓷到金属、玻璃和塑料，材料的不断创新实现着人对于产品的种种梦想，同时也使产品的生命周期越来越短，在新材料的催生下，一代又一代好用又好看的产品改变着我们的生活与环境。

例如美国苹果电脑公司推出的新一代电脑，透明的、雾蒙蒙的外观给人十分新鲜的感觉，犹如它的公司名字一样引人注目，充满活力与朝气。

现代技术产生的深远影响不仅在于加工的材料，同时还在于生产的规模和加工地点。[2] 在选择产品的材料之前，必须熟悉各种材料的主要性能，了解材料的加工工艺，熟悉常用机械工程材料的种类、性能、特点及应用。

在设计之前，我就将产品加工因素考虑到我的设计中，使我的设计能够更方便地加工出来，尽可能地降低加工成本。

从该类产品的用途、年产量来看，我设计的产品应该选择机械加工工艺，在材料上选择金属材料。机械加工工艺包括车削、镗削、焊接、冲压、镶边、钻孔、铰、铣削和拉削等。

我设计的造型外壳采用金属材料 A_3 钢。金属对各种加工工艺方法所表现出来的适应性称为工艺性能，主要有以下四个方面：(1) 切削加工性能：反映用切削工具（例如车削、铣削、刨削、磨削等）对金属材料进行切削加工的难易程度。(2) 可锻性：反映金属材料在压力加工过程中成形的难易程度，例如将材料加热到一定温度时其塑性的高低（表现为塑性变形抗力的大小），允许热压力加工的温度范围大小，热胀冷缩特性以及与显微组织、机械性能有关的临界变形的界限、热变形时金属的流动性、导热性能等。(3) 可铸性：反映金属材料熔化浇铸成为铸件的难易程度，表现为熔化状态时的流动性、吸气性、氧化性、熔点，铸件显微组织的均匀性、致密性，以及冷缩率等。(4) 可焊性：反映金属材料在局部快速加热，使结合部位迅速熔化或半熔化（需加压），从而使结合部位牢固地结合在一起而成为整体的难易程度，表现为熔点、熔化时的吸气性、氧化性、导热性、热胀冷缩特性、塑性以及与接缝部位和附近用材显微组织的相关性、对机械性能的影响等。[14]

金属材料的表面处理比较常用的方法是：机械打磨，化学处理，表面热处理，喷涂表面。[20] 我设计的外观是在金属外壳上烤上复合陶瓷，使外观看起来干净、现代、时尚美观。因为这类仪器摆放好后一般不会随意搬动，虽然瓷的特点是脆而易碎，但是规范操作可以避免这一弱点。

通过调查，市场上按键制品的主要结构类型及特点有：

(1) 纯塑料：结构简单，加工方便，可以喷涂，也可以金属化；手感好，具有价格优势。

(2) 纯硅胶：电阻小，回弹强，灵敏度高，弹性稳定，寿命长，透明度高，更具价格实惠及美观要求，产品手感好、细腻、颜色鲜明。

(3) 纯 IMD：热塑性薄膜背面印刷字体图案后成形的按键具有轻、薄、精密、永不磨损、可进行快速印花及颜色转换等特点，表面印刷镜面油墨、变色龙油墨等，使按键具有各种时尚风采。

(4) 纯塑料 (P) +纯硅胶 (R)：塑料按键直接覆压硅胶按键，再压在线路板的金手指上。

(5) 塑料 (P) +普通硅胶 (R)：塑料按键与普通硅胶底板通过特殊的胶剂相结合，兼顾了塑料制品与弹性硅胶的特性，多种工艺、多种组合呈现出丰富多彩的按键设计，具有高品质、高档次的特点，塑料与硅胶结合可达到柔和的手感及耐磨效果。

(6) 塑料 (P) +特殊硅胶 (R)：塑料按键与特殊硅胶底板通过特殊的胶剂相结合，采用特殊薄膜加硅胶的双层技术，使按键底板在很薄（0.2 ~0.25mm）的情况下仍有更强的抗拉力，且保持柔软特性，按键底板虽更薄，但较硬，不易变形。

(7) 塑料 (P) +硅胶 (R) +薄膜 (IMD)：手感好，层次分明，有较硬的接触感，又有较软的按压感且有优越的耐磨性，软件底座可避免损坏接触面物件及具备密封功能，组合式按键设计更具花样。

(8) 塑料（P）+硅胶（R）+其他（特殊薄膜）：具有与 P+R 相同的特点，同时有电镀键的独到之处，其款式可随意变换，可水镀，也可蒸镀，可呈亮面或雾面或亮雾面相结合，产品具有金属亮面效果和磨砂效果，档次高，具有时尚感。

(9) 热塑性合成橡胶：高性能热塑性合成橡胶，具备了橡胶的柔软性及低压缩永久不变形特性，中档价位，拥有热塑性及热固性塑料的外观光泽。

我的设计选择了塑料（P）+普通硅胶（R）通过特殊的胶剂相结合。

四、结论（或结果）

这是毕业设计论文的收尾部分，是围绕本论所作的结束语。其基本的要点就是总结全文，加深题意。结论应以简练的文字说明论文所做的工作，一般不超过两页。

结论（或结果）作为单独一章排列，但标题前不加“第×××章”字眼。结论是整个论文的总结。说明设计的情况和价值，分析其优点和特色、有何创新、性能达到何水平，并应指出其中存在的问题和今后改进的方向。

GB/T7713—1987 指出，报告、论文的结论是最终的、总体的结论，不是正文中各小结的简单重复。结论应当准确、完整、明确、精练。如果不可能导出应有的结论，也可以没有结论而进行讨论。可以在结论或讨论中提出建议、研究设想、改进意见和尚待解决的问题等。由此可知，工业产品设计论文的最后标题“结论”的内容是很丰富的，包括的内容是很多的。如：

1. 论文所涉及的领域，对研究对象所取得的创新性结论。

2. 在前人文献已有的成果基础上，论文所涉及的领域，在研究对象的工作，展开修改、补充、肯定或否定等方面的研究。

（一）结论的主要内容

结论在论文中的位置是固定的，不能轻易变动，它是正文中的一个非常重要的组成部分，是论文的核心内容，它汇集论文中的精华，是论文的创新之所在。

1. 阐明研究工作的理论基础。

2. 结论层次标题与实践的层次标题可以相互呼应，并对逐个标题展开讨论。

3. 结论的层次标题除多数可与实践的层次标题相互呼应外，还可以列出一些层次标题，用于讨论实践过程，进行理论探讨，指出实践中存在不足之处，提出设备与仪器的改进意见及今后研究工作的意见。

4. 结论中的内容要和论文摘要的内容相呼应。

5. 结论要全面总结时间段内有关数据及统计处理，充分应用各种数据整理而形成的表格、图例、总结规划调研结果，证明研究工作的目的性。

（二）结论的编写要求

1. 防止调查的数据过少、讨论不深入。

2. 防止只列调查数据，不进行讨论。

3. 防止调研的数据不真实、有片面性，数据粗糙。

4. 正确对待调研数据出现异常现象。

5. 在讨论中，引用他人的成果，应该列出相应的参考文献。

6. 防止片面扩大成果的应用价值。

7. 总结具有开发应用性价值成果的研究工作，并说明已有的进展。

8. 论文的研究工作，如果没有取得上述（1）、（2）或（3）的成果，也可以编写研究过程中的经验和教训、研究过程中的不足，以及对需要加以改进的地方，并提出建议。

下图以“纸张拉伸强度测试仪产品造型设计”为例，仅供参考。

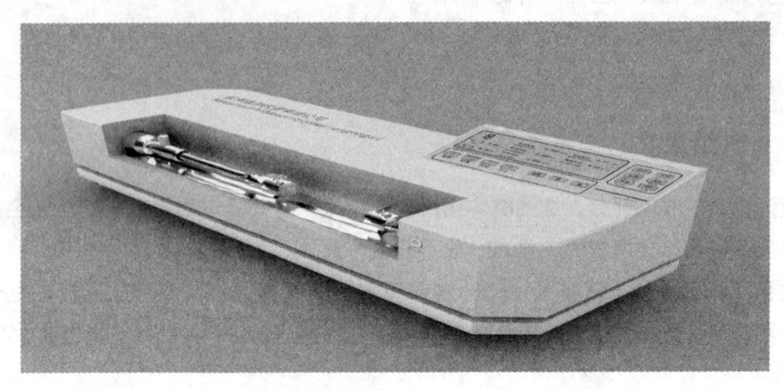

效果图

讲评：注意产品设计效果图与展板设计是不同的。

第八节 参考文献

一、参考文献的功能

为了反映论文的科学依据和尊重他人研究成果的严肃态度，同时向读者提出有关信息的出处，在毕业论文末尾要列出在论文中参考过的专著、论文及其他资料，所列参考文献应按论文参考或引证的先后顺序排列。

只列出论文作者亲自阅读过的、最重要的，且发表在公开出版物上的文献或网上下载的资料（一般在15篇以上），论文中被引用的参考文献序号置于论文中所引用部分的右上角，参考文献中所列著作按论文中引用的顺序排列，著作按以下格式著录：

[序号] 著者. 书名（期刊）. 出版地：出版社，出版年.

从论文参考文献中，我们应能获得如下信息：

（一）参考文献编写质量反映作者的治学态度

参考文献是论文作者通过阅读大量资料，获得结论的主要信息记录。从毕业论文的参考文献数量、资料涉及的方面和涉及学科多少等，可以粗略看出论文作者学术态度的严谨程度、知识支撑面宽窄、论文写作能力和治学严谨程度与重视程度等，以及论文研究的可行度。

（二）参考文献反映了论点形成基础

参考文献的编写反映了论文工作的出发点，提供了研究工作的背景和论文的立题原因。由于工业设计是一个综合性较强的学科，所涉及的各科学技术之间相互关联，从事研究的人在论文撰写时，应以某个研究为基础，展开对某个研究理论的研究、某个研究项目的综合应用、设计中某个结构的设计和人机界面的创新设计等。工业产品设计论文是科技成果的产出形式之一，因此，论文中引用他人的设计方式，引用别人的数据、观点时，必须详细标明。

（三）参考文献能反映作者的研究水平

参考文献的编写直接反映了作者的研究水平，为新的观点形成、新的形式设计和评判提供依据。

1. 标引的参考文献含有的中文文献与外文文献数量，反映了作者设计知识的底蕴和宽度，反映了作者具有多种语言了解该专业世界发展水平的能力。因此，论文含有外文参考资料数量，能反映论文作者具备了解专业世界水平的能力。

2. 参考文献具有多个品种结构，反映了论文研究广度和全面性。参考文献中过多地引用手册、词典、学术专著、科教文献或早期的科技论文，则不能反映论文的现代指导意义。

3. 参考文献的引用要顾及文献新旧的比例关系，工业产品设计论文引用的文献，应以近5年出现的文献为主，引用早期参考文献时，应考虑其重要性和关键性。

4. 参考文献可以分为专业文献和非专业文献。通常情况下，产品设计论文的作者在撰写论文时，习惯只检索本专业期刊。工业设计是一个综合性较强的专业，在论文撰写时，根据研究主题，应注重与研究相关学科，有助于学习与借鉴，对于提高论文的质量十分重要，相关文献应写在标引文献内。

5. 原始文献与转引文献的处理。原始文献是指作者引用的参考文献，转引文献是指作者从参考文献中转录他人的参考文献。这种直接转录的方式由于不能核实引文的作者、题名、刊名、年、卷、期、页码等信息，经常会出现错误，应该尽量避免。

二、参考文献的类型及标志代码

在毕业设计论文末尾要列出在论文中参考过的专著、论文及其他资料（一般在15篇以上），所列参考文献应按论文参考或引证的先后顺序排列。

注明引用文献的方式通常有三种：

1. 文中注：正文中引用的地方用括号说明文献的出处；

2. 脚注：正文中只在引用的地方写一个脚注表号，在当页最下方以脚注方式按标号顺序说明文献出处；

3. 文末注：正文中在引用的地方标号（一般以出现的先后次序编号，编号以方括号括起，放在右上角，然后在全文末设“参考文献”一节，按标号顺序一一说明文献出处）。不同学科可能有不同的要求，但都要按国标著录。

参考文献引用的文献标注时，可以采用顺序编码制，也可以采用著作—出版年制。顺序编码制使用较为广泛，工业产品设计论文一般采用顺序编码制的方法编排参考文献。

（一）顺序编码制

顺序编码制是指在正文的引文处标注序号，按引用文献出现的先后顺序，在方括号内使用阿拉伯数字从小到大连续排序，它们可以成为语句的组成部分，也可以以上角标的形式出现，当同一处引用多篇文献时，只需要将各篇文献的序号在方括号内全部列出，各序号间用“，”隔开，如遇连续序号，可标注序号。

多次引用同一著者的同一文献时，在正文中标注首次引用的文献序号，并在序号的方括号内著录引文页码。

（二）著者-出版年制

著者-出版年制的标注方法和顺序编码制一样，常应用于科技论文中，在中、外科技期刊中都可以看见，相对而言，外文期刊中似乎比国内期刊用得多一些。

科技论文的正文部分引用的文献采用著者-出版年制时，各篇文献的标注内容由作者姓名与出版年组成。除标注作者的姓名外，还可标注作者的单位名称，出版年应紧跟作者姓名后。在正文中引用多个著者文献时，应标注第一著者的姓名，其后附上“等”字，姓名与等之间留适当空间。

在参考文献中引用同一作者同一年出版的多篇文献时，出版年后应用小写字母a、b、c加以区别。多次引用同一作者的同一文献时，在正文中标注作者与出版年，并在括号外以角标姓名作引文页码。

GB/T7714-2005规定了各个学科、各种类型出版物的文后参考文献的文献类型及标志代码，见下表：

文献类型和标志代码

文献类型	标志代码	文献类型	标志代码
普通图书	M	标准	S
会议录	C	专利	P
汇编	G	数据库	DB
报纸	N	计算机程序	CP
期刊	J	电子公告	EB
学位论文	D	报告	R

三、参考文献的标注方法

参考文献是作者在正文中被引用过，并正式发表的资料，按文中引用的先后顺序编号，并将编号置于方括号中，以上标形式标注在引用句后。参考文献要求15篇以上，其中最好有2篇外文文献。文献中作者不超过3位时，应全部都列出；超过三位时，一般只列前三位，后面加“等”字或“et al”；作者姓名之间用逗号分开。下面列出主要参考文献的格式，以供参考。

1. 期刊：

[序号] 作者名. 文章题目 [J]，出版年份，卷号（序号）：起止页码.

2. 专著：

[序号] 作者名. 书名 [J]，出版地；出版者，出版年，p：起止页码.

3. 论文集：

[序号] 作者名. 文题. 见：编者，编. 论文集名. 出版地，出版者，出版年，p：起止页码.

4. 学位论文：

[序号] 作者名. 文题. [学位论文]. 授予单位所在地：授予单位，授予年.

5. 专利：

[序号] 申请者. 专利名. 国别，专利文献种类，专利号，出版日期.

6. 技术标准：

[序号] 责任者. 技术标准代号，标注按顺序号——发布年. 技术标准名称. 出版地，出版者，出版日期.

下面以“纸张拉伸强度测试仪产品造型设计”一文的参考文献为例，仅供参考：

十三、参考文献

[1] 纪培红，鞠成民．造纸工艺与技术［M］．北京：化学工业出版社，2005.

[2]［英］克里斯·拉夫特里．产品设计工艺经典案例解析［M］．刘硕，译．北京：中国青年出版社，2008.

[3] 丁玉兰．人机工程学［M］．北京：北京理工大学出版社，2005.

[4] 何颂飞，张娟．工业设计——内涵　创意　思维［M］．北京：中国青年出版社，2007.

[5]［日］清水吉治，（日）酒井和平．设计草图·制图·模型［M］．张福昌，译．北京：清华大学出版社，2007.

[6] 汤军．工业设计造型基础［M］．北京：清华大学出版社，2007.

[7]［瑞士］格哈德·霍伊夫勒．工业产品造型设计2［M］．吴芸凌，译．北京：中国青年出版社，2007.

[8] 王受之．世界现代设计史［M］．北京：中国青年出版社，2002.

[9] 陆红阳．工业设计色彩［M］．南宁：广西美术出版社，2005.

[10] 胡飞，杨瑞．设计符号与产品语言［M］．北京：中国建筑工业出版社，2003.

[11] 张宪荣，陈麦，张萱．工业设计理念与方法［M］．北京：北京理工大学出版社，2005.

[12] 刘佳．工业产品设计与人类学［M］．北京：中国轻工业出版社，2007.

[13] 葛友华．CAD/CAM 技术［M］．北京：机械工业出版社，2004.

[14] A. 哈珀查尔斯．产品设计材料手册［M］．北京：机械工业出版社，2004.

[15]［美］库法罗．工业设计技术标准常备手册［M］．姒一，王靓，译．上海：上海人民美术出版社，2009.

[16]［美］凯瑟琳·费希尔．儿童产品设计攻略［M］．王冬玲，王慧敏，译．上海：上海人民美术出版社，2003.

[17] 彭国希．Pro/Engineer Wildfire 消费工业产品设计案例精讲［M］．北京：中国电力出版社，2008.

[18] 汤军，李和森．工业设计快速表现［M］．武汉：湖北美术出版社，2007.

[19] 赵真．工业设计市场营销［M］．北京：北京理工大学出版社，2008.

[20] 高岩．工业设计材料与表面处理［M］．北京：国防工业出版社，2008.

第九节　致谢（或谢辞）

毕业论文的谢辞包括向导师的致谢，向所有相关帮助的人员致谢，向某基金、合作单位、资助或支持的企业、组织或个人致谢，向帮助完成研究工作、提供方便和有利条件的个人或组织、提出建议或提供帮助的人致谢；向给予转载或引用权的图片、资料文献、研究思想和摄像的所有者致谢，向其他应该写到的组织和个人致谢等。

简述自己通过毕业设计论文的体会，并应对指导教师和协助完成论文的有关人员表示谢意，文字要简洁，实事求是，切忌浮夸和良俗之词。

第十节 附　　录

将各种篇幅较大的图纸、数据表、计算机程序，调查数据等材料附于毕业设计论文致谢（谢辞）之后，即为附录。

附录是工业产品毕业设计论文的补充材料。编于工业产品毕业设计论文附录中的常有的内容包括：

1. 设计论文的调查资料，如调查表格的设计、调查表格的回收、调查数据的处理过程。
2. 工业产品设计多项草图（手绘素描）。
3. 工业产品多张工程图纸绘制（CAD 电子图或手绘图）。
4. 工业产品效果图（手绘图或电子版）。
5. 工业产品展板设计底样（电子版）。
6. 产品模型制作过程的多张图片（图片）。
7. 某些重要的原始数据、数学推导、计算程序、框图、注解、统计表等。

另外，附录与正文连续编码，每一附录均另起一页。附录的次序用大写字母 A、B、C 编序号。附录中的图、表、式、参考文献等另行编序号，与正文分开，也一律用阿拉伯数字编码，但在数码前冠以附录序码，如图 A1、表 B2、式 B2、文献 A5 等。

第十一节 毕业设计论文其他要求

一、文字

论文中汉字应采用《简化汉字总表》规定的简化字，并严格执行汉字的规范，所有文字字面清晰，不得涂改。

二、表格

论文的表格可以统一编序（如“表 15”），也可以逐章单独编序（如“表 2.5”），无论采用哪种方式，都应和插图及公式的编序方式统一，表序必须连续，不得重复或跳跃。

表格的结构应简洁。

表格中各栏都应标注相应的单位。表格内数字应上下对齐，相邻栏内的数值相同时，不能用“同上”、“同左”和其他类似的用词，应一一重新标注。

表序和表题置于表格上方中间位置。

三、图

插图要排序。图序可以连续编序（如“图 52”），也可以逐章单独编序（如“图 6.8”），无论采用哪种方式，都应与表格、公式的编序方式统一，图序必须连续，不得重复或跳跃，仅有一图时，可在图题前加“附图”字样。毕业设计论文中的插图以及图中文字符号应打印，无法打印时一律用钢笔绘制和标出。

由若干个分图组成的插图，分图用 a、b、c 标出。

图序和图题置于图下方中间位置。

四、公式

论文中重要的或者后文中需要重新提及的公式应注序号，并加圆括号，序号一律用阿拉伯数字连续编序(如"(45)")或逐章编序（如"(6.10)"），序号排在版面右侧，且距右边距离相等。公式与序号之间不加虚线。

五、数字用法

公历世纪、年代、年、月、日、时间和各种计数、计量，均应用阿拉伯数字。年份不能简写，如1999年不能简写成99年。数值的有效数字应全面写出，如“0.50，2.00”不能简写作“0.5，2”。

六、软件

软件流程图和原程序清单要按软件文档格式附在论文后面。如有特殊情况，可在答辩时展示，而不附在论文内。

七、工程图按国标规定装订

图幅小于或等于3号的图幅应装订在论文内；大于3号的图幅按国标规定单独装订为附图。

八、计量单位的定义和使用方法国家计量局规定执行

在工程图中使用国家规定的计量单位，可以不用标明。

需要机械加工的产品零件或装配的零部件，一般采用毫米为单位，如果图中采用毫米为单位，一般不需要标明，如果采用其他单位，则需要注明，如“20毫米”只需要写“20”即可，“25厘米”则需要写成“20cm”。

在家装图中常用米为单位，如果图中采用米为单位时，可标明，也可不标明0，在图中统一注明尺寸单位为m即可。如果使用其他单位尺寸，则必须在每个尺寸后面都要注明单位，并在图纸上统一注明所使用的尺寸单位。

在图纸上标注尺寸时，虽然使用的单位可以选择，但必须统一使用一个单位，不可以出现两个以上的单位，以免造成混乱。

应尽量使用国际通用的尺寸单位标注，注意英制单位与国际单位的换算。

九、毕业设计论文装订顺序

按以下顺序装订毕业设计论文：

1. 封面；
2. 中文摘要（含关键词）；
3. 英文摘要（含关键词）；
4. 目录；
5. 正文；
6. 致谢（谢辞）；
7. 参考文献；
8. 附录；

9. 封底。

十、论文排版

论文一律采用A4标准大小的白纸打印，装订成册，采用Word排版，版面页边距上空2. 5mm，下空2mm，左空2. 5mm，右空2mm。页码位于页面底端（页脚），居中对齐，首页显示页码。论文使用黑色三号字，摘要、关键字使用楷书小四号字，正文内容使用宋体小四号字，行距为1. 5倍行间距，字符间距为“标准”。

第四章　设计调研与评判

论文主要由引言、本论、结论组成，产品设计论文的本论内容包括：1. 设计调研；2. 数据处理；3. 设计评判；4. 草案拟定；5. 效果图展示；6. 工程图绘制验证；7. 设计修正等内容。本章将对调研内容拟定、数据处理、设计分析与评判、手绘草案规范、工程图绘制标准等内容，进行进一步介绍，在巩固原有知识的基础上，介绍一些相应知识的运用方法和规范，拓宽学生的知识面，提高学生综合应用能力。

第一节　设计调研

产品设计常常是“工业设计”专业和“产品设计”专业毕业设计主要课题。这里所说的产品，主要是指通过工业加工手段，批量生产的产品。产品设计的目的是满足社会或市场某一方面的需求。因此，实现产品设计目标是在充分考虑市场需求前提下的科技活动。产品设计目标定位正确与否关系到设计的成败，而设计调研对产品设计定位则起着决定性的作用。

一、产品设计调研内容

（一）设计项目的形成

产品设计课题的形成有多种途径，如：

1. 对使用的生活用品不满意处形成修改性的设计要求；
2. 单位下达的设计任务；
3. 生活或工作中行为需求产生的设计要求（行为需求）；
4. 因某种物体形态或事情诱发形成的设计需求；等等。

不管是什么原因形成的设计项目，设计师都必须对设计对象进行充分的了解，细分出各阶段的设计内容，制订出设计步骤和计划，保证设计达到预期的目标。

产品设计类型可分为：

1. 原创性设计（行为需求、方法、材料应用、技术、工艺）；

2. 修改性设计（引导型或满足型）；

3. 组合型设计（使用功能、结构形态、技术）。

（二）产品设计调查内容拟定

当设计项目确定后，设计者首先拟定设计计划或者设计进度表，保证设计的顺利进行。细分阶段设计“内容”和完成阶段设计内容的“时间”是设计计划（进度表）的两个重要指标，各个阶段性设计内容就是产品设计需要调查内容。设计者根据自己的能力和条件，拟定完成每个阶段设计任务的“时间”，同时根据产品设计的步骤、产品设计的环境和条件，拟定设计各个阶段的工作内容。

产品设计各阶段内容的拟定，来自设计者对设计项目各方面信息资料充分了解，形成设计调查内容。产品设计调查涉及社会需求和需求的定位，以及经济、文化内涵、美学法则、科学技术、材料等方面内容，设计者只有认真分解产品设计项目，正确拟出调查内容，完成每个设计目标，最后才能实现产品设计的预期。

1. 产品创新性设计调研。

产品创新性设计包括行为设计、方法、材料应用、技术、工艺等方面的创新，最有代表的是行为创新产品的设计，如第一台电冰箱、第一台随身听、第一台收割机、第一台计算机的设计……这些设计目的源于满足人们对生活和工作的新需求，因此，设计调研主要放在实现设计资料的收集上。下面以校内垃圾箱设计课题调查内容的拟定为例。

（1）垃圾箱设计调查内容拟定。

使用的人群？周围的环境要求？室内还是室外？会有什么样的垃圾？与环境相容的形式？垃圾的投入和取出的方式？人们投掷垃圾的习惯？有何新技术引入？在视觉上的提示需求？类似垃圾箱的材料？类似垃圾箱的造型？类似垃圾箱投取的方式？类似垃圾箱成本造价？类似垃圾箱的优缺点？

（2）实现设计研究。

取材（抗老化塑料、金属材料、石材、玻璃、木材等）；造型（红外线科学技术、机械结构、开合或封闭、活动或固定、外形文化定位、防水和挥发）；成本核算（总造价）；制造（批量、制造的工艺和设备、表面处理）；人机界面的相容性（人的心理、视觉、行为习惯）。

产品设计调查内容

调查类别	调查项目	调查项目具体内容
竞争产品调查	功能设置	所有功能及技术参数、功能方式、特点
	整体造型	造型特征、造型审美评价、使用方式、包装
	销售价格	零售价
	制造成型方式	成型方法、材料、表面装饰手段、造型成本
	产品优点	产品在设计、技术、制造、价格、销售、传播等方面的优点

续表

调查类别	调查项目	调查项目具体内容
同类产品市场调查	功能汇编	同类产品所有功能的调查汇总
	造型样式汇编	所有同类产品造型图资料汇编
	销售价格范围	同类产品销售最低价与最高价
	制造方式汇编	所有同一产品制造方法汇编
	各产品优点汇编	分析不同产品的优点并将其汇总
同类产品消费者调查	使用问题评价	使用安全性、方便性、节能、人机关系等
	优缺点评价	突出的设计优点，突出的设计缺点
	产品质量评价	感官质量评价，实际质量评价
	产品价格评价	价格高低评价，价格性能比评价
著名品牌产品最新设计趋势调查	最新造型特征	著名品牌产品总体造型特征与局部造型特征
	最新造型方法	新成型材料与工艺方法的使用
	最新制造手段	单件加工方式，组装方式，安装与维修方式
	最新人机界面形式	显示界面新方法与操作性方式

2. 修改性设计（引导性或满足性）。

修改性设计是对已有产品的缺陷进行修正的设计，包括满足社会不断变化的设计、产品本身缺陷修正、引导消费性的设计等。设计主要针对某个部位或某个方面进行改进，如水杯的设计、电风扇、儿童车、汽车的设计等。

这类设计主要针对市场以后产品的第二代、第三代产品设计，其调查内容来源于本公司的销售部门的售后资料的收集与积累，类似该产品其他公司产品售后市场的资料收集。

这种设计调研的特点比较明确，直奔主题。因为设计项目直接来源于社会或市场，所以调查内容重点放在实现设计修改的制造资料的收集，如取材、造型、成本核算、制造、人机界面的相容性、新技术和新工艺的引入，等等。

产品设计调查研究内容

研究类别	研究项目	研究具体内容
竞争产品研究	产品功能研究分析	功能设置优缺点，功能需求走向
	产品造型研究分析	造型认同感，造型审美水平，造型方向
	销售量与销售价格分析	各品牌同类产品月销售估计，市场总需求量估计，价格变化趋势
	制造方式研究	最新的制造方式，制造工艺，新材料使用
	产品优缺点研究	产品优势的变化方向与作用，缺点的危害性

续表

研究类别	研究项目	研究具体内容
同类产品研究	消费产品功能范围研究	功能分析，功能效果分析，最佳功能方式，最好功能走向
	消费产品造型状态研究	造型风格，造型主流特征，造型差异，造型变化方向
	消费产品分析	通用制造方法，特殊制造方法，最优制造方法
	当前售价分析	价格分布状态，价格变化走向
同类产品消费者研究	消费者喜好研究	对产品外观、使用、功能、色彩、技术等方面的喜好
	消费者问题研究	存在的产品质量、价格、功能、制造、使用等问题
	消费者期待研究	期待什么样的产品销售，具体方向汇总
	消费者购买力研究	现在市场的购买实力与价格，销售比较，消费者收入比变化，消费结构变化，消费行为分析
	消费者口碑研究	好的口碑汇总分析，口碑形成的原因
著名品牌产品研究	形态潮流	整体形态，要素形态，形态性质
	色彩方向	流行色，识别色，材质色，装饰色彩
	新材质及表面质地	新成型方法，新材料，新表面处理手段
	人机界面新形式	界面新技术，界面新方法
	制造品质方向	结构形式，细节制造，安装，维修合理程度

3. 组合型设计。

组合型设计包括产品的使用功能组合、产品结构形态的组合和产品科学技术的组合，如当代G4手机、MP4、数码电视、双制空调等。

这类设计项目直接来源于市场或社会的需求，市场调查的重点主要放在结构的拼合形式、造价成本、技术的合理布置等方面。

二、工业设计常用数据获得的方法

（一）产品设计调查方法的概要

产品设计调查前的准备分为三部分：

1. 设计调查方案：规定调查方式、地点、对象、数量、时间、人员。
2. 进行调查：方案调查计划与方案展开调查。
3. 调查整理：将调查获得的各项内容按性质、类别整理汇编。

（二）工业设计常用的调查方法及特点

1. 抽样调查：就是从调查对象的汇总中，按照随机原则抽取一部分作为样本，并以样本调查的结果来推出总体的方法，抽样调查的特点是抽取样本比较客观，推论总体比较准确，调查代价比较节省，使用范围较广泛。

2. 情报、资料调查：对情报载体和资料采用的方法、调查的方式进行广泛收集，认真摘录。这一方法的优点是，超越条件限制，真实、准确、可靠、方便、自由、效率高、花钱少。这一方法的缺点是仅限于书面信息，存在差距，有时间差。

3. 访问调查：访问者通过口头交谈等方式，向被调查者了解要调查的内容，访问调查的方式是做好访问前的准备，拟定访问提纲，建立良好的人际关系，重视访问的非语言信息，做好访问记录，正确处理无回答情况。访问调查的优点是广泛了解、深入探讨、灵活性强、可靠性高、适用性广；缺点是访问质量取决于访问者的素质，有的问题不宜当面询问，劳神、费力、费时间。

4. 问卷调查：调查者首先根据要求设计好书面问卷，运用统一设计的问卷，向被调查者了解情况或征询意见的方法，问卷方式有两种：一是开放式问卷。二是封闭式问卷。现在也可运用网络进行问卷调查。其优点是突破时空，可匿名调查，比较方便，排除了干扰，节省人力、财力、时间，便于统计。问卷调查的缺点是信息书面化，适宜简单的调查，难以控制意外内容，回复率低，结果可靠性较差，需要调查者运用适当的数学统计方式。

5. 个体研究，汇总整理：汇总或传阅调查材料。根据调查内容，每位调研者独自研究分析，并将结果整理成书面形式，提交上一级管理部门。主管理部门根据大家收集来的个人研究材料。组织专人对其汇总。相同的研究结果只保留一条，不同的内容累加，同时要注明相同研究结果的人数，将上述结果按照类别由多到少的顺序汇编成书面研究结果。这种方法的特点是简单，相互干扰影响小。

6. 召开会议：将调查材料同时以合适的方式，展开到所有到会者，到会者根据材料内容自由发表个人意见，展开讨论，并将公认的意见记录在案，会议要有人事先做好计划，由专人主持，按照顺序展开，最终整理出记录的公认意见，并按重要性排序。这种方法的特点是时间短，相互干扰影响大。

三、设计问卷调查表的设计

根据设计调查内容形成，需要对调查的方式进行合理的选择，如果是采用问卷调查，则需要对调查表进行精心的设计。为了节省调查的时间，一般采用问答的形式，回答问题的形式有三种：（1）答案只有“是”与“否”两个；（2）多项单选；（3）多项多选。

例：下表为校园代步器设计调查表内容。

校园代步器设计调查表

使用的人群和地区：平原高校学生
使用的环境：高校校区内
设计目标：校园代步、易拆卸、体重轻、尺寸小、易携带、使用难度不高、有安全刹车
1. 喜欢程度：喜欢使用　　不喜欢使用　　无所谓
2. 性别：女生　　男生
3. 能够承受的经济价格：200 元以内，200 ~500 元，500 ~800 元，800 元以上
4. 采用的材料：塑料的，铝合金的，其他
5. 喜欢的颜色：红，橙，黄，绿，青，蓝，紫，黑色，白色
6. 固定的方式：插入即可，鞋带式，系脚脖上

在设计前，将不清楚的要求或多个目标编制出调查表，可对使用区域或消费对象进行卷面调查，调查表常采用问答的方式取得信息，回答的方式有：

1. 是或否一对一的回答，如：对手机电视态度，喜欢或不喜欢；

2. 一问多种答案，如：对窗帘颜色的好恶答案有：喜欢红色、橙色、黄色、绿色，或者都喜欢；

3. 回答问题的方式可以是区域性多选一的方式，如：在下面三个答案中选择产品定价，100 ~200 元、200 ~500 元、500 ~800 元等。将制订好的问题调查表通过直接消费者和市场直接面向消费者调查，可以直接获得数据，也可以通过网络从消费群体取样，使用起来比较方便，可以通过计算机数据处理获得准确的资料。这种方法的缺点是表格设计需要丰富的经验，调查表投放区域要与消费群体吻合，否则会做无效功。

四、设计调查内容的形成

对于不同的设计定位，需要不同的设计资料，采用设计内容分解图法，可以帮助我们找到项目设计需要的全部内容。然后选择一种调查方法或采用几种调查方法综合使用，可以帮助正确收集相关的资料。通过下面“组合式购物提携工具设计调查内容”的分解图的展开，理解设计调查内容的形成。

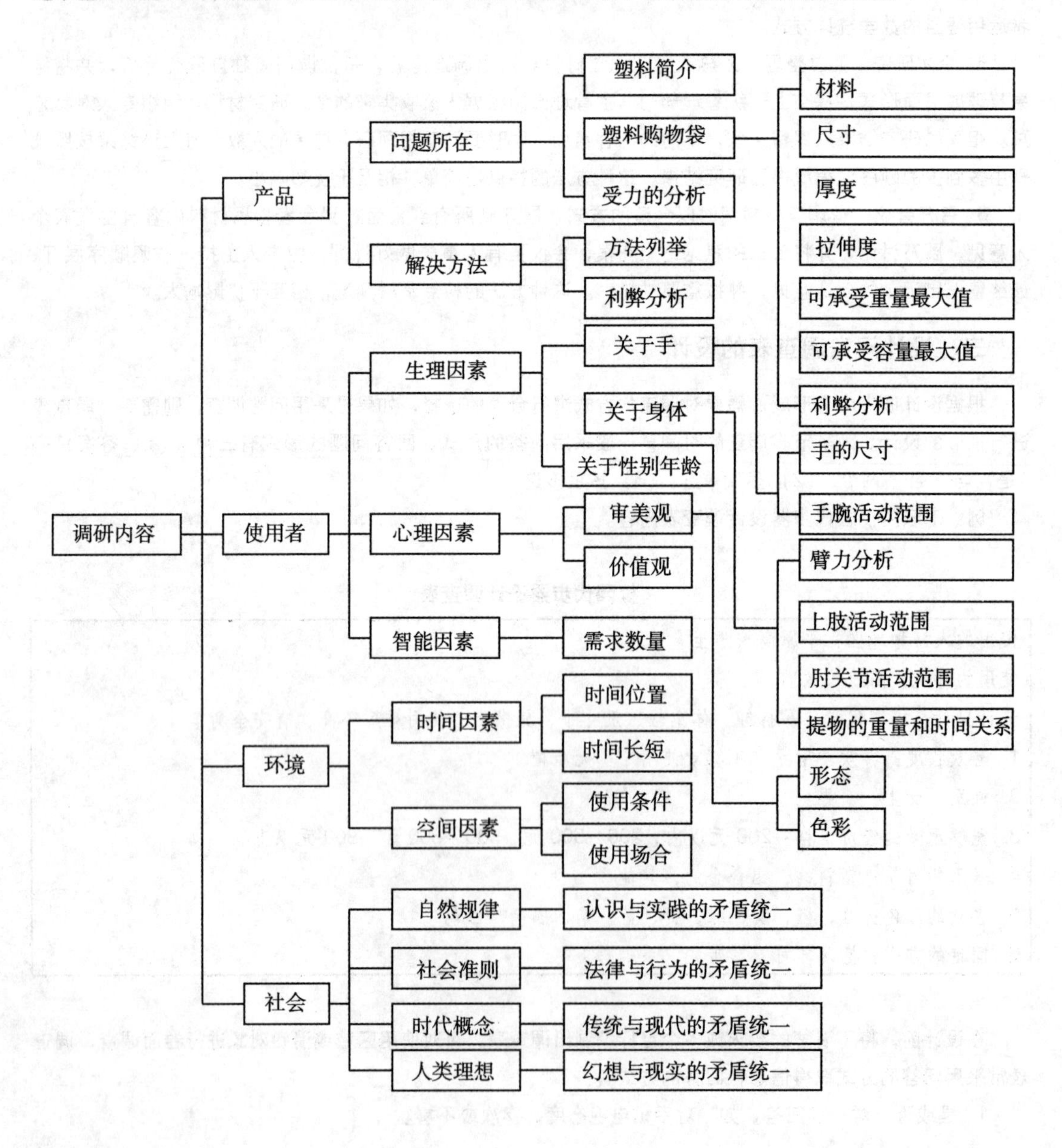

下面是厨房调味组合容器设计调查内容形成的分解图，通过该产品设计所需了解资料的逐步分析，最后获得设计需要全部了解的内容，并形成设计调查内容。

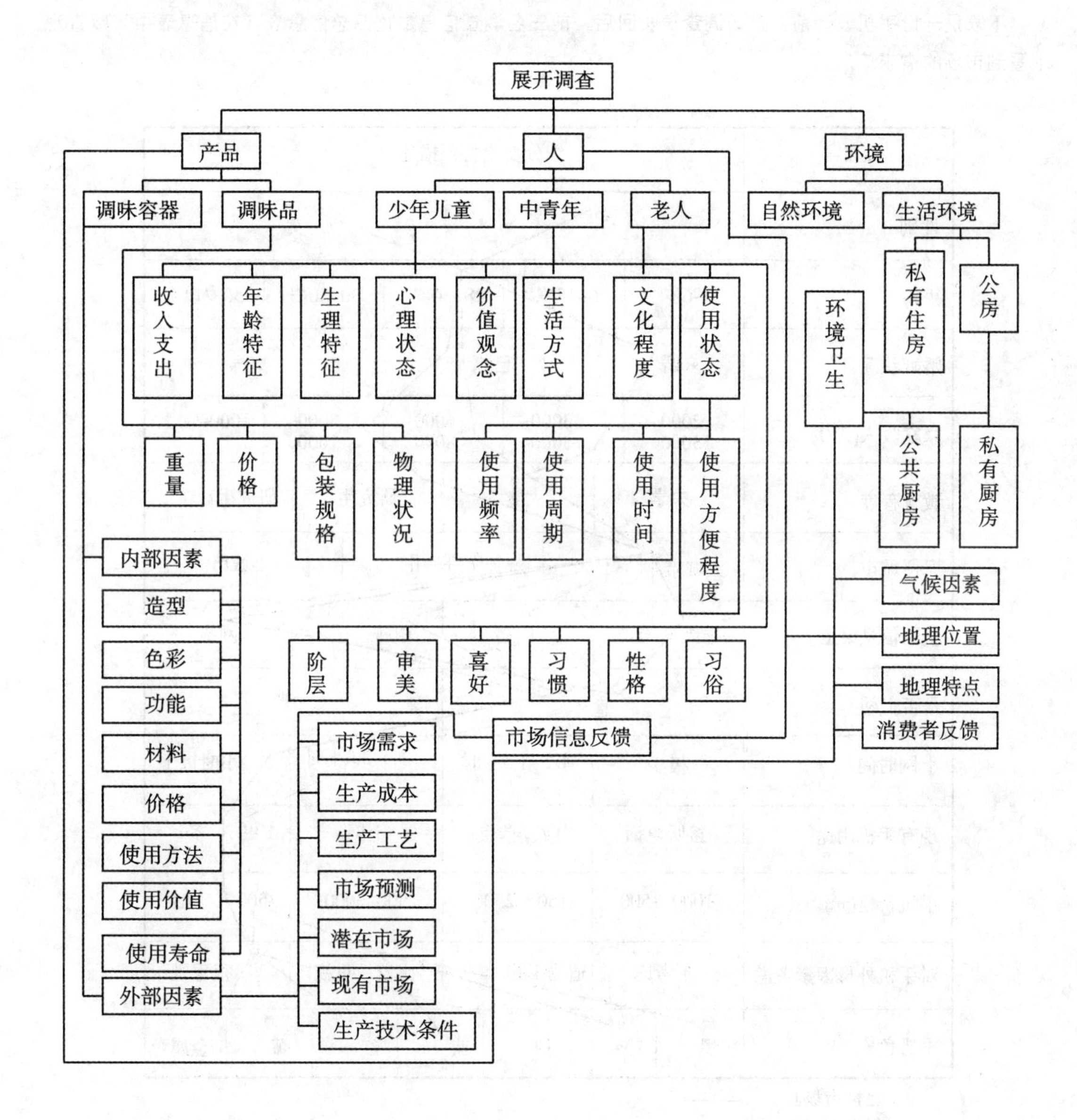

第二节　常用调查数据分析方法

一、常用的数据处理方法

为了获得正确的调查结果，对所收集的大量资料和数据进行处理，设计常采用以下方法进行：1. 变量类型；2. 频数（百分比）；3. 众数和中位数；4. 均值；5. 标准差；6. 卡方分析；7. 单因素反差分析；8. 单因素方差分析；9. 简单相关系数；10. 因子分析；等等。

二、调查数据常用的分析方法：数据表归纳法

下表是一份手机设计前，市场调查表收回后，前三名调查信息数据归总信息表，在信息表中可以直观地看到市场的需求信息。

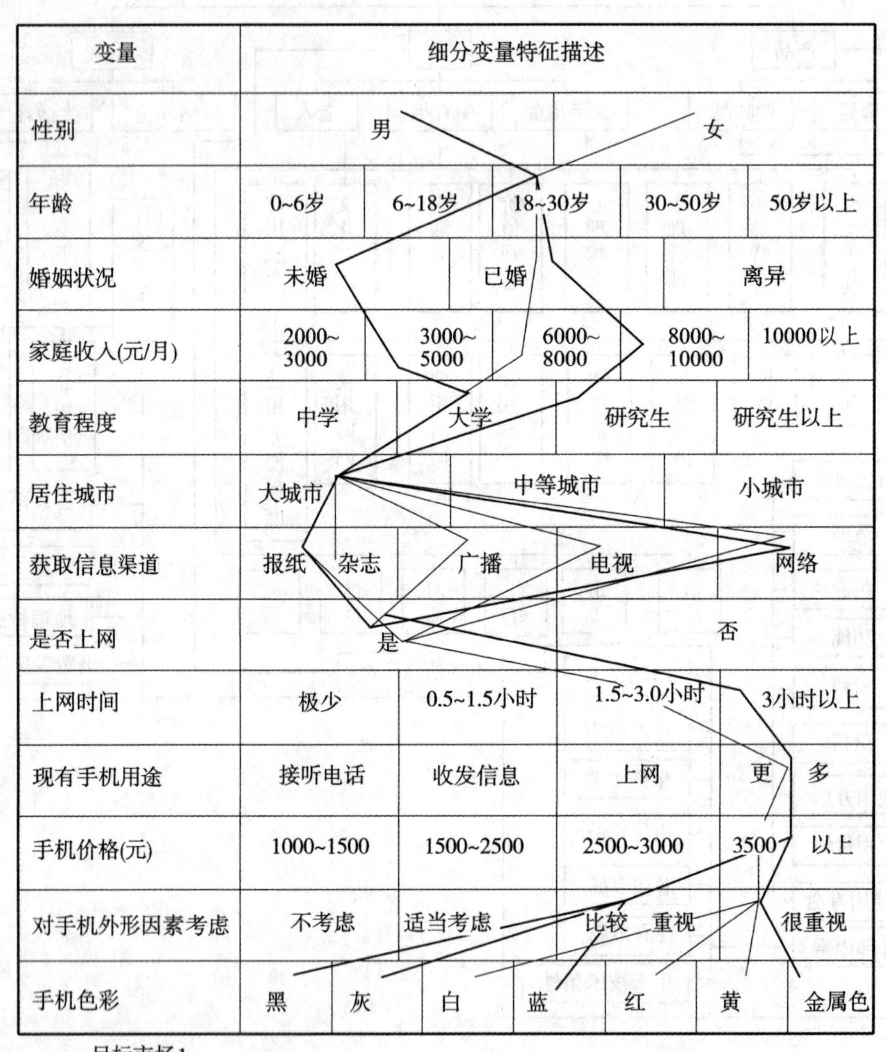

变量	细分变量特征描述						
性别	男	女					
年龄	0~6岁	6~18岁	18~30岁	30~50岁	50岁以上		
婚姻状况	未婚	已婚	离异				
家庭收入(元/月)	2000~3000	3000~5000	6000~8000	8000~10000	10000以上		
教育程度	中学	大学	研究生	研究生以上			
居住城市	大城市	中等城市	小城市				
获取信息渠道	报纸	杂志	广播	电视	网络		
是否上网	是	否					
上网时间	极少	0.5~1.5小时	1.5~3.0小时	3小时以上			
现有手机用途	接听电话	收发信息	上网	更多			
手机价格(元)	1000~1500	1500~2500	2500~3000	3500以上			
对手机外形因素考虑	不考虑	适当考虑	比较重视	很重视			
手机色彩	黑	灰	白	蓝	红	黄	金属色

目标市场1：——
目标市场2：——

在调查数据的处理后，产品设计的数据和资料分析，通常采用图、表等形式直观表现出来，如排列图、因果分析图、饼状图、柱状图、多轴图。人们可以从图表的形式上，看到优化的结果。当设计需要在多个条件中选择最佳组合形式时，多轴图能明显地标出其效果。例如：德国“百灵”电气公司对好产品的原则有以下十个方面：

1. 有创造性；
2. 具有实用性；

3. 外观具有美的视觉效果；
4. 在结构设计上是合理可行的；
5. 设计不带欺骗性；
6. 不强迫人们接受它；
7. 耐用；
8. 必须有好的细部处理；
9. 具有生态环境意识和绿色环保概念；
10. 整体造型简洁。

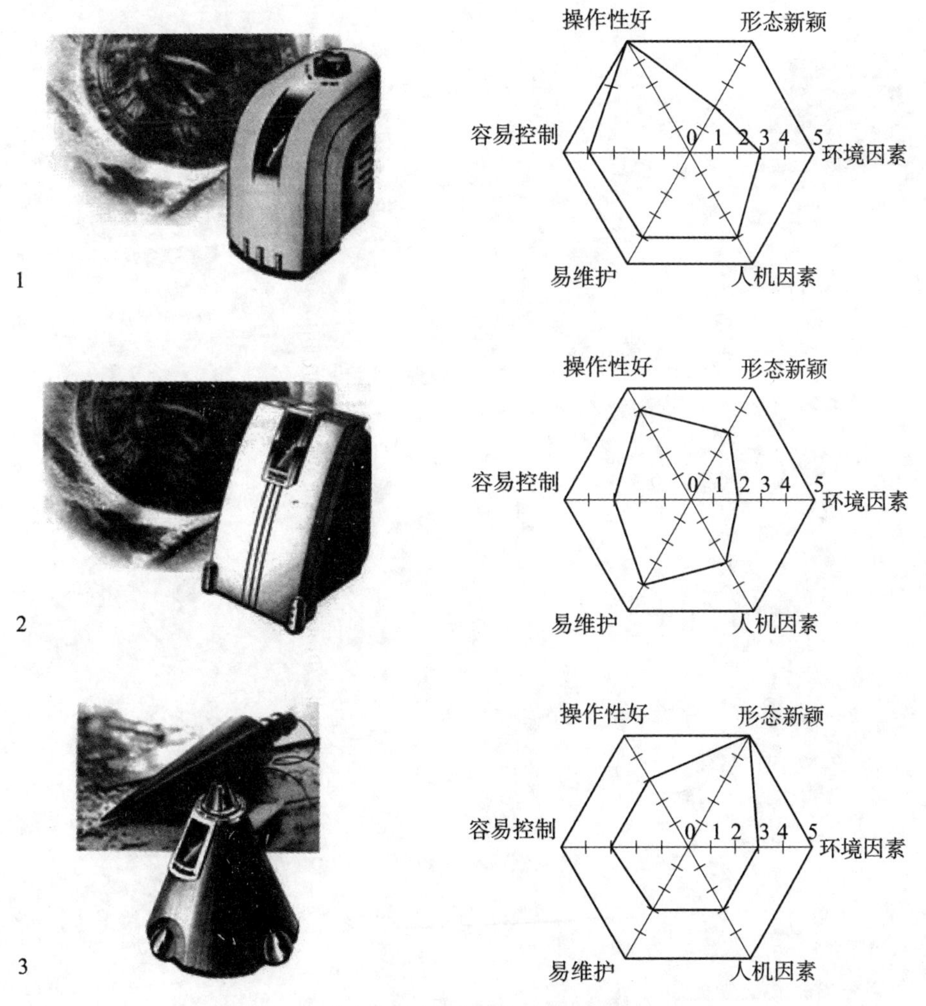

粉尘分析仪六坐标分析评判图

多轴图通过10个轴表达了10个方面的要求，在每个轴上做出相等的10个坐标点，1个点相当于10%，连接最外点，形成最佳状态图。然后将一组调查资料通过数据处理后形成结果，标明在相应的方面数轴上，连接每个结果点，形成的状态图与最佳状态图比较，可以一目了然地看到方案优劣。这种方法在设计评判中常用来评判设计的优劣；将多个方案结果图放在一个多轴图中进行比较，可以优化设计方案。

下面是粉尘分析仪的设计草案优化分析图。根据粉尘分析仪分析有操作性好、形态新颖、环境因素、人机因素、易维护、容易控制 6 个方面的要求，设定 6 方面轴，并标明每个轴的内容、5 等分的坐标轴，每个评定标准满分为 5 分。连接一组方案的处理数据点，与最佳方案比较，能进行方案评价；比较粉尘分析仪的 3 个方案，能进行方案优化。

选择综合性能优先原则：六点内面积最大的综合性能最好。

要求优先原则：某要求的指标数最大。

第五章 设计表达基础知识应用

在毕业设计中，设计者运用草图绘制和效果图手段直观地记录随时产生的新的想法和表达设计构思。采用草图和效果图表达设计构思，能简单、明了和快速地让设计者与客户或其他专业人士进行沟通。运用设计草图将自己的想法由抽象变为具象，实现了抽象思考到图解思考的过渡，是设计者重要的创造过程，也是设计者对其设计对象进行推敲理解的过程，同时也是在展开产品设计，综合结果阶段有效的设计手段。对于绘图基础较薄弱的同学，这里介绍一些设计草图的绘制基础知识，仅供参考。

图形最能清楚、快捷、直接地反映和记录设计者的设计思想，所以在设计初期，大多数设计者喜欢用设计草图记录设计构思、传达设计思路，它在环境设计、产品设计、建筑、机械设计、大生产工艺等领域里常常可见。要求学生在完成速写、设计素描、快速表现技法等课程学习的基础上，所做的草图应有肌理感、轮廓感和层次感。这里对产品草图绘制特点进行归类，同时对产品的草图绘制中的特点作进一步的强调。

第一节 设计草图

一、设计草图分类

根据设计草图使用的设计草图分为记录图、构思图和结构图。在设计初期，设计者记录每个瞬间的构思的草图称为概念图，此时的想法不一定能实现，仅是一个希望；当对某个局部或整体产生多个构思时，设计者将多个草图放在一起，进行对比，此时的草图称为构思草图；当设计者需要细化某个局部的结构时，常采用结构图进行描述。

	草图类型	透视图	三维立体图
设计草图	记录草图	概念透视草图	三维立体概念草图
	构思草图	构思透视草图	三维立体构思草图
	结构草图	结构透视草图	三维立体草图
轴测图	正等轴测图	结构草图	三维立体草图
	斜二轴测图	结构草图	三维立体草图

表现产品形态常采用透视图和投影图两种方式。记录透视草图一般出现在设计已经成熟的阶段，对产品各个结构尺寸有清楚的要求，许多设计领域也采用轴测草图表达初步的设计构思。

（一）记录草图

由于透视图满足人们的视觉习惯，能反映产品的肌理、轮廓和层次感，只需掌握一定的比例，对具体尺寸没有要求，常常运用在产品设计初期。运用模块整合设计方法进行产品设计时，设计者通常从各个单元模块着手，也就是从细节着手，采用设计草图记录各个设计模块构思，通过模块的不同的整合，形成多个整体效果，以利于方案优化。

如果产品设计是资料收集和进行构思的整理过程，那么草图一般要求十分清楚、详细，而且往往会作一些局部的放大图，以记录一些比较特殊和复杂的结构、形态。这类草图对拓宽设计者的思路和积累设计经验有着不可低估的作用。

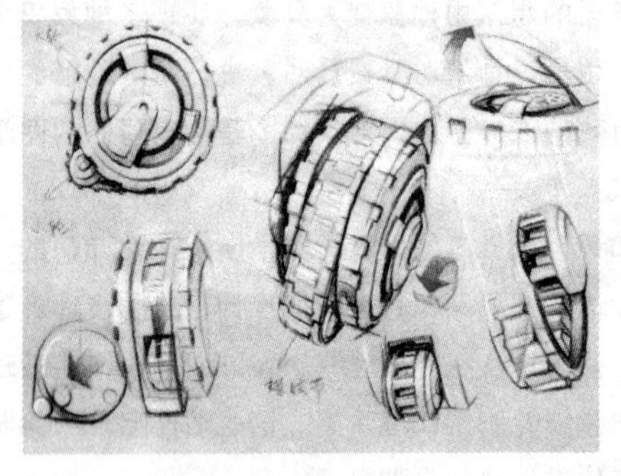

（二）构思草图

利用草图进行形象和结果的推敲，并将思考的过程表现出来，以便设计师进行再推敲和再构思，这类用途的草图称为构思类草图。这类草图更加强调整体的形态与设计文化定位，一个形态的过渡和一个小小的结构往往都要经过一系列的构思和推敲，这种推敲靠抽象的思维，往往通过一系列的画面辅助思考。

（三）结构草图

结构草图是设计者同设计伙伴以及设计委托人之间交流信息的手段，设计草图的绘制在方法和尺度上都是多种多样的，往往同一画面里既有透视图、平面图、剖视图，又有细部的放大图，甚至结构爆炸图等，构思草图应尽量清楚表达单元空间之间的相互链接结构或关系。

结构草图既然是交流用的，设计者应规整设计草图布置，在绘制草图时，可按功能传递链排列相应的草图，可按构思形成时间顺序排列草图，也可按结构层次展开结构草图，总之，要让交流者清楚。除了结

构草图外，设计爆炸图和设计轴测图都能完成类似表达。

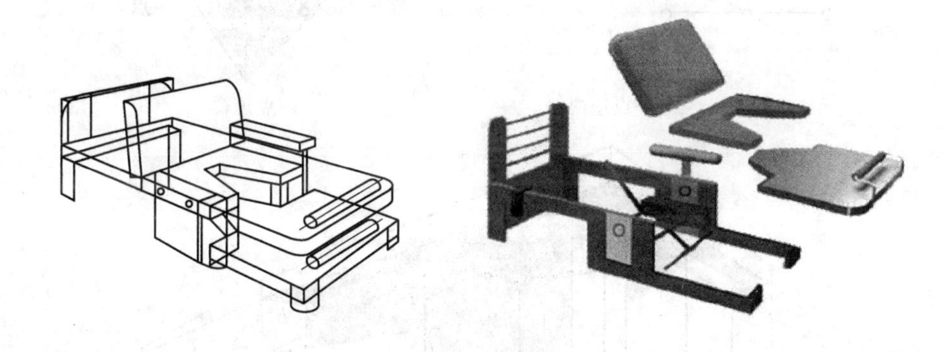

二、量化手绘透视图

透视图是满足人们视觉习惯的图，手绘透视图速度快，能表达设计的轮廓、层次和质地感，在设计初期，常用来记录设计中的构思。但需要设计者有一定的基础训练，对于没有透视、素描和速写基础的人，可以通过轴测图绘制来表达设计的构思，这里我们介绍一种类似轴测图画法，同时具有透视效果的量化手绘透视图绘制方法，帮助透视图基础薄弱的同学提高透视图的绘制水平。

（一）设计草图中透视点选择

透视图是利用中心投影法绘制出来的一种直觉性较强的单面投影图，是人们平时观察物体的主要方法。人们平时观察景物时，总是有近大远小的感觉，这种感觉称为透视现象，透视图就是能够反映透视现象的图形，它可以像照片一样，给人以逼真的空间感，符合人的视觉习惯，因此，用来表现产品形态的真实效果就十分适宜，透视图不仅被广泛应用于建筑设计方面，而且工业设计中绘制产品造型设计效果图也主要采用透视图。根据物体与画面的不同位置，透视图可分为一点透视、二点透视和三点透视。

1. 一点透视。物体上的主要立面（长度和高度方向）与画面平行，宽度方向的直线垂直于画面，所作的透视图只有一个灭点，称为一点透视。在室内环境设计中，由于使用者处在物体中，设计图常采用一点透视来表现。

2. 二点透视。物体上的主要表现与画面倾斜，但其上的铅垂线与画面平行，所作的透视图有两个灭点，称为两点透视。两点透视中平行画面的所有线段相互平行，产品设计中的草图或效果图常采用二点透视图表示。为了真实表达其外形，效果图常采用两点透视的手法，其中对物体与画面的角度、视觉高度、观察距离等作了具体的规定。

3. 三点透视。物体上长、宽、高三个方向与画面均不平行时，所作的透视图有三个灭点，称为三点透视。一般建筑设计中，由于建筑物高大，常采用三点透视来表现。

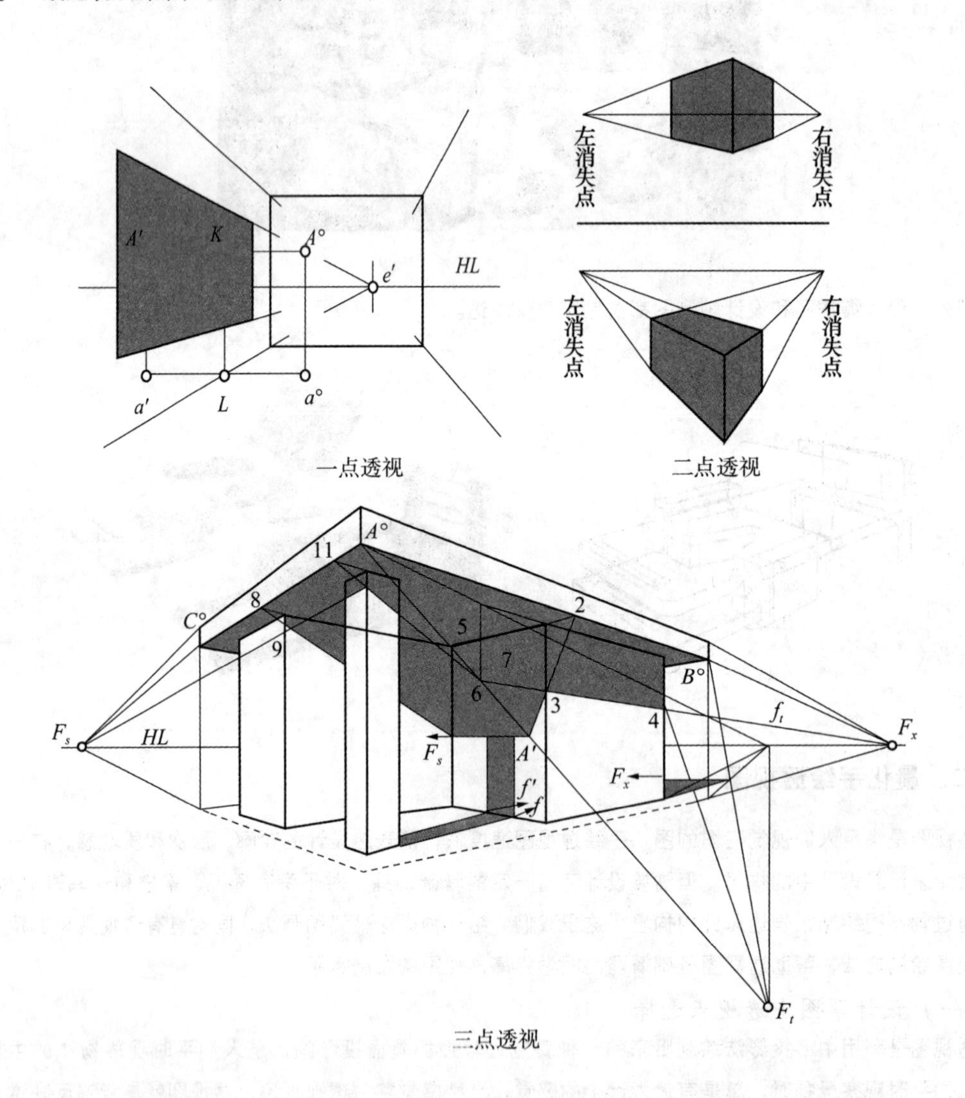

三点透视

为了得到理想的透视图，避免画出的透视图产生畸形、失真等现象而影响表达效果，在绘制之前，应对物体、画面和视点三者之间的相对位置进行选择，我们把它叫做透视条件的选择。

（二）两点透视图不失真绘制

1. 产品与画面的相对位置。

每个空间物体都有长、宽、高三方六面，在一个视点不可能同时看到物体的六个面，一般可见物体的三个平面。由于角度的问题，可见三个平面有大有小，平面与画面夹角越小，可见平面相对就越大。一般把产品可见三个平面中主要平面作为主平面，主平面与画面的夹角为 θ，这里产品与画面的相对位置指的就是 θ 的大小。

偏角对透视效果的影响：θ 越小，视平线上的灭点越远，透视收缩就越平缓，主要面表现得越宽广；反之，视平线上的灭点越近，透视收缩得越急剧，主要面表现得越狭窄。当 $\theta=0°$ 时，产品的主要面呈现为实形，即为一点透视，为了得到良好的透视效果，一般取 $\theta=20°\sim35°$ 较为合适。

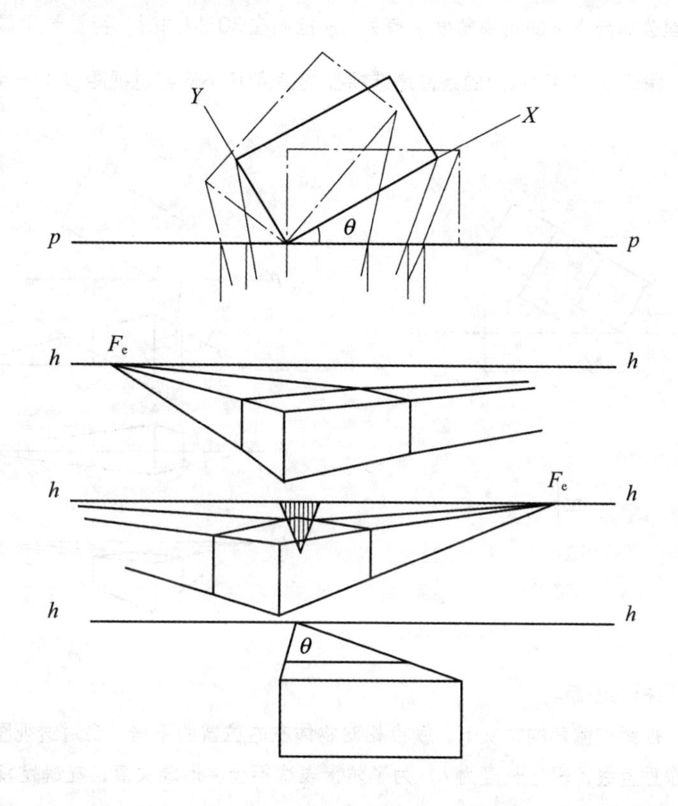

2. 视点与画面的相对位置。

视点 S 与画面 P 的相对位置是由视距 D 和视高 H 确定。

（1）视距 D。视距 D 选择的不同，对视觉效果会产生影响，视距 D 过小，作出的透视往往变形失真；反之，选择过大，作出的透视则不明显，不利于表现纵深感和空间感。视距 D 选择是否合适，与人眼的水平视角 β 有关，一般水平视角 β 控制在 30°～40°时，视觉效果最佳，为了保证水平视角 β 为 30°～40°，视距 D 应控制在画面宽度 L 的 1.5～2 倍，即适合的视距应选取 $D=(1.5\sim2)L$。

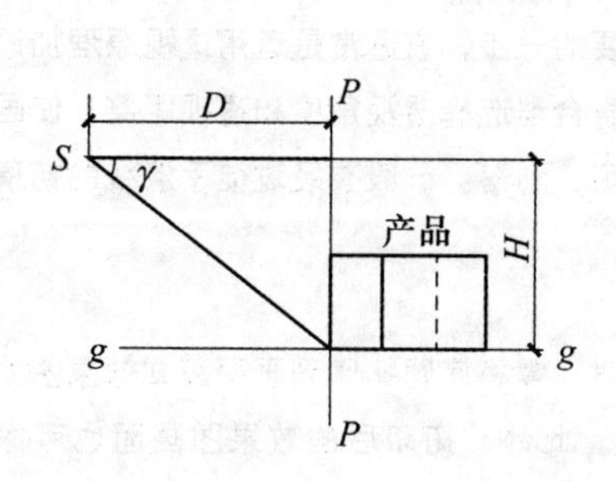

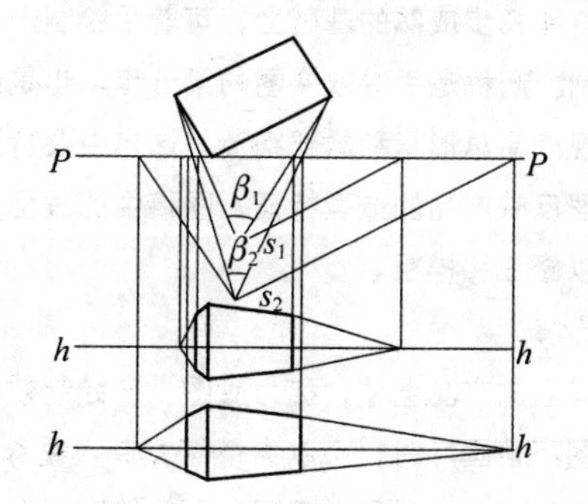

（2）视高 H。视平线高度 H 的变化会影响透视效果，视平线越低，产品越显得高大、雄伟，适宜用来表达高大物体；视平线高于产品高度，则会产生俯视效果，适宜用来表达低矮、小体积的产品。一般视觉高度 H 按人眼高度选择，以便符合人实际观察产品时的视觉感觉。

视觉高 H 的合理选择与人眼的俯视角度 γ 有关。γ 控制在30°以内时，视觉效果最佳，能保证透视图形不产生明显畸变，保证 γ 在30°以内的条件是选择视觉高度 H 不应超过视距 D 的一半，即 $H \leqslant \frac{1}{2}D$。

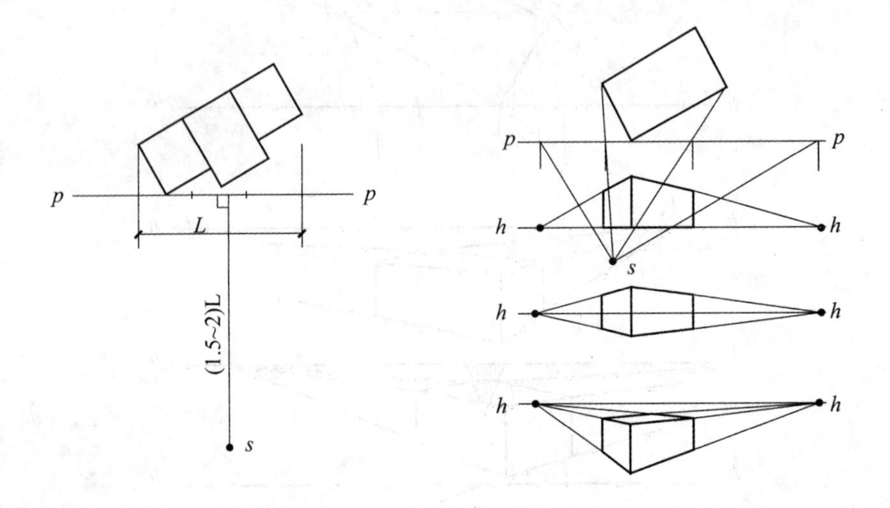

3. 视点与物体的相对位置。

在相同的视高、视距和偏角的情况下，视点相对物体左右位置的不同，会对透视图形产生影响。由物体左右端点向画面作垂直线，垂足长度为 L，为了防止表达不全、形象失真，在确定视点位置时，一般应使过视点作画面垂线的垂足位于 L 中间的1/3范围内。

第二节 产品设计效果图

一、效果图的表现程序

（一）起稿

在设计方案初步成熟的基础上，可着手绘制产品效果图。在毕业设计中，效果图可手绘，也可运用计算机软件绘制。起稿是手绘效果图的第一步，也是最重要的一步，它通常是运用透视原理加设计简图的技法，准确表现产品总形状和局部细节。这当中要特别注意合理选择透视角度和透视距离，使画面中的形象能全面、合理反映产品的造型特征，图稿中的线型要肯定、利落。一般要经过徒手淡线的初稿起稿，然后可用直尺加以修正和描粗。

（二）拓稿

起稿完成后的产品图稿，称为底图。在绘制效果图时，需将底图拓印到画面正式效果图的图纸上，这样，当效果图不慎画坏时，可以再继续复制，重新绘制。此外，拓印后的效果图画面也可保持整洁、干净。较为简单的拓印方法即在底图背面的轮廓线上，用软铅笔或色粉棒均匀涂饰，然后翻过来覆盖在准备绘制效果图的图纸上，用铅笔重描轮廓线，即可完成拓稿。

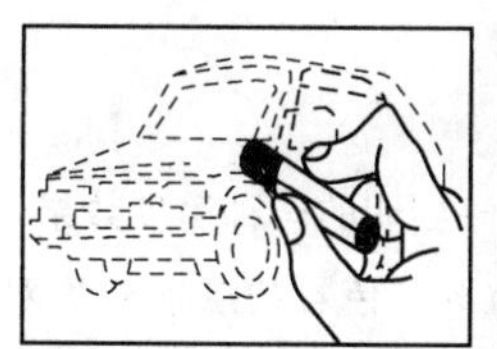

（三）表纸

当采用水性颜料（水彩、水粉或透明水色）绘制效果图时，图纸往往会因遇潮湿而发生膨胀变形，不利于上色，所以需先将图纸粘在图板上，待干后再上色，就可以避免这种现象。

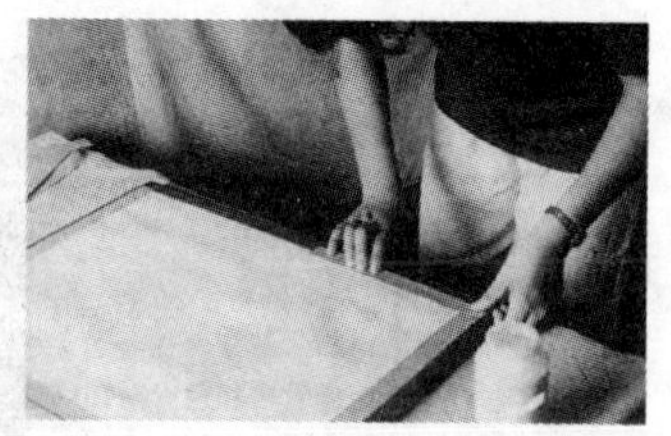

最常用的表现方法是，首先将图纸平铺在图板合适的位置上，用大号板刷或毛巾蘸少量清水将图纸均匀润湿，使图纸充分膨胀，注意水分不要过多，刷水时不要用力过大，以免图纸擦伤起毛，然后用宽约20mm 的涂水胶带将铺平的图纸四边平直贴牢，使透明胶带的一半粘贴在图纸上，另一半粘贴在图板上，这样，待干绷平后就可以作绘画用了。最后，效果图绘制完成后，用刻刀沿表面内侧将图纸裁下即可。当采用质地较硬的白卡纸或铜版纸及使用油性颜料（油性马克笔）绘制效果图时，无需裱纸。

（四）绘图

当以表现产品形态为主的铅笔图稿完成后，接下来就是对产品色和质的表现，以及对效果图表现形式的综合艺术处理。这一过程是真实展现未来产品形象的重要过程。在这当中，必须根据所表现对象的功能和形态特点，合理设置色彩，并以效果图的最终效果为目的，广泛运用各种表现技法，以达到预期的目的。

（五）装帧

效果图完成后，即可进行装帧，其目的是利于保护、存放和展示陈列。常言道“三分长相，七分打扮。”装帧的方式很多，首先，从图板上裁剪下的图纸要保证规整，在其背面的四角贴上双面胶带，并将图纸粘贴在比效果图大的硬质纸板或较厚的卡纸上；然后，用玻璃纸覆盖整个幅面上，玻璃纸应大于纸板，以便拆边粘贴在底版背面；最后在玻璃纸上粘上外框，外框可选择各种颜色的不干胶纸。

二、质感效果

色彩的层次是指在形体的同一平面或曲面上，由明到暗或由暗到明的一种简便效果，也常称为退晕表现，这种明暗色调的变化均匀平缓，没有突出而明显的界限或跳跃。色彩的层次表现对真实物体的体积感、空间感和光感都具有十分重要的作用。

形成色彩层次变化的客观因素有两方面，一是透视因素，即近处物体看上去清晰、色感鲜明，而远处物体则显模糊、色感减弱，即形成远近的变化层次；二是反光作用，在物体的背光面，距离反射媒体较近的部分显亮，随着距离变远而反光亮度也减弱，从而也形成明暗变化层次。因此，由于远近变化而引起的色彩层次变化，在效果图的表现中形成一定规律。

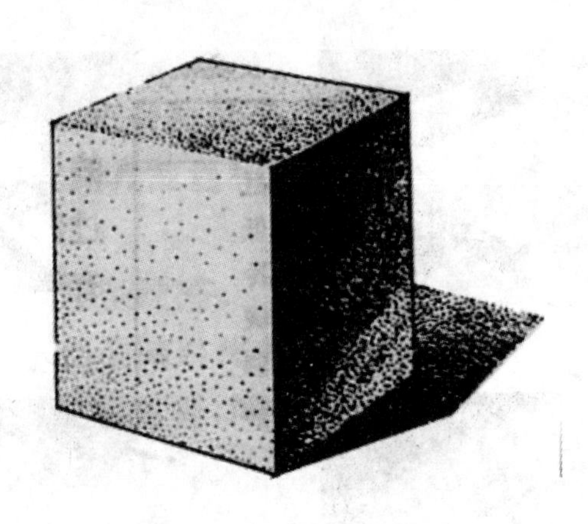

（一）质感的形式特点

质感是指产品材质及表面工艺处理所形成的视觉感知特征，如材质的坚硬与柔软、表面肌理的粗糙与细腻、光洁程度的高低、透明感的强弱等。效果图中产品形象的质感表现，不仅有效表现产品真实质感，同时也是对产品材质、表面处理等造型要素的一种设计形式。

现实中产品的材质种类很多，加工手段和表面处理工艺也各不相同，因此所形成的表面质感也不同。究其原因，主要是由于不同材料的表面对光的吸收和反射的结果，根据材质表面对光的反射和吸收的程度的不同，在人们的视觉上就形成了各种不同的质感，因而，就材质的特性而言，可将材质归纳为反光材料、不反光材料两类。

反光材料有强反光材料和弱反光材料之分，强反光材料包括金属材料（如不锈钢、抛光金属、电镀金属）以及非金属材料（如玻璃镜、表面光亮的塑料、陶瓷及油漆涂饰的表面等），强反光材料的表面在光线照耀下形成正反射，几乎不吸收光线，反光强烈，感觉明亮，而且容易失去本身物体的固有色。弱反光材料主要包括塑料、陶瓷及磨光金属和表面光亮程度介于中性的材料，在光线照耀时，有类材质表面对光线形成部分吸收、部分反射的状况；反光的性能中等，因而能保持本身的固有色，又能在某些局部反射高光，并且能明显反射出环境色的影响。

（二）质感的表现的方法

要在效果图中比较好地表现产品的质感，设计师就必须在平时注意观察和分析各种材料的质感特征，并通过研究和实践，把握一些简练而又有效果的质感表现的基本方法。

1. 反光材料的质感表现。

以金属材料为例，其表面质感的主要特征是质地坚硬、表面光洁明亮、明暗光影变化反差大，并能产生强烈的高光和暗影，受到光源色和环境色的影响也很大。要突出金属材料的坚硬感，要求轮廓笔触坚挺、利落，易选用明度较高的色彩，冷暖变化强烈，明暗过度鲜明，对比清楚、清晰。

为表现反光材质的质感，要把握两个方面，一是明亮度，二是坚硬度。表面不锈钢、镀铬件明亮光洁、光影闪烁的特征，主要通过明暗对比的手法表现，表现亮，就要以暗来衬托，“暗”越暗，“亮”才越亮，对比越强烈，光亮感就越显著，同时要注意对明暗层次的归纳和概括，避免零乱。

2. 不反光材料的质感表现。

不反光材料包括硬质材料和软质材料两种，不反光的硬质材料，如木材、无光陶瓷、无光塑料等；不反光软性材质，如织物、橡胶、皮毛等，这类材质受到光线照耀后，几乎不反射，而吸收全部的光线，因此不会出现高光，基本保持物体本身的固有色，这当中要注意不同的材质软硬的表现。

以木材为例，经过加工的木材表面平整光滑，最明显的质感特征是具有美观和自然的纹理，未经过涂饰的木材基本上没有明显的高光和反光，而经过涂饰的木材表面则可以出现一定的光亮感，但是其程度远比金属材质柔和，明显地反映出物体的固有色彩，且环境色影响很小。

表现木材质感主要分三个步骤：一是上底色（即固有色），要注意笔触的运用，尽量使用硬毛板刷，涂淡色，能使表面呈现一定的深浅文理；二是对木材纹理的深入刻画，要使用深调固有色，运用搓或勾画的方法描绘木纹理；三是对高光和反光的表现，高光和反光的用色要在白色中加入一定量的固有色，防止过分明亮而又失去真实感。

3. 透明材料的质感表现。

以玻璃材料为例，其质感的主要特征是平滑、光亮，具有透明性。这种材料具有反光材料的特点，反光性较强，高光强烈、明显，尤其在形体棱角和转折处都能表现出清晰的高光线。因为具有透明性，在形体表面上还能透印出它所在遮挡部分的背景色，只是略淡些。如果透明体有色，其透印的部分会略带本身的色彩。

三、效果图背景处理

效果图中的背景具有界定画面空间和衬托产品主体形象的重要作用，使产品的形象特征更为鲜明和突出，同时恰当的背景处理，可以渲染气氛，丰富画面的效果。效果图的背景处理往往依产品的不同形态和色彩配置、质感效果而定，运用统一的协调、对比变化的艺术设计手法进行综合处理，使其具有一定的艺术感染力。因而背景的处理形式也是多种多样的，无论选择哪一种形式，其目的都是以充分表现产品造型效果为目的，而背景只能是一种陪衬，绝不能喧宾夺主。背景处理的常用形式有以下几种：

（一）全背景形式

背景为整个画面空间。这种背景通常是在描绘产品之前就事先涂好的，它可以有平涂、渐变渲染和大笔涂刷，这种处理方式，整体效果庄重、简洁，产品形象鲜明、突出。

全背景形式

（二）局部背景形式

背景仅占画面的一部分，并和产品形象有机配合，组成既和谐又生动自然的画面效果。局部背景是产品描绘之后，通过遮盖，再进行各种方式的涂饰。

局部背景形式

（三）辅助视图背景形式

为了进一步说明产品，效果图的画面除了主要表现产品的形、色、质之外，还可以利用画面空间的背景，辅以与产品相关的图样进一步加以说明。这种辅助图可以是工程图，也可以是设计草图，这样处理背景具有良好的说明性。

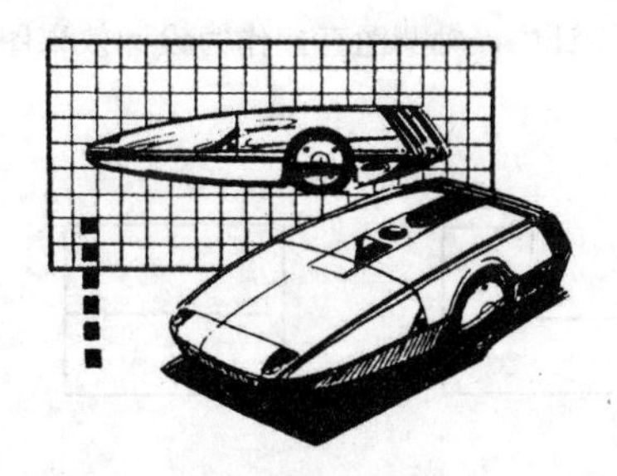

辅助视图背景形式

（四）立体感背景形式

在效果图画面空间，根据透视关系，以相应的垂直平面和水平面作为衬托产品的背景，可以进一步增强效果图画面的空间感和深度感，如下图所示垂直面和水平面也可以单独使用。

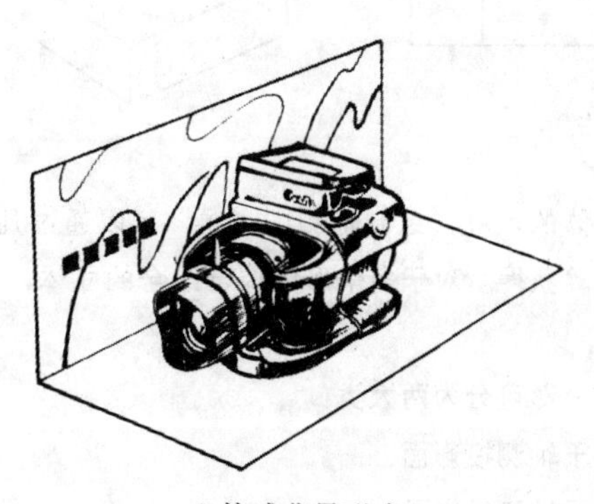

立体感背景形式

第三节 立体图绘制表达

工程绘图是工业设计的专业表达沟通语言，是设计思想转化为批量产品制造的工具，通过工程图三视图和轴测图的复习，掌握实现设计专业的沟通语言。由于轴测图具有立体效果，又有严谨的数据比例，没有素描基础的人很好掌握，在很多产品设计中，常常用轴测图贯穿整个设计过程，代替产品草图、三视图、效果图绘制。学生应熟悉国家对工程制图的具体要求和规定，看懂装配图和零部件图等，能熟练运用计算机某种绘图软件绘制工程图。

设计向产品转化，是设计的重要阶段。产品经过专业量化处理后，才能进入生产阶段，工程制图在转化中起着重要的作用，是设计者与制造者沟通的专业语言。现今，机械加工仍然是批量产品生产的主要加工制造手段，因此，机械制图仍然是设计者与制造者沟通的主要语言。下面将重点介绍机械制图中轴测图绘制特点和平面视图的主要表达方法。

一、轴测图的分类

由于三视图可以完全确定空间几个形体的形状和度量，在产品设计制造中，主要采用三视图进行交流，但三视图直观性较弱，在设计制造交流中经常会出现立体的轴测图，用做补充。轴测图虽然在表现力度和度量方面不如三视图，在立体表现方面不如透视图，但由于轴测图兼顾二者的优势，在产品设计中经常把它作为辅助图，在有些产品的设计中，轴测图直接作为设计效果图和生产用途，如整体橱柜的设计、家具设计等。

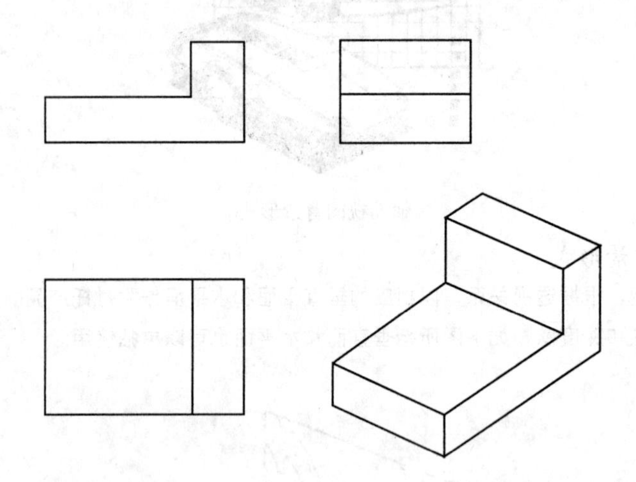

由于三视图可以直接反映立体的尺寸，绘制轴测图时候，可以通过几何测量从三视图中获得图中尺寸，然后通过放大、缩小比例换算获得。对于多个形体综合组合的立体，需要合理分割出各个简单形体，以便于轴测图绘制。

由于投射方向的不同，轴测投影可分为两大类：

正轴测投影：投射方向垂直于轴测投影面；

斜轴测投影：投射方向倾斜于轴测投影面。

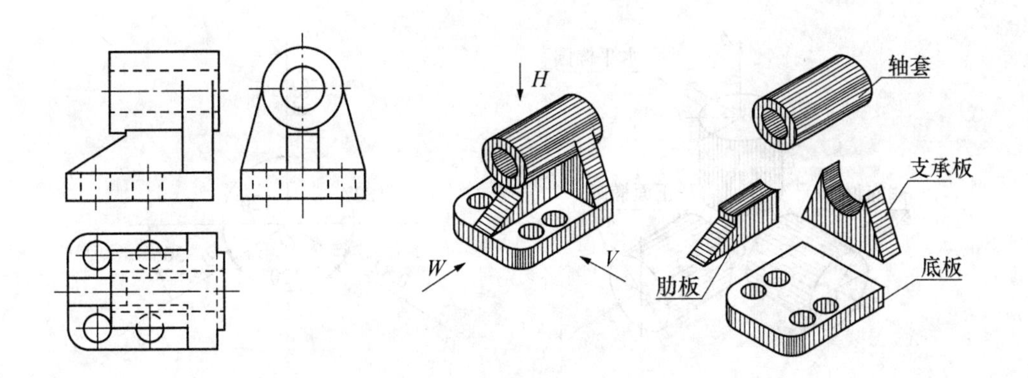

在正轴测投影中，由于确定产品位置的空间坐标系与轴测投影面的相对位置不同，故其轴测间角和伸缩系数也不相同，根据伸缩系数的不同，正轴测投影又可分为：

1. 正等轴测图，简称正等测，其特点是三轴伸缩系数相等（$p=q=r=0.82$）；
2. 正二等轴测图，简称正二测，一般 $p=r$，$q=\frac{1}{2}p$；
3. 正三测轴测图，简称正三测，一般 $p\neq q\neq r$。

同理，斜轴测投影也可分为斜等测、斜二测和斜三测三种。

1. 斜等测（$p=q=r$）；
2. 斜二测（$p=r=2q$）；
3. 斜三测（$p=r=3q$）。

其中，常用的有正等轴测图和斜二轴测图。在绘制左右相等或前后相等的零件或产品时，适合选择正等轴测图表示，在零件或产品的一个面上有多个圆时，适宜选择斜二轴测图表示。

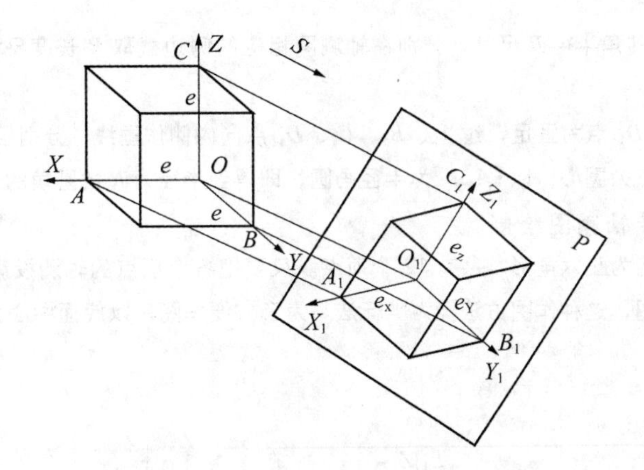

二、正等轴测图

正等轴测图的投射方向垂直于轴测投影面，且空间三个坐标轴均与轴测投影面倾斜35°16′，因此三个轴间角均相等，X、Y、Z 三轴的夹角均为120°。单个轴向伸缩系数也相等，即 $p=q=r=0.82$，在实际作图中，经常视为1，便于操作，这样画出来的轴测图放大了1.22倍，但对产品形状表达没有影响。

在正等轴测图中，平行于 X、Y、Z 坐标平面的圆，均称为椭圆，其长轴垂直于与圆所平行的坐标面垂直的那个轴测轴，短轴则平行于该轴测轴。

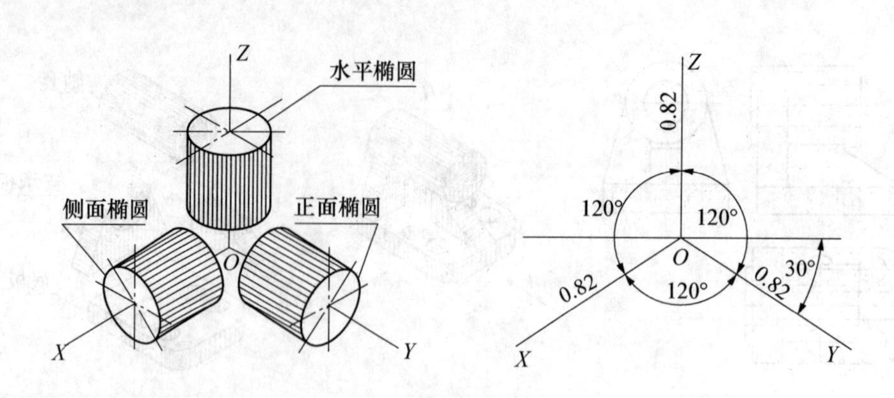

下面介绍根据三视图提供的尺寸绘制正等轴测图的方法。

（一）正等轴测图圆角绘制

根据三视图俯视图零件转角的尺寸，绘制零件正等轴测图的转角。

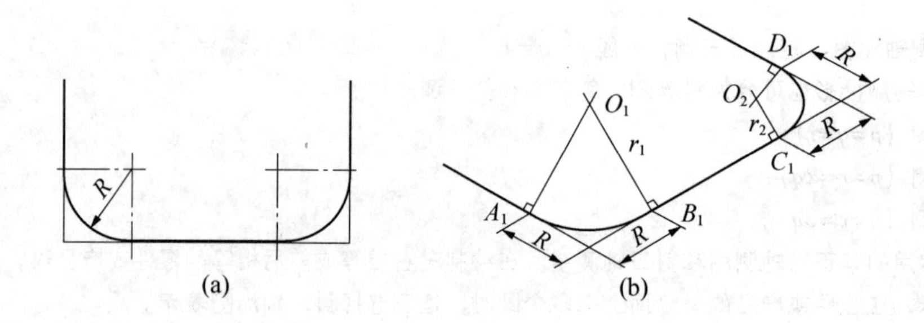

1. 从俯视图中获得转角半径 R 尺寸，分别在轴测图相应的侧边截取 R 长度尺寸，获得 A_1、B_1、C_1、D_1 点。

2. 以 A_1、B_1、C_1、D_1 点为垂足，过 A_1、B_1、C_1、D_1 点向内侧作垂线，分别相较于 O_1、O_2 点。

3. 分别以 O_1、O_2 点为圆心，以 r_1、r_2 为半径画圆，即得到半径为 R 的圆角的正等轴测图。

（二）六棱台正等轴测图绘制

六棱锥台的上下底均为正六角形，共有 12 个顶点。只要把各个顶点的轴测投影画出来，再连接相应顶点，即可画出其轴测图，这种作图方法标为坐标法。为了方便作图，以底面中心为原点，令 OZ 轴与中心线重合。

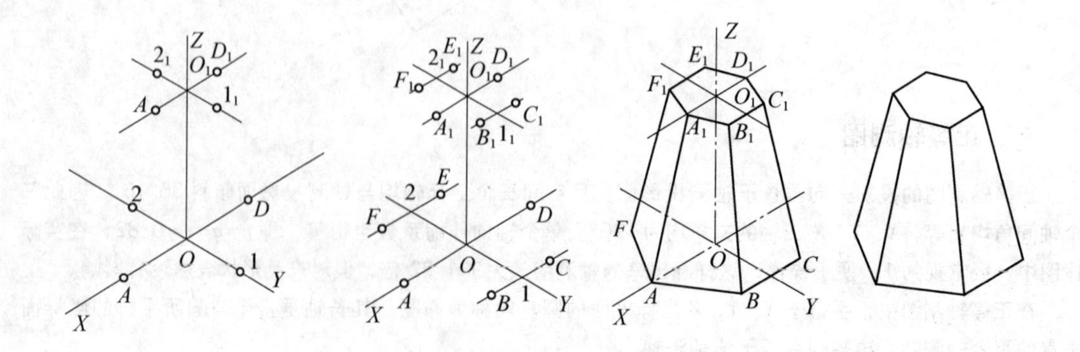

1. 画出轴测轴，定出上、下底的位置，沿 X 轴方向截取上、下六角形对角线长 AD 和 A_1D_1；在 Y 轴方向截取六角形对边宽 1、2 和 1_1、2_1。

2. 过 1、2 和 1_1、2_1 各点画平行于 X 轴的线段，并在其上截取六角形边长 BC、EF、B_1C_1、E_1F_1。

3. 连接各顶点，擦去不可见线段，并描深。

4. 去掉轴测轴，完成六棱锥台的轴测图。

（三）台体正等轴测图绘制

可采取切割长方体的方法形成轴测图。将 OZ 轴与对称中心线重合，并将原点取在底面上。

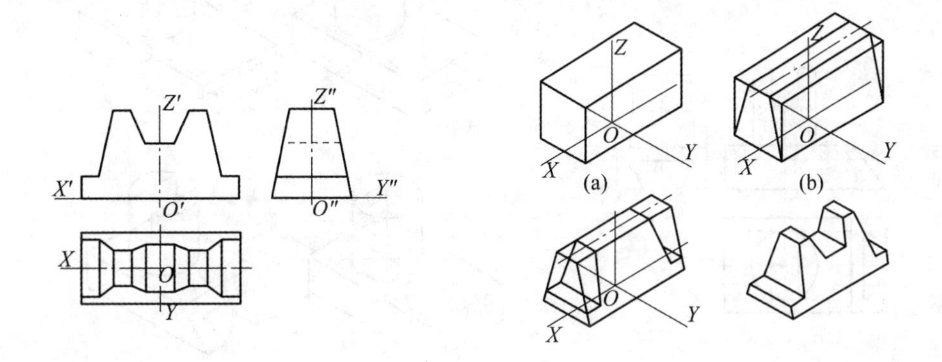

1. 画出轴测图，并按立体的长、宽、高外形尺寸画出长方体。

2. 沿 Y 轴方向截取顶面的 Y 向宽度尺寸，切去前、后表面的多余部分。

3. 按尺寸沿 X 轴切去左右两角。

4. 切去上部中间缺口，擦去作图线和不可见轮廓线，加深，完成轴测图。

（四）多形体正等轴测图绘制

下图所示立体由底板和立板两个部分组成。底板上有两个圆孔和两个圆角，属于水平椭圆，立板上半部为半圆柱，并有一个圆孔，属于正面椭圆，可采用堆积法绘制。

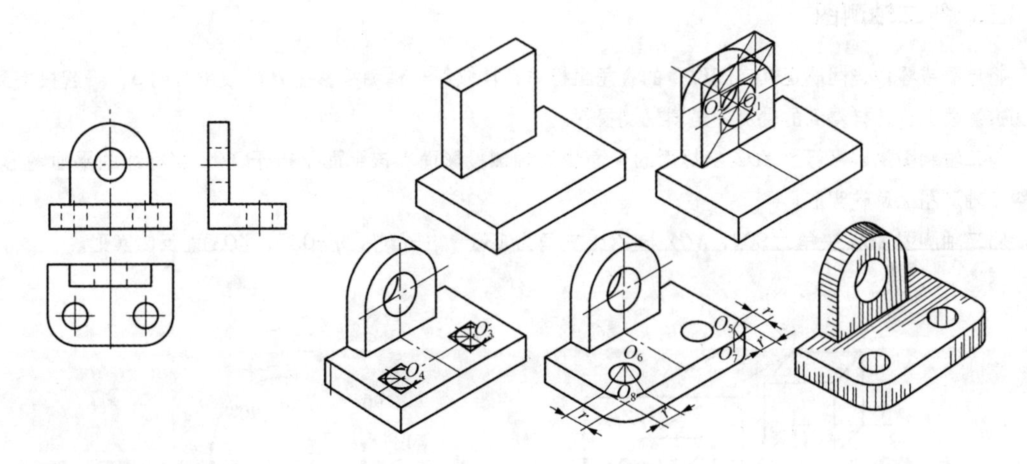

1. 画底板和立板。

2. 画立板上部的半圆柱和圆孔。

3. 画底板上的两个小孔。

4. 画底板的两个圆角。

5. 去掉作图底线，描深，完成全图。

（五）中立体正等轴测图绘制

下图所示立体由长方体和圆柱体组成。在底板上切去一角，并开有燕尾槽，在圆柱上部中间有矩形槽。画轴测图时，可先用堆积法画出圆柱和长方体底板，再用切割法画出其余部分。

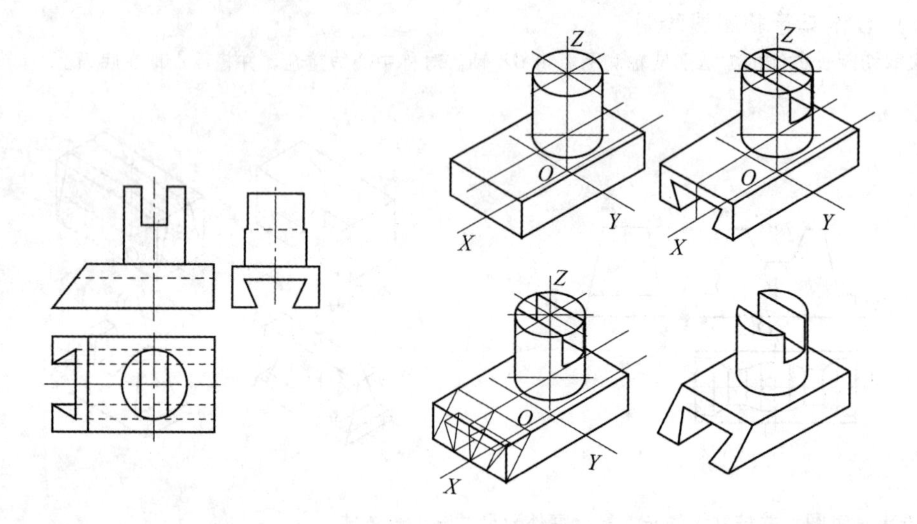

在画图过程中，常常几种方法交错使用，称为综合法。在画轴测图时，为了少画不可见部分的图线，通常都是先画物体上部或前部分，后画物体下面部分以及后面可见的部分。

1. 画出圆柱和底板。

2. 切割出圆柱的矩形槽和底板的燕尾槽。

3. 切去底板左上角。

4. 去掉多余的图线，加深，完成全图。

三、斜二轴测图

将产品或零件连同确定其空间位置的直角坐标系，按倾斜于轴测投影面 P 的投射方向 S，一起投射到轴测投影面上，这样得到的轴测图是斜轴测投影。

斜二轴测图是以平行于 XOZ 坐标面的平面作为轴测投影面。该平面平行于 XOZ 坐标面的平面图形，在斜二轴测图上反映实形。

斜二轴测图 ZOX 夹角为 90°，XOY 与 ZOY 夹角为 135°，$p=r=1$，$q=0.5$，ZOX 面反映实形。

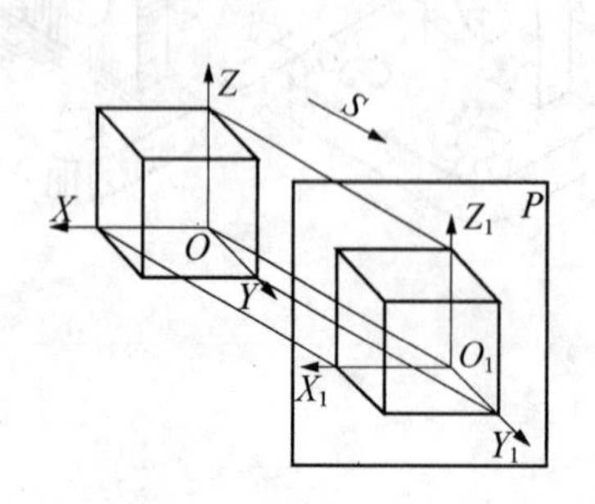

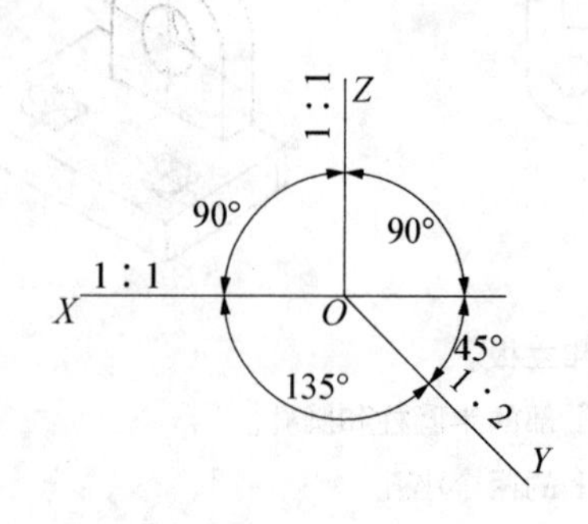

（一）前后左右对称立体斜二轴测图绘制

下图所示立体由圆柱、底板和两肋板组合而成。在底板上有四个小圆孔，以及一个与圆柱同轴线的通孔。在画该立体的轴测剖面线时，剖切平面要切到肋板。国标规定，当剖切平面通过物体的肋或薄壁等结构的纵向对称平面时，这些结构不画剖面线，而用粗实线将它与相邻部分分开。

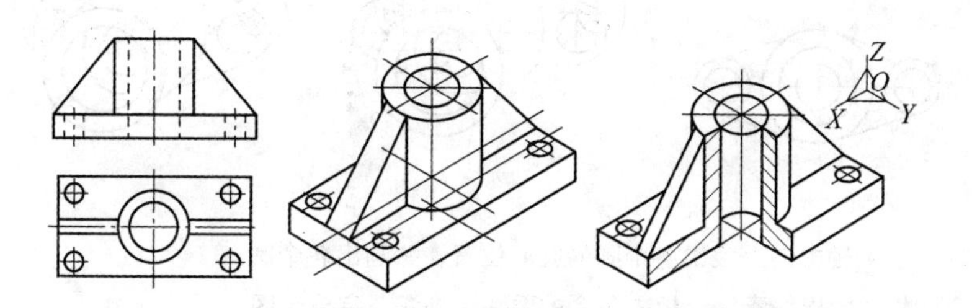

1. 先画出完整的轴测图底稿。
2. 剖切去 1/4 角。画中间通孔底面的线，擦去多余的图线，画剖面线，加深轮廓线。

（二）同轴圆台体斜二轴测图绘制

下图所示立体由圆盘和圆锥台组成，在圆盘上有四个小孔，在其公共轴线上有一通孔，由于立体上所有的圆的轴线都垂直于正面投影面，为了方便画斜二测图，取所有圆轴垂直的平面平行于正平面。画斜二轴测图时，可以先画出剖切后的截断面形状，然后再画出未剖去部分的外形，这样画轴测剖视图，图面清晰简明，可少画许多作图线。

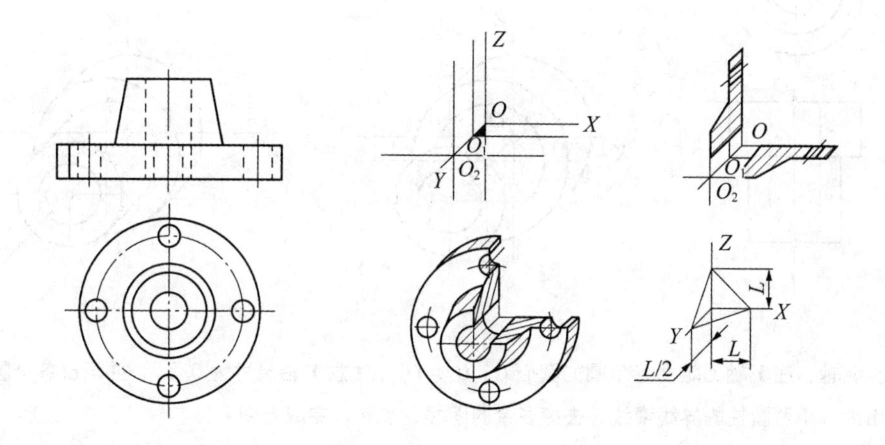

1. 画轴测轴，并沿 Y 轴定出各个圆的圆心 O、O_1、O_2。
2. 画出剖切后的截断面形状。
3. 补画出圆锥台和圆盘的外形轮廓，画剖面线，擦去多余的图线，并加深。

（三）前后对称体斜二轴测图绘制

下图所示立体由圆柱和底板组成，在底板的左、右两端部各有一个圆柱面和圆孔，沿中心圆柱的轴线有个阶梯孔。所有圆和圆弧轴线都垂直于底板平面。在画斜二轴测图时，可将该平面放置于正平面的位置，这样可以避免画面椭圆，作图较方便。

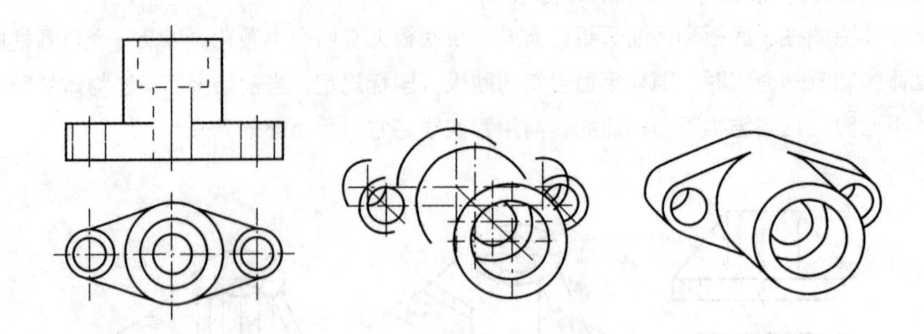

1. 画轴测轴，在 Y 轴方向上定出各个圆的圆心位置，并画出各个圆。

2. 画出各个圆柱面的界线素线，擦去多余的图线，加深，完成全图。

（四）同轴体斜二轴测图绘制

下图所示立体是由两个同轴圆柱组成，中间有一个通孔，所有的圆都平行于 XOZ 坐标面，其轴测投影仍为圆。先定位各个圆的圆心，再画各个圆的的投影。为了方便作图，将 Y 轴与圆柱的轴线重合，原点在大圆的底面上。

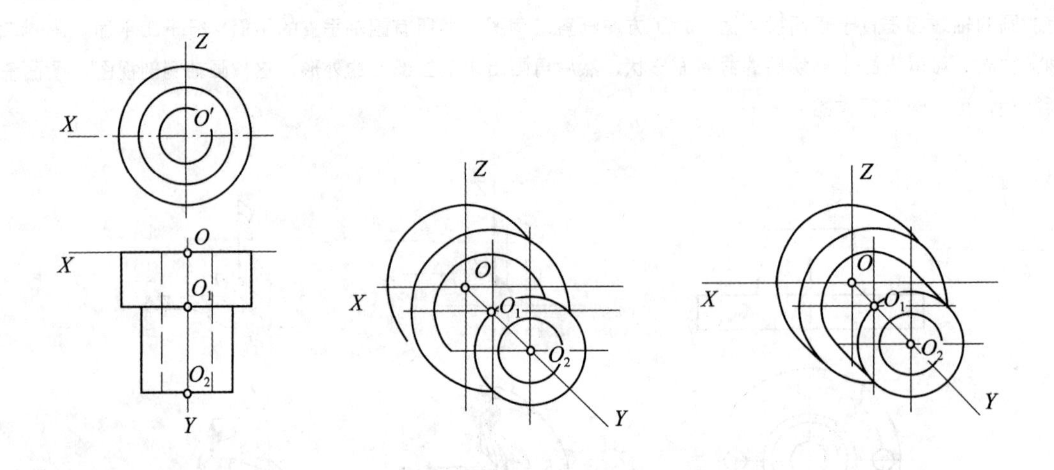

1. 画轴测轴，在 Y 轴上定出各个圆的圆心 O、O_1、O_2（注意 Y 轴尺寸为 0.5），并画出各个圆。

2. 画出大、小两圆柱的界线素线，去掉多余的图线，加深，完成全图。

第四节 平面三视图表达

平面三视图是将成熟的设计构思转化成实物，与加工者进行沟通的语言，平面三视图绘制能帮助设计者掌握设计的主动权。

一、国家制图标准规定

目前实现产品设计的手段中 60% 来自机械制造，因此，工程图样是产品设计、制造、安装和检验等过程中重要的技术资料，也是设计、生产和管理中重要交流工具。国家对工程图样的画法、尺寸的标注等方面都有严格的规定，颁布了《技术制图》、《机械制图》等标准。

《机械制图》标准适用于机械图样，《技术制图》标准则普遍适用于工程界各种专业技术图样。《技术制图》、《机械制图》是工程界重要和成熟的制图标准，这些标准是设计者在产品设计和制作过程中进行沟通和交流的准则和依据，设计者必须严格遵守、认真执行。设计者要实现设计预想，必须掌握工程图样的表达方式，才能在设计过程中与各类专家和产品制造者进行沟通，拥有话语权。

（一）制图规范

这里将简要介绍制图国家标准中对图纸幅面和格式、比例、字体和图线的有关规定。

1. 图纸幅面尺寸（GB/T1468—1993）。

幅面代号	A0	A1	A2	A3	A4
$B \times L$	841×1189	594×841	420×594	297×420	210×297
e	20		10		
c	10			5	
a	25				

在绘制技术图样时，应优先采用标准所规定的基本幅面。必要时，允许加长幅面，但加长量必须符合 GB/T1468—1993 中的规定（GB 为国家标准代号，T 为技术制图，14689 为标准编号，1993 表示发表的年份）。

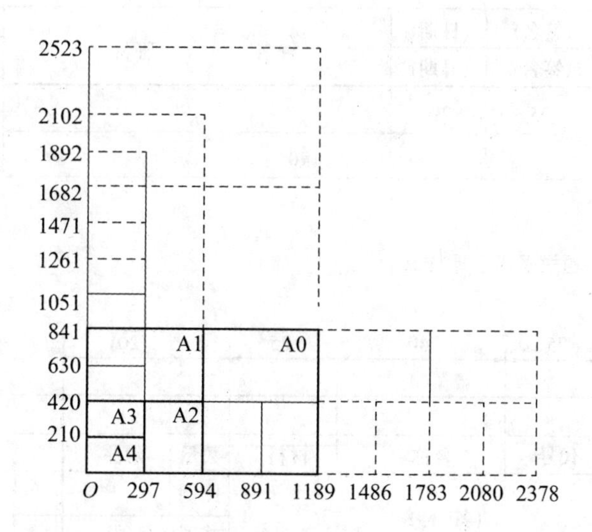

2. 图框格式。

图样中的图框由内、外两框组成，外框用细实线绘制，内、外框周边的间距尺寸与图号有关。图框格式分为留有装订边和不留装订边两种，两种格式见图框周边尺寸，但要注意，同一产品的图样只能采用一种格式。图样绘制完毕后，应沿外框线裁边。

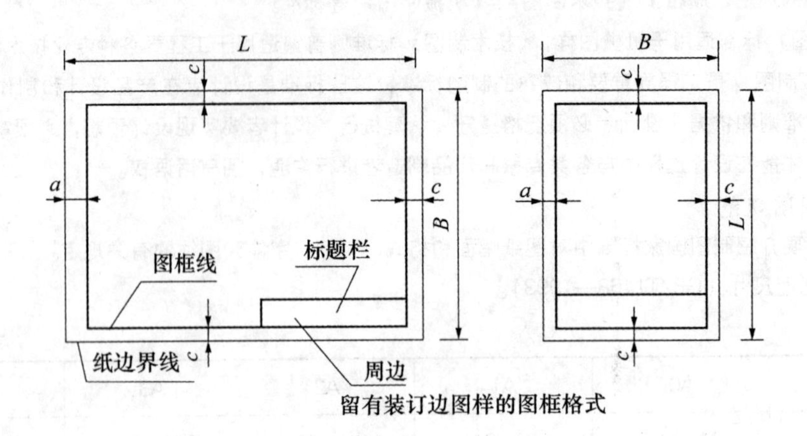

留有装订边图样的图框格式

3. 标题栏格式。

标题栏的位置应位于图纸的右下角，其下边、右边与内框应用边线重合。标题栏中的位置方向为看图方向。

标题栏的格式、内容和尺寸在 GB10609. 1—1989 中已做了规定，学生制图作业建议用以下标题栏格式，标题栏外框用粗实线画出，其余为细实线。

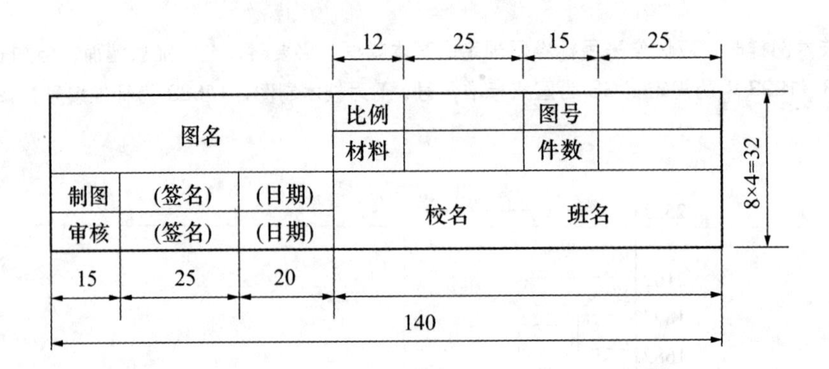

在装配图绘制中，标题栏采用下图样式。

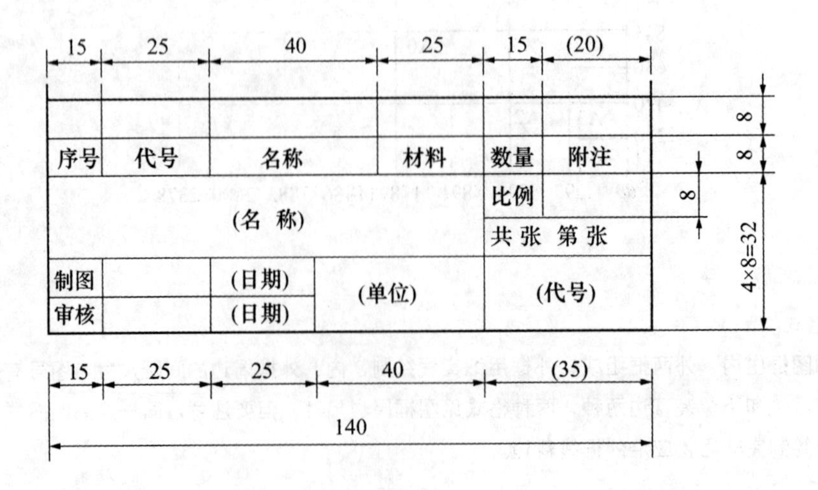

4. 比例。

比例是指图与实物相应要素的线性尺寸之比。具体见下表。

种类	比　例
原值比例	1∶1
放大比例	5∶1　2∶1 5×10^n∶1　2×10^n∶1　1×10^n∶1
缩小比例	1∶2　1∶5　1∶2 1∶2×10^n　1∶5×10^n　1∶1×10^n

注：n 为正整数。

原值比例：比值为 1 的比例，即 1∶1。

放大比例：比值大于 1 的比例，如 2∶1。

缩小比例：比值小于 1 的比例，如 1∶2。

需要按比例绘制图样时，由规定的系列中选取适当的比例。

标注尺寸时，无论选用放大或缩小比例，都必须标注零部件的实际尺寸。

5. 字体。

图样上除了表达机件形状的图形外，还要用文字和数字说明机件的大小、技术要求和其他内容。在图样中书写字体必须做到：字体工整、笔画清楚、间隔均匀、排列整齐。

（1）字。字体的高度（用 h 表示），其公认尺寸系列为（单位为 mm）：1.8，2.5，3.5，5，7，10，14，20。字体高度代表字体的号数。

（2）汉字。汉字应写成长仿宋体字，并采用我国正式公布推行的《汉字方案》中规定的简化字，汉字的高度不应该小于 3.5mm，其字宽一般为 $h/\sqrt{2}$。

具体示例见下图：

10 号汉字

字体工整笔画清楚间隔均匀排列整齐

7 号字

横平竖直注意起落结构均匀填满方格

5 号字

技术制图机械电子汽车航空船舶土木建筑矿山井坑港口纺织服装

（3）字母和数字。字母和数字分为 A 型和 B 型两种。A 型字体的笔画宽度 d 为字高（h）的 1/14，B 型字体的笔画宽度 d 为字高（h）1/10。

在同一张图样上，只允许选用一种形式的字体。字母和数字可写成斜体或直体。斜体字字体向右倾斜，与水平基准线成75°。

（4）图线及其画法。我国现行的图线专项标准有两项，即《机械制图》中图线GB/T4457.4—2002和《技术制图》中图线GB/T17450—1998。在绘制机械图样时，可在不违背GB/T17450的前提下，继续贯彻GB/T4457.4中的有关规定。

6. 线型。

GB/T17450—1998规定了绘制图样时，可采用的15种基本线型，列出了绘制工程图样时常用的8种图线的型号、名称、线宽及主要用途。

图线名称	图线型式	代号	图线宽度	主要用途
粗实线		A	d	可见轮廓线、可见过渡线
细实线		B	$d/2$	尺寸线、尺寸界线、剖面线、引出线、辅助线
波浪线		C	$d/2$	断裂处的边界线、视图与剖视的分界线
双折线		D	$d/2$	断裂处的边界线
虚线	2~6　≈1	F	$d/2$	不可见轮廓线、不可见过渡线
细点画线	≈20　≈3	G	$d/2$	轴线、对称中心线、节圆及节线、轨迹线
粗点画线	≈15　≈3	J	d	有特殊要求的线或表面的表示线
双点画线	≈20　≈5	K	$d/2$	假想轮廓线、相邻辅助零件的轮廓线、中断线

图样中的图线分粗线和细线两种。粗线宽度 d 应根据图形的大小和复杂程度在0.5 ~2mm 选择。细线的宽度约为 $d/2$，图线宽度的推荐系列为（单位为 mm）：0.18，0.25，0.35，0，5，0.7，1，1.4，2，应用中一般取0.5 ~0.7mm，避免采用0.18mm。

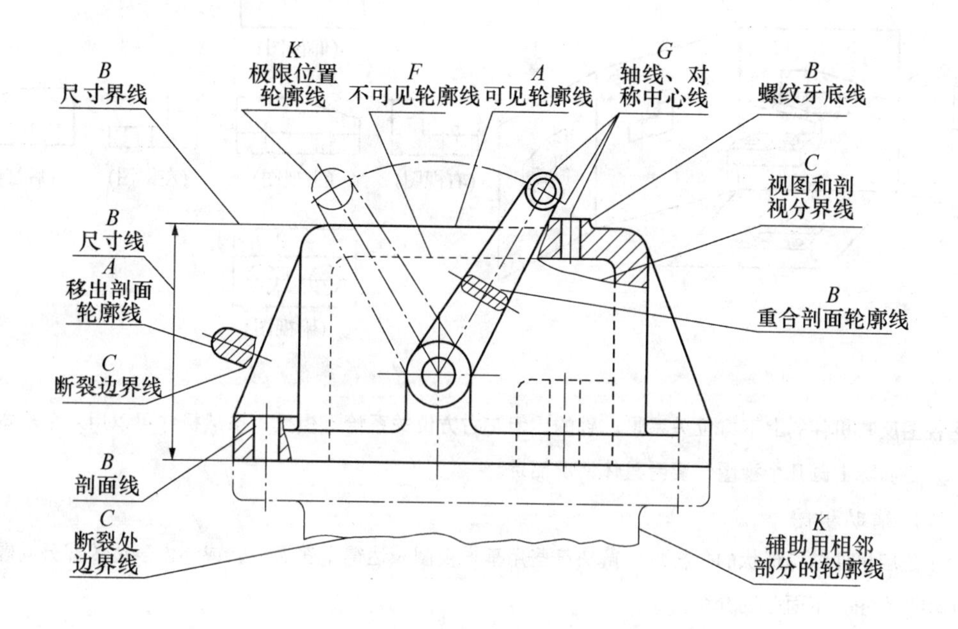

7. 图线画法。

同一图样中，同类图线的宽度应基本一致。虚线、点画线及双点画线的线段长度和间隔应各自大致相等。两条平行线（包括剖面线）之间的距离应不小于粗实线宽度的两倍，其最小距离不得小于0.7mm。当几种线条重合时，应按粗实线、虚线、点画线的优先顺序画出。

从看图方便出发，要求设计者用最少的图样把机件形状表达正确、完整、清楚，如用虚线表达看不见的机件内部结构等，但在实际设计和加工中，当机件内部结构比较复杂时，内部结构较复杂的机件虚线较多，不容易表达清楚，就用剖视图或者剖面图来表达。当然这些方法的运用都是有针对性和相对性的，在使用中我们必须综合分析，正确运用。下面介绍剖视、剖面和辅助视图的常用的表达方法。

二、基本视图和辅助视图

（一）六个基本视图

当机件比较复杂，它六面的形状可能都不相同时，为了清晰地表达机件各面的形状，便要在已有的三投影面的基础上，再增加三个投影面，这六个基本投影面组成了一个方箱，把机件围在当中，如下图表示机件在六个投影面上投影后，投影面展开的方法。展开后，六个基本视图的配置关系和视图名称见图。按照图示的位置在一张图纸内的基本视图，除后视图外，一律不注视图名称。

六个基本视图的投影联系和三视图一样，仍然是“长对正、宽相等、高平齐”，其他如上下、左右等方位关系，在视图上反映得比较明显，但前后关系要留心分析。相对主视图来说，除后视图外，“远离主视是前面”也是适用的。关于这一点，只要想一想投影面展开前的投影情况即清楚了，应该指出：主视

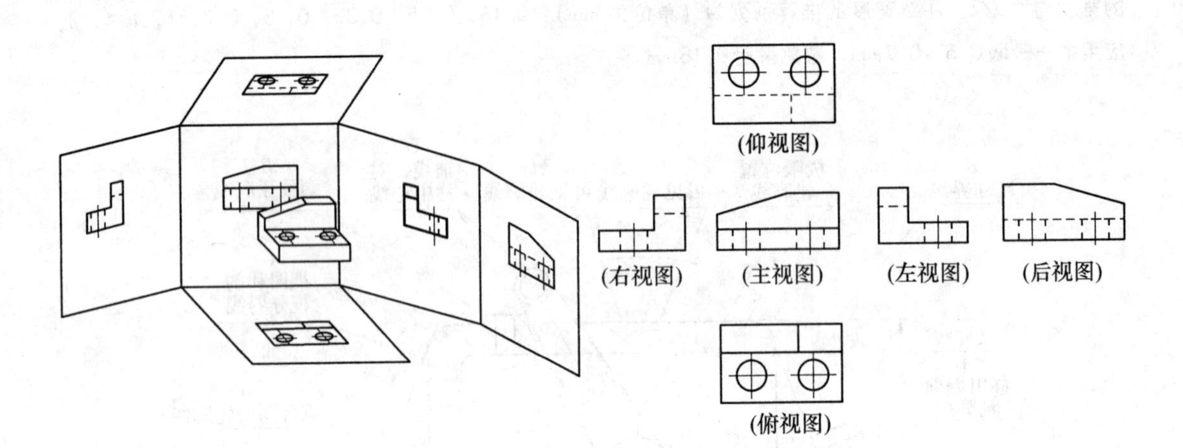

图和后视图反映机件的上下方位关系是一致的，但左右方位关系恰好相反，虽然机件可以用六个基本视图来表示，但实际上画几个视图，要看具体情况而定。

（二）辅助视图

为了适应机件结构形状的多样性，解决某些用基本视图表达得不够清楚，或不便表达的部分问题，又产生了辅助视图，下面分别介绍。

1. 局部视图。

如下图所示的弯管，画了主视图和俯视图后，只有左端面和右侧凸台的形状没有表达清楚。再如画左视图和右视图，则大部分投影重复，没有必要，如像图上画的那样，只画所需表达部分的图形，即 *A* 向和 *B* 向，这样就重点突出、简单明了。这种将机件的某一部分基本投影面投影而得到的图形，叫局部视图。可以看出，局部视图相当于基本视图的一部分，画局部视图时应注意。

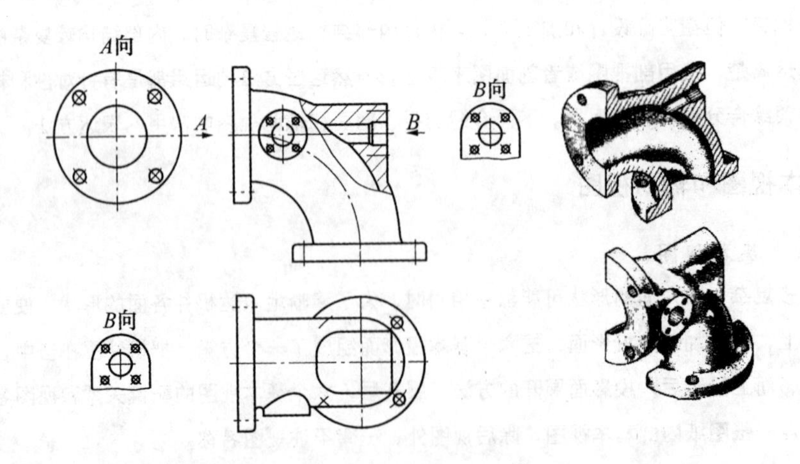

（1）在相应的视图上用带字母的箭头指明所标示的部位和投影方向，并在局部视图的上下方用相同的字母标明“×向”。

（2）局部视图最好画在有关视图附近，并保持直接的投影联系，也可以画在图之内的其他地方，如图中左下角画出的“*B* 向”。注意当表示投影方向的箭头标在不同的视图上时，同一部位的局部视图方向可能不同。

（3）局部视图的范围用波浪线表示，当所标示的结构要素自成一体，而外轮廓线又封闭时，可省略波浪线，如图中的“*A* 向”。

2. 斜视图。

如下图画的是一个斜轴承座，它和轴承盖的结合面倾斜于底板（正垂面），在基本视图上的投影不反映实形，为了得到座口的实形，可以把座口向和它平行的辅助投影面投影。这种将机件的倾斜表面投影到和它平行的辅助投影面所得到的视图，叫做斜视图。

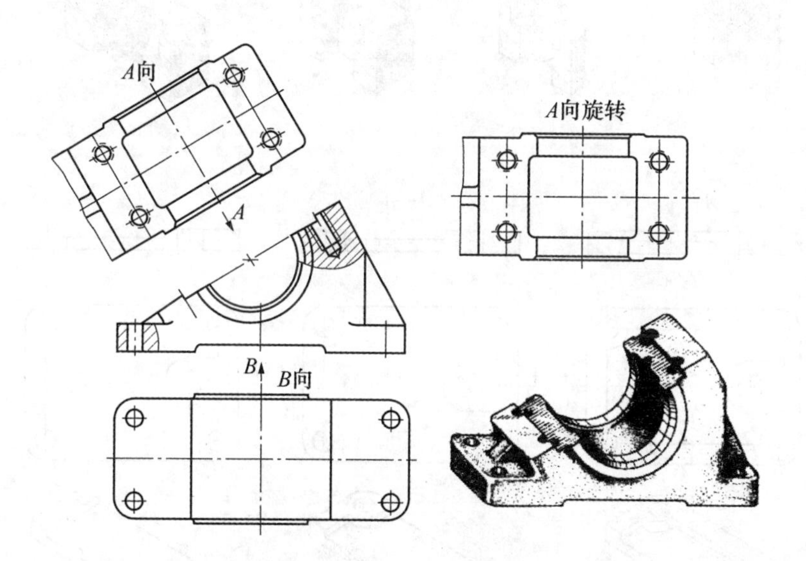

斜视图尽可能配置在与基本视图保持直接投影联系的位置，也可以平移到图纸内的适当地方。为了画图方便，也可以转平，但必须在斜视图上方标明“×方向旋转”。

斜视图和斜剖面都是为了反映机件上倾斜结构的实形，所设的投影面只垂直于一个基本投影面，因此，机件上原来平行于基本投影面的一些结构，在斜视图和斜剖视图中就不反映实形。这些不反映实形的投影，最好以波浪线表示省略不画，在基本视图中，也要处理好这类问题，上图中不用俯视图而用 *B* 视图，就避免了画斜面的失真投影。

三、剖视图和剖面图

（一）剖视图的一般画法

下图所示的填料压盖，用剖视图就能把孔表示得更清楚，图中表示剖开压盖后的投影情况和剖视图的画法，压盖的孔轴是铅垂线，可通过孔轴的正平面做剖切平面剖开平面剖开压盖，并把剖切平面前面的部分拿走，而把留下部分向正面投影。这样，三个圆柱孔的正面投影，就变得看得见了。在假想剖开的部位（剖面）画出剖面符号，使它和后面部分的投影有所区别，这样远近层次就比较分明，为看图提供了方便。

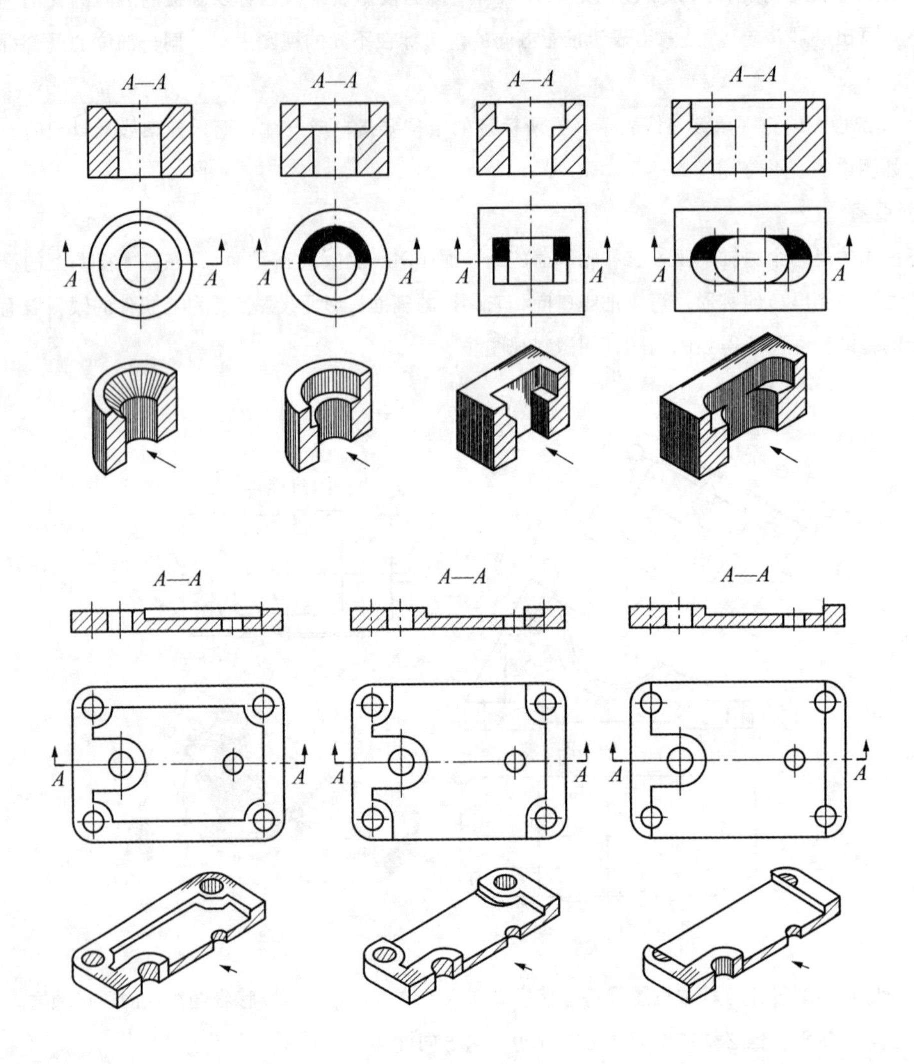

（二）剖视图的标注方法

剖视图一般需要标注，借以表明剖切平面的位置和投影方向，在与剖视图有明显联系的视图上，画两段不和轮廓相交的粗实线，用来表明剖切平面的位置，并以箭头指明投影方向。在箭头旁和剖视图上方写上相同的字母。

（三）画剖视图时应注意的方面

1. 剖视图只是一种表达机件内部结构的方法，并不真的剖开和拿走一部分，因此除剖视图外，其他视图要按实物原状画出。

2. 剖视图上一般不画虚线，但少量虚线可以减少视图，而又不影响剖视图的清晰时，也可以画这种虚线。

3. 要仔细分析剖面后面实物的结构形状，分析有关视图的投影特点，以免画错，下图是剖面形状相同，但剖面后面的结构不同的剖视图的例子。如图是另外几个例子，要注意区别它们不同之处。

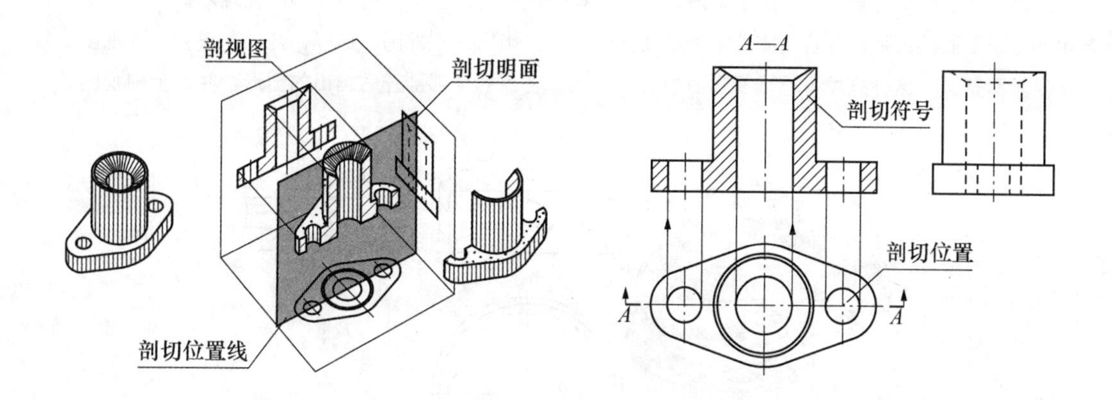

（四）剖面符号

下表是各种材料的剖面符号。金属材料的剖面符号在机械制造中用得最多，它是与水平面成45°夹角的斜实线，当同一零件需要用几个剖视图表达时，剖面线的方向应相同，间隔要相等。在主要轮廓线和水平线成45°倾斜的剖视图中，为了图形清晰，剖面线应改为和水平面成30°或60°的斜线，方向要和其他剖视图的剖面线方向相近。在近代工业产品设计中，工业产品的材料有多种，如塑料、木材、橡胶、铝合金等有色金属，在不同材料的剖面上，注意选用不同的剖面线，不能千篇一律地采用黑色金属的剖面线。

材料	符号	材料	符号	材料	符号
金属材料(已有规定剖面符号者除外)		型砂、填砂、粉末冶金、砂轮、陶瓷刀片、硬质合金刀片等。		木材纵剖面	
非金属材料(已有规定剖面符号者除外)		钢筋混凝土		木材横剖面	
转子、电扎、变压器和电抗器等叠钢片		玻璃及供观察用的其他透明材料		液体	
				胶合板	
线圈绕组文件		砖		格网(筛网、过滤网)	

（五）常用的几种剖视图

为了用较少的图形把机件的形状完整清楚地表达出来，要针对机件的结构形状特点，采用不同的剖视方法，使每个图形能较多地反映机件的形状，这样就产生了各种剖视图。

1. 全剖视图。

如下图所示的盖，主要由几段共轴的圆筒构成，下边是开口的，上顶有两个小孔，前后各有一个圆柱孔，左边还开了一个方窗。为了清楚地表达这些结构形状，考虑到主体前后部分的孔轴对称，主视图应该选用平行于正面的剖平面沿着主体孔轴线把盖剖开来，画出它的剖视图。这样，盖的内形在主要视图上就基本表示清楚了。这种只用平行于投影面的剖切平面，将盖的全部剖开后画出的图形，叫做全剖视图。

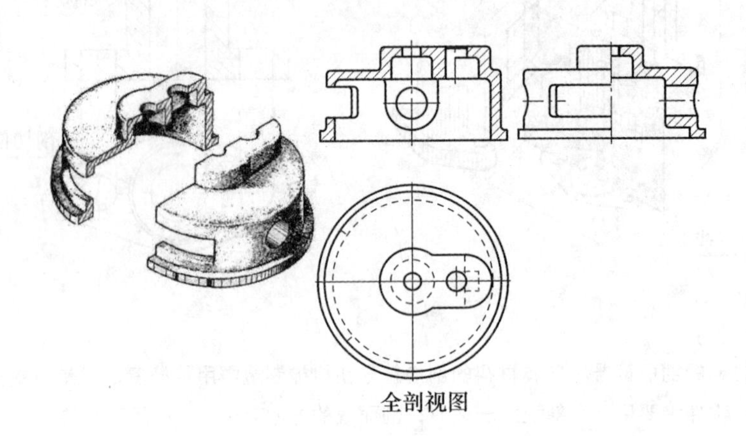

全剖视图

全剖视图重点在表达机件的内部形状，而外形表达则较差，如果机件的外形也要表示，可根据具体情况，用如下方法处理：用全剖视表达内形，用视图表达外形，在条件适当时，也可以在一个视图把内形和外形都表达出来，如上图，左视图用半个视图表达方窗的外形，用半个剖视图表达前面的一个通孔的内形，兼顾了内外形的表达。这种图形叫做半剖视图。

剖视图一般需要标注，但如剖视图画在主视、俯视、左视等基本视图的位置，而又没有别的图形把它们分开时，可以省略表示投影方向的箭头，如下图剖切平面和机件的对称平面不重合，剖视图不在基本视图的位置时，则需要标注。

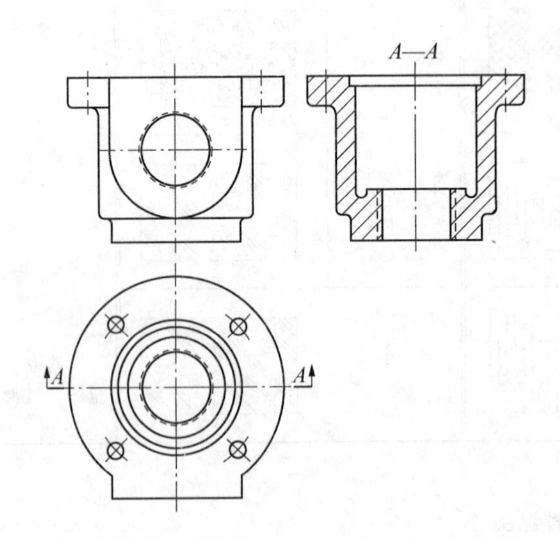

2. 半剖视图。

下图是溢流阀壳体，前面有一个半圆的凸台，上面并有四孔，壳体里面是阶梯孔，需要用表达外形的主视图和表达内部结构的剖视图来描述主体的内外形状。由于主体是左右对称的，把视图和剖视图各取一半，组合成一个视图，便可同时把外形和内形表达清楚了。这种由半个剖视图和半个主视图拼合而成的视图叫做半剖视图。画半剖视图时，应注意以下几点：

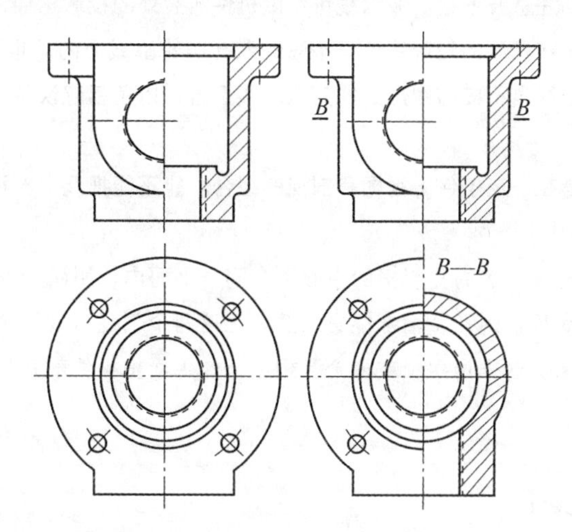

（1）具有对称平面的机件，在垂直于对称平面的投影面上，才易采用半剖视，如机件的形状接近于对称，而不对称部分已另有视图表达时，也可以采用半剖视。

（2）半个剖视和半个视图必须以点画线为界线。

3. 局部剖视图。

半剖视是兼顾对称机件内外形状的表达方法，当机件不对称时，对一个视图多层内部结构，可采用局部剖方法。

如下图，支撑轴的 K 向投影，内外形状都要表达，如图作全剖视，内形虽然表达清楚了，但把右边凸台剖去了。为了照顾外形，可以向案例主视图那样，只将支撑臂剖开一部分，保留部分外形，这样画出的图形，叫做局部剖视图。局部剖视图也是由一部分视图和一部分剖视图组合而形成的，但视图和剖视图以波浪线分界的。

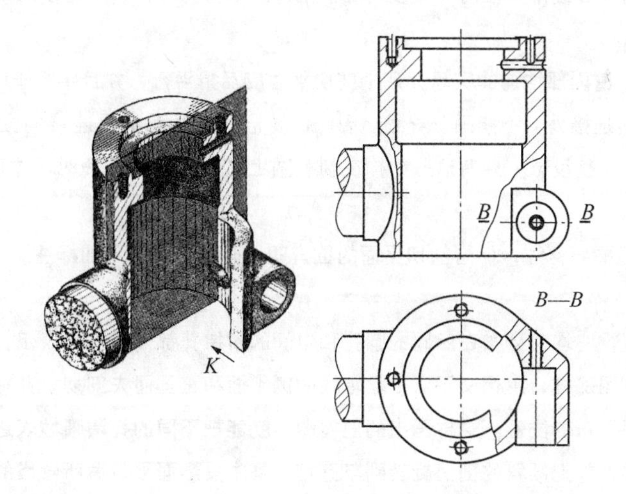

从上图例可以看出，局部剖视是一种不灵活的表达方式，剖切范围根据实际需要而定，但是用时要照顾到看图的方便，剖切不要过于零碎。标注的原则和全剖视相同。

画局部剖视时，要特别注意波浪线。波浪线可看做机件断裂处的投影。要注意：当断裂处通过机件看得见孔洞时，波浪线应终止在孔洞的轮廓线处，不应进入孔洞轮廓线之内，也不能超出图形轮廓线之外，而应在轮廓线处截止，波浪线也不应与图形上的其他图线重合，以免引起误解。

4. 阶梯剖视图。

半剖视和局部剖视都是在一定条件下视图和剖视的组合。能不能把几个剖视画在一起呢？如果可以的话，条件又是什么？

如下图所示的底板，三种形状的孔、槽的中心不在同一平面内，用两个互相平行的剖切平面，分别通过孔、槽的中心线剖切底板，则孔、槽都能看清楚。把这两个剖视合成一个图形，就可将三种孔、槽在一个图上清楚地表示出来。这样用两个或多个互相平行的平面把机件剖开画出的剖视图，叫做阶梯剖视图。

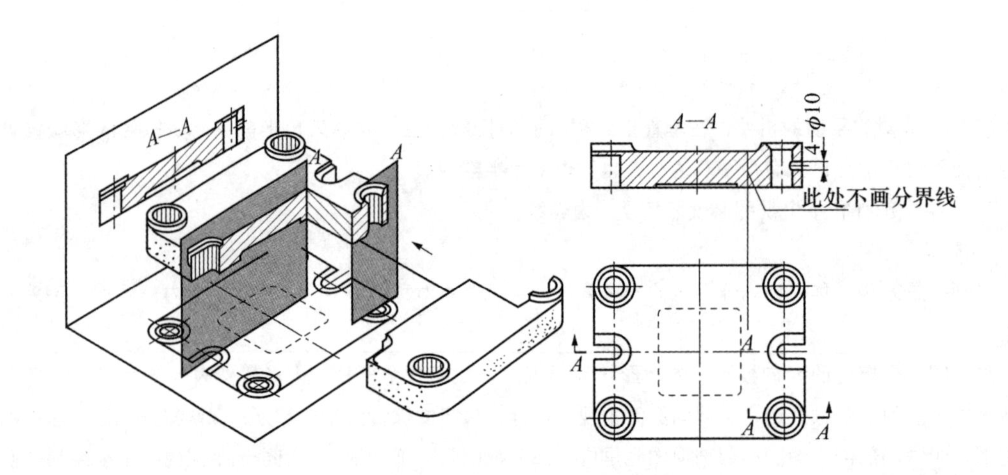

当机件内部结构的中心线排列在两个或多个互相平行的平面内时，一般可以采用阶梯剖视。画阶梯剖视时，应注意以下几点：

（1）为了反映孔、槽内部结构的实际，几个剖切平面应互相平行，并且平行于同一投影面。

（2）在两个剖视的连接处，不能画分界线。因此，要恰当选择两剖视连接的位置，避免在剖视图上出现孔、槽等结构的不完整投影。只有这些结构在剖视图上有共同的中心线时，才可以各画一半。这时，点画线就是分界线。

（3）阶梯剖视一般需要标注，但当剖切平面的位置明显时，也可以不加标注。

5. 旋转剖视图。

下图是一个法兰盖，它均匀分布在四周的圆孔和中间的阶梯孔都需要剖开表示，前面提到的集中剖视图都不宜采用。但如下图那样，用相交于法兰盘轴线的侧平面和正垂面去剖切，并将位于正垂面上的剖面围绕轴线旋转到和侧面平行的位置。这样画出的剖视图，就能把不同的孔清晰地表达出来。这种用两个相交的剖切平面剖开机件，并把倾斜的剖面旋转到与选定的基本投影面平行后所画出的剖视图。叫做旋转剖视图。画旋转剖视图时，应注意以下几点：

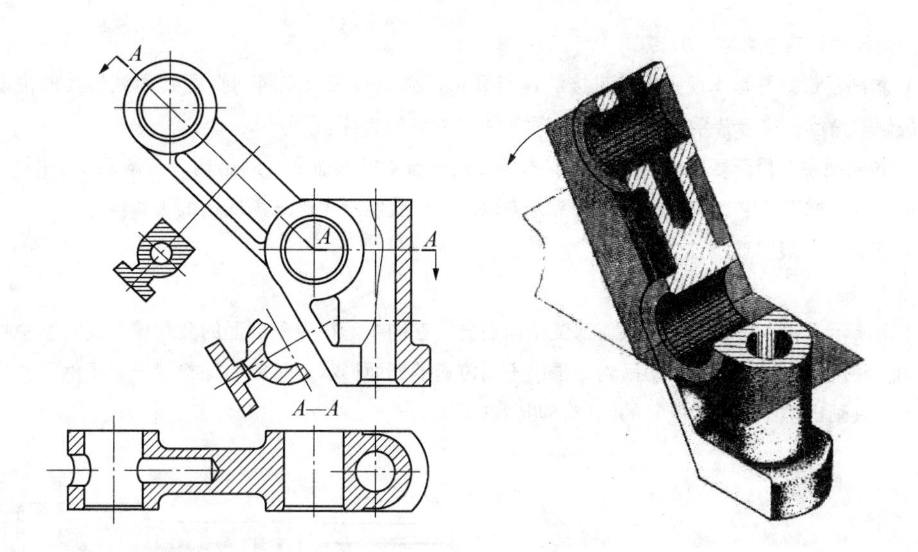

（1）剖切平面的交线一般应与机件上的旋转轴重合，这样画出的剖视图才不会失真。

（2）斜的剖面必须旋转到选定的基本投影面平行的位置，使投影反映实形。但剖面后的结构，一般应按照原来的位置画它的投影。

（3）旋转剖视一般需要标注，剖切位置的转折用一段粗实线的折线表示，并且注上相同的字母，当剖切平面的位置明显时，也可以不加标注。

6. 斜剖视图。

下图是机油尺管连管，其结构特点是，基本轴线是正平线，和底板不垂直。为了清晰地表达管端的螺孔和槽的结构，必须剖切。如果用投影面平行去剖切，管壁的剖面是椭圆的，不宜采用。如图，用垂直于管轴的正垂面作为剖切面，然后向和它平行的新投影面投影，就能得到满意的剖视。这种用垂直于管轴的正垂面剖开连管所画出来的剖视图，叫做斜剖视。

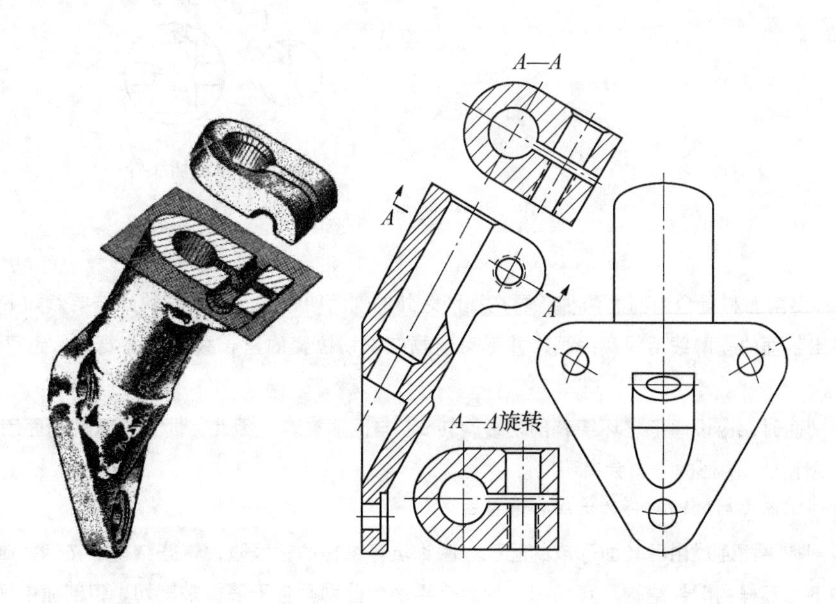

画斜剖视时，应注意以下几点：

（1）斜剖视最好与基本视图保持直接的投影联系，必要时可以将斜剖视画到图纸的其他位置，而保持原来的倾斜角度，或者转平来画，这时必须加注“旋转”二字。

（2）斜剖视主要用于表达倾斜的结构。机件上凡与基本投影面平行的结构，在斜剖视中不反映实形。一般避免表示。如下图中，按主视图上箭头方向取剖视，就能避免画三角底板的失真投影。

（3）斜剖视一般需要标注。

7. 剖面图。

如下图所示吊钩，它的剖面形状随部位不同而异，在图中怎样表示剖面的变化情况呢？图中画出了一个主视图，并用几个剖切平面剖切吊钩，画出不同位置的剖面形状，吊钩的结构就一目了然了。这种假想切断吊钩，只画出切口的形状投影的图形，叫做剖面图。

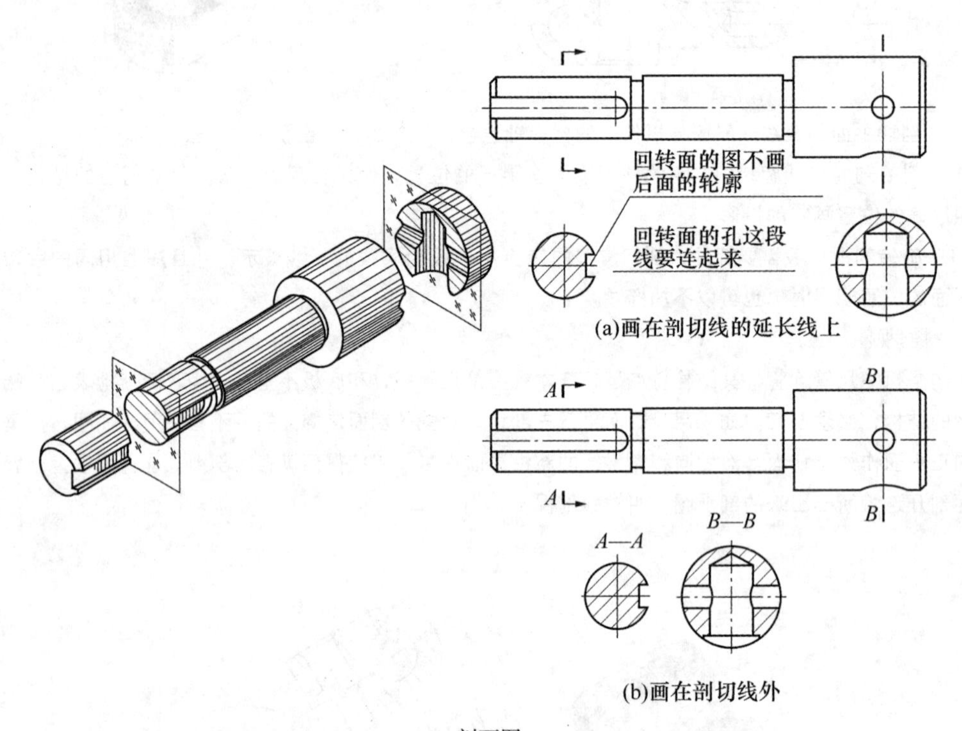

剖面图

剖面分移出剖面和重合的剖面两种。画在视图之外的剖面叫移出剖面，它的画法要点如下：

（1）移出剖面的轮廓线用粗实线画，并尽可能画在剖切位置的延长线上。必要时，也可以画在图纸的适当位置。

（2）画剖面时，应设想把它环绕着剖切线旋转 90°与图面重合，因此，同一位置的剖面因剖切位置线画在不同的视图上，图形的方向会有不同。

（3）剖切平面应与剖切部分的主要轮廓垂直。

（4）当剖切平面通过由回转面形成的圆孔、圆锥坑等结构的轴线时，这些结构应按剖视画出来。

（5）如下图那样的零件结构，可用相交的两个平面，分别垂直于筋板来剖切，但剖面中间应断开。

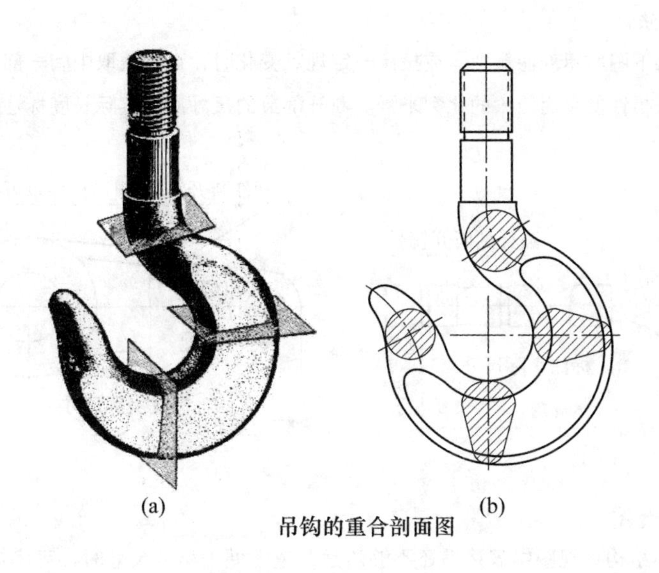

(a) (b)

吊钩的重合剖面图

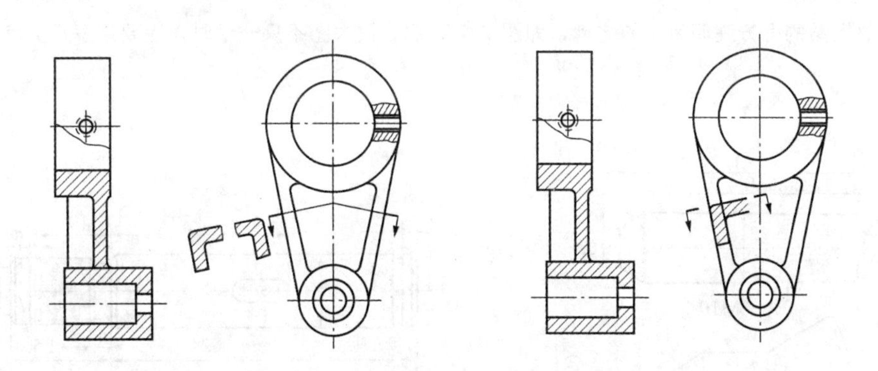

(6) 剖面的标注方法：

第一，画在剖切线延长线上的剖面，如图形对称，只需要画点画线表明剖切位置；如不对称，则需要用粗实线表明剖切位置，并用箭头表明投影方向。

第二，不是画在剖切线延长线上的剖面，当图形不对称时，要用带字母的两段粗实线标明剖切位置，并用箭头表示投影方向，而在剖面的上方表明相同的字母；当图形对称时，则可以省略画箭头。

(7) 重合剖面。剖开后绕剖切位置线旋转并重合在视图内的剖面，叫重合剖视。重合剖视的轮廓线用细实线来画，剖面轮廓线与轮廓线的重合部分，按视图的轮廓线画，不应中断，只有当剖面不对称时，才标注剖切位置线和箭头。

重合剖面适用于不影响图形清晰的场合，一般多用于移出剖面，但重合剖面部位清楚，实感型好些。

四、其他表示方法

除了上面所介绍的一些表达方法之外，画图时，还可以根据不同的机件结构，选择以下一些表达方法：

（一）断开画法

较长的机件，如下图所示剖面形状，或按照一定规定变化时，可以截取中间一部分，而将两端靠拢画出，如下图这样细长机件便可用较大的比例来画。断开部分的尺寸应按实际长度标注。

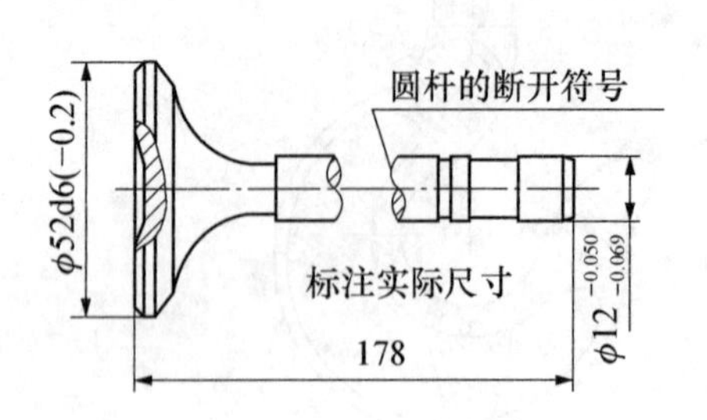

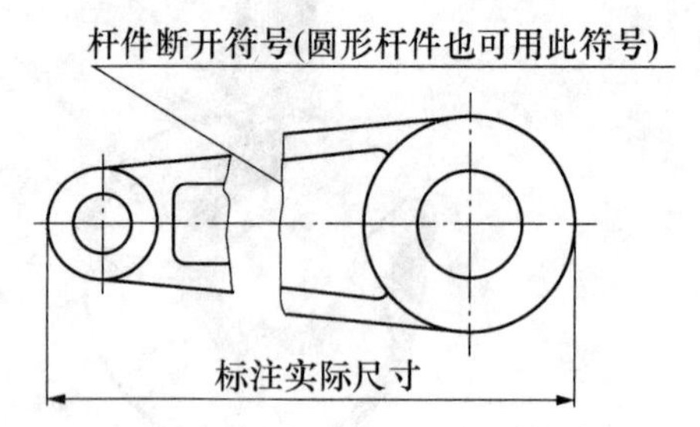

（二）局部放大图

机件上某些细小结构在视图中表达得还不够清楚，或不便于标注尺寸时，可将这些部分如下图所示那样画出，这种图叫局部放大图，局部放大图必须标注，标注方法是：在视图上画一细实圆，表明放大部位，在放大图的上方注明所用的比例，即图形∶实物。放大图不只一个时，还要用罗马数字编号，以便区别。

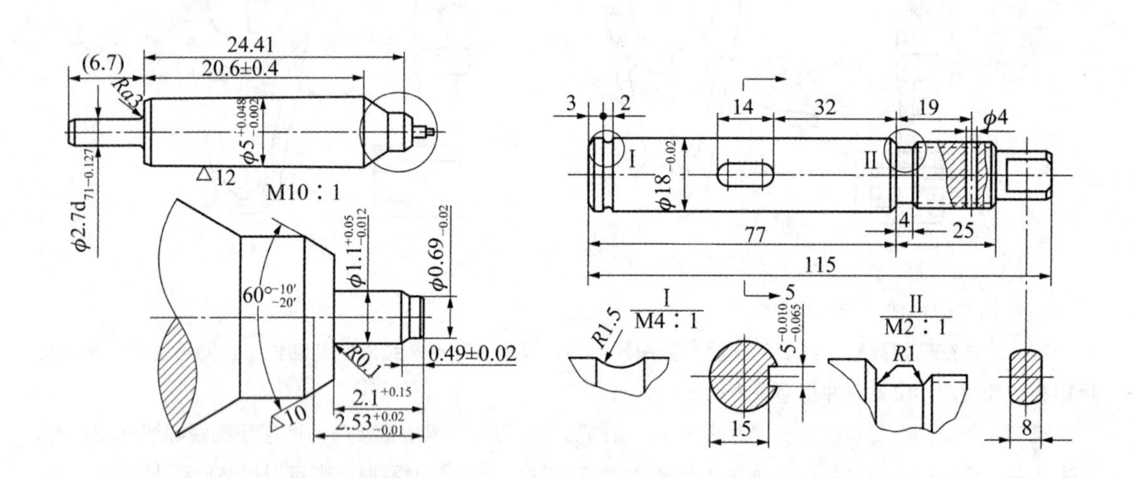

（三）结构要素的省略画法

机件上相同的结构要素，如按一定规则分布时，可以只画几个完整的要素，其余用细实线连接，或画出它们的中心位置，但图中必须注明该要素的总数。

（四）筋和轮辐的规定画法

机件上呈辐射状均匀分布的筋和轮辐，在剖视图上按对称的形式画出，如剖切平面通过筋和轮辐的基本轴线，或沿着厚度方向通过它们的对称平面剖开时，在筋和轮辐的剖面内部画剖面符号，只画出它们和机件连接部分剖面的分界线。

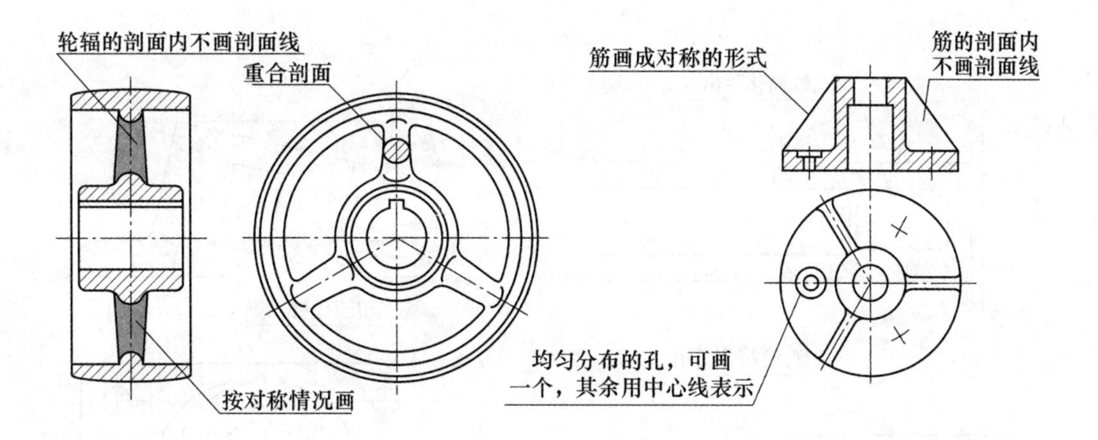

（五）均匀分布的孔和对称图形的规定画法

呈辐射状分布的筋和孔没有被剖到时，在剖视图中应按照下图来画，孔的布置情况在其他视图中表示，或画成图样，对称的图形可按大于或等于一半画出。

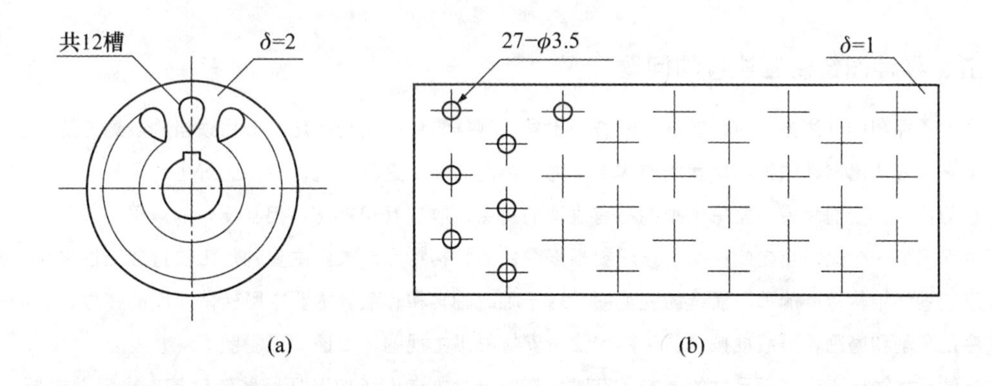

(a) (b)

（六）某些相贯线和椭圆的简化画法

机件上比较细小结构的相贯线、过渡线在不影响真实的情况下允许简化画出，如下图，与投影面倾斜角度小于或等于30°的圆或圆弧，视图上允许用圆或圆弧代替椭圆或椭圆弧。

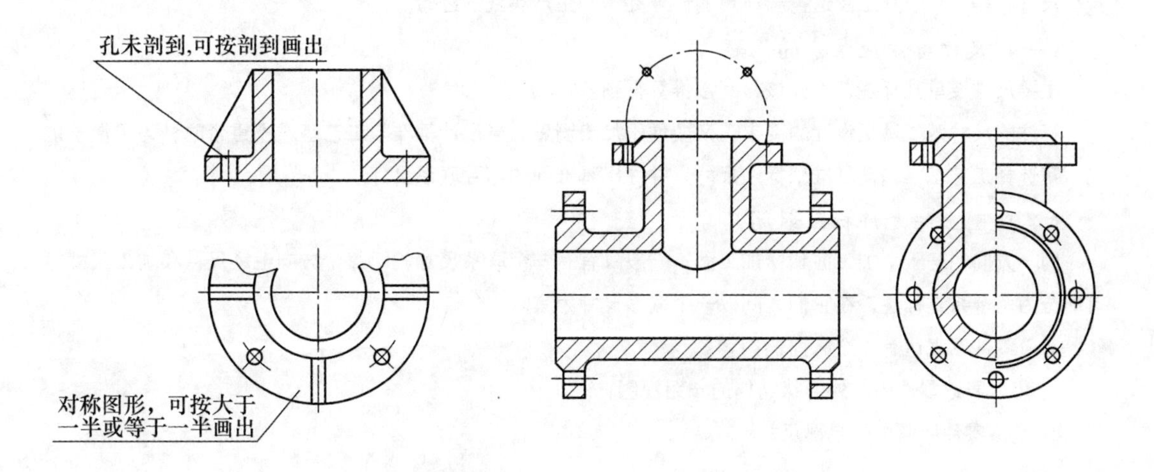

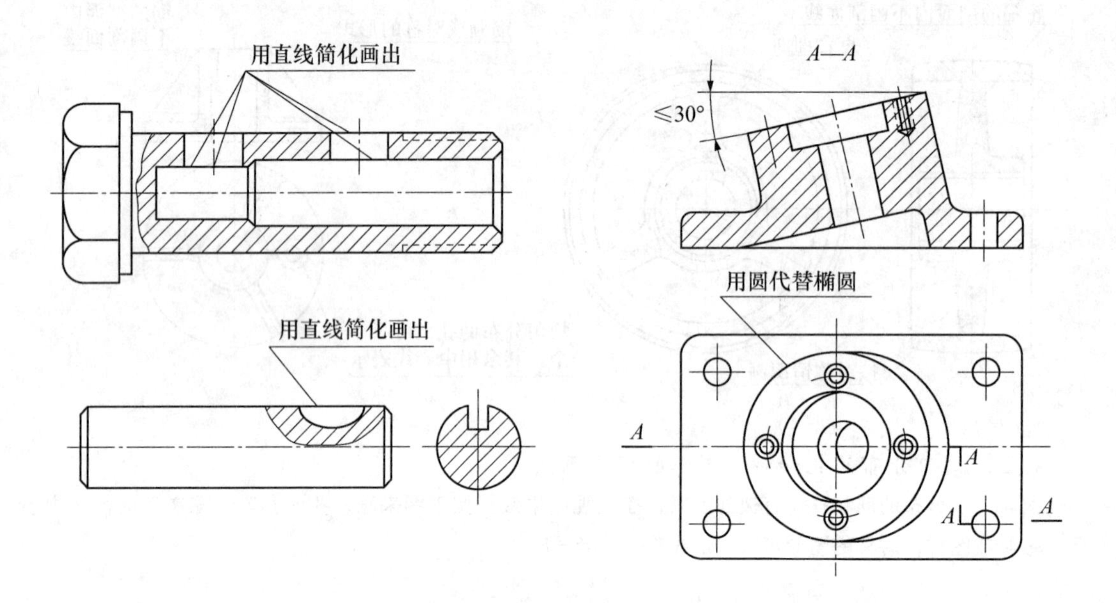

五、零件图绘制应注意的问题

考虑零件图的表达方案时，要从看图方便出发，根据零件的结构特定，选用适当的表达方法，在完整而又清晰地表达出零件的结构形状的前提下，力求绘图简便，这就是说，除了选好主视图外，还要结合内外形状的特点，全面考虑，使每个视图都有表达的重点，收到互相补充、相互配合的效果。

主视图是一个比较重要的视图，一般要根据零件的结构特点，放到主要的加工位置或工位位置，并把较能反映零件结构特点的那一面选为主视图。对于轴、轴套和轮盘等主要由回转体组成的零件，它们的主要工序是车削和磨削，一般便按这些工序的位置安排画出主视图，以便车工看图。

标注尺寸时应正确选择尺寸的基准，有时，在同一个方向上还要选择一些辅助基准，随着需要而定。长、宽、高三个方向的每个方向至少应有一个基准。设计时，根据零件的结构要求选定的基准，叫设计基准，零件的主要尺寸，一般从设计基准出发来标注；为了加工和测量而选定的基准，叫工艺基准，一般的机械加工尺寸，可以从工艺基准出发来标注。选择基准时，应尽量使设计基准和工艺基准重合，这样可以减少尺寸误差，易于加工。这需要一定的专业知识和生产实践的经验。

（一）尺寸标注应注意的问题

主要尺寸要单独标注，不应该靠间接推算得到。

标注的尺寸既要满足设计的要求，又要便于加工测量。当设计基准与工艺基准不重合时，为了便于加工，可选择工艺基准辅助基准来标注尺寸，并注出基准间的相互联系尺寸。

（二）图上的允许标注封闭尺寸

同一方向的若干个加工面和给加工面，一般只宜有一个联系尺寸，即每个方向毛坯尺寸和加工尺寸尽可能分为两个系统标注，在它们之间以一个联系尺寸为宜。

普通零件图表达有 4 个方面的内容：

1. 用以表达零件内、外形状结构的一组视图；

2. 制造零件所需要的全部尺寸；

3. 表达零件在制造和检验中应达到的技术要求，如产品表面的粗糙度、尺寸公差、形位公差、材料热处理、表面处理产品检验以及其他要求；

4. 注明零件名称、数量、材料、图样比例及图号等内容，零件图的视图选择。

六、装配图

（一）装配图的基本内容

工业产品和部件都是由若干个零件按照一定的装配关系和技术要求组合起来的，表达产品和部件的关系的图样，叫做装配图。装配图主要表达产品和部件的结构、形状、装配关系、工作原理和技术要求，是安装、测试、操作、检查产品和部件的重要参考依据。

装配图内容包括：

1. 用来表达该部件的工作原理、装配关系、连接方式和主要零件的结构形状。

2. 一组用来表示产品或部件的规格、性能、装配、安装尺寸、总体尺寸和一些重要尺寸。

3. 用文字说明产品或部件的装配、安装、检验和运转的技术要求。

4. 用以说明零件的序号、名称、数量、材料等有关事项的明细表和标题栏。

（二）装配图上的尺寸标注

1. 规格（性能）尺寸：表示产品或部件的规格、性能或主要结构的尺寸，它们往往是设计时的主要参数。

2. 装配尺寸：表示零件之间的配合性质尺寸，一般用公称尺寸加以配合代号表示。

3. 相对位置尺寸：表示零件和零件或部件和部件之间的比较重要的相对位置尺寸。

4. 外轮廓尺寸：表示产品或部件所占空间的总长、总宽、总高等总体尺寸。

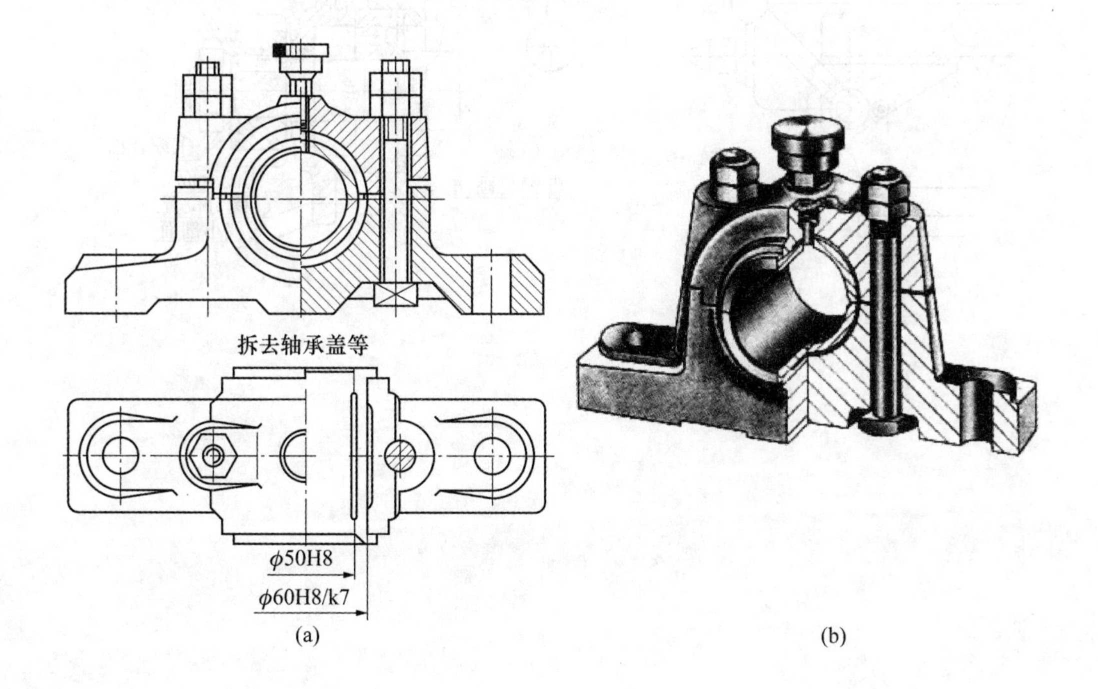

(a) (b)

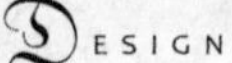

5. 安装尺寸：表示产品安装尺寸或部件安装在产品上所需要的尺寸。

6. 其他重要的尺寸：如重要零件的定位尺寸，运动零件的基线位置尺寸，通过计算得到的重要尺寸，以及部位尺寸等。所谓部位尺寸，即沿着某个轴线方向装配一系列的零件时，为了便于检查装配质量，在这个方向上标出每一个零件占有的位置尺寸。

以上几种尺寸，可根据装配的类型和用途等情况，选择标注。工业设计专业的同学要求能看懂有以上标注的装配图，能绘制下图所示装配图。

（三）装配图的特殊画法

为了清楚地表达部件的结构关系，针对各种部件的特点，还规定了以下一些特殊的表达方法：

1. 沿接合面剖切或拆卸画法。为了表达装配零件内部或后面的部件的装配情况，在装配图中，可假想沿某个零件的接合面选取剖切平面，或假想沿着某个零件拆卸后绘制，并标注“拆去××零件”。

2. 假想画法。为了表达某个零件的运动极限位置，或部件与相邻部件的相互位置，可用双点画线画出其轮廓。

3. 简化画法。在装配图中，零件的工艺结构，如倒角、圆角、退刀槽等，均可不画出。装配图中的标准件可采用简化画法，而且若干个相同的连接件，如螺栓，可只画出一组即可，其余用点画线表示出固定位置。

4. 夸大画法。在装配图上，对薄垫片、小间隙、小锥度等，允许不按实际尺寸比例画出，而将其适当夸大，以便于画图和读图。

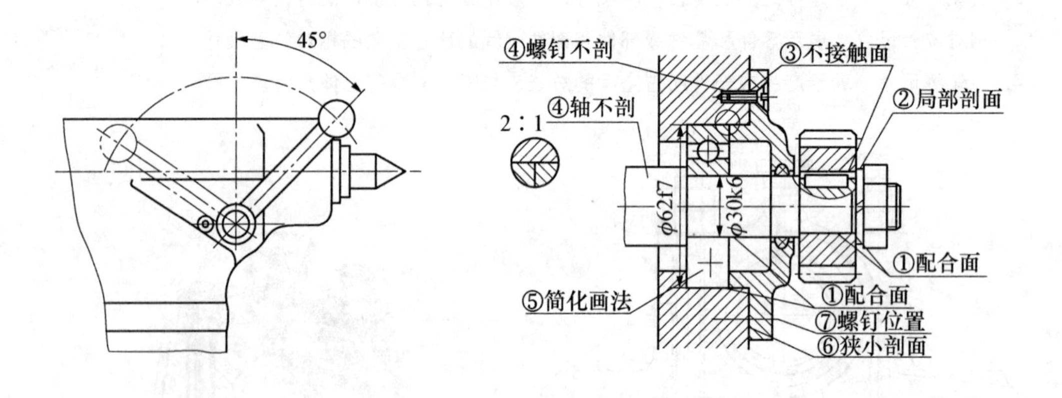

第六章 单元空间模块整合设计方法

产品设计一直是工业设计研究的主要内容。产品设计包括产品形态设计和产品文化元素设计两大方面。实现产品使用功能是产品形态设计的主要目标，而产品形态设计是融入产品文化元素的载体，在产品设计中，抓住产品形态设计的问题，产品设计中的其他问题就会迎刃而解。

在知识爆炸的当今，一个产品往往需要多种技术的支持，因此，设计主体由原来的个体转向多专家组成的团队，人们的对产品设计者的崇拜转向了对品牌的崇拜。在现代产品设计中，各类设计师在技术分类的基础上完成本专业的工作，形成系统单元空间；工业设计师通过与专业设计师交流和沟通，将来自各系统的单元空间模块，通过人机工程标准考察及和谐的文化元素的融入，按照技术要求构架或整合为产品整体形态。

第一节 产品单元空间模块

对有使用要求的产品来说，产品的功能主要有使用功能、文化功能、情感功能等几个方面，与一般装饰产品不同，实现产品使用功能始终是产品设计要解决的主要问题，而产品形态则是实现产品使用功能的主体。通过对产品功能的细分，找出实现基本功能目标的基本单元结构。

产品功能的细分和基本单元结构是由工程师实现的。形成产品基本结构有以下几种形式：

1. 由支撑件组成（支撑杆、板、框架、线路板等）；

2. 参与必要的单元空间（使用空间、安装调试空间、散热空间、机构运行空间、连接和固定空间等）；

3. 机构（四杆机构、齿轮系、涡轮蜗杆机构等）；

4. 连接件。

在设计中，单件称为零件，两个以上零件称为铰链，两个以上单元结构连接件称为构件。现代产品设计中，连接构件大量的使用，使之成为产品形态设计中不可缺少的内容，并对产品整体形态产生影响。下图表示了产品结构分类。

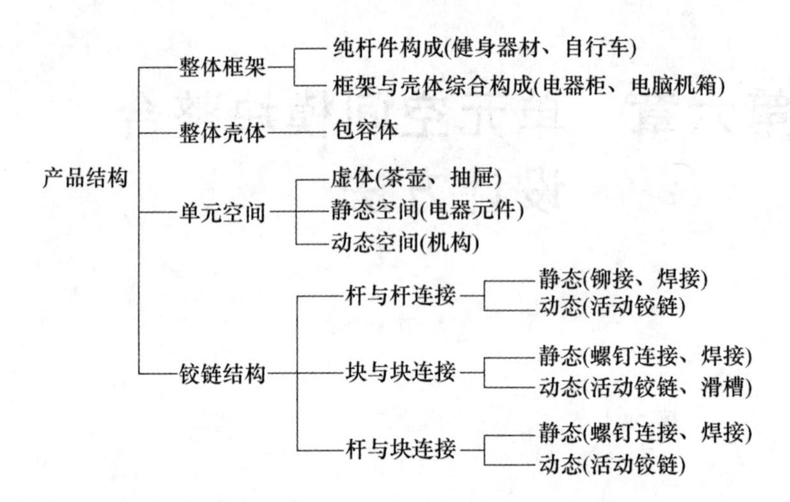

一、整体框架结构

当一个产品由多个零构件组成时，必须有一个支撑件形成产品固有的形态。当产品总体基本上是由框架结构形成时，该产品属于框架结构。

1. 纯杆件结构构成的产品，如自动升降晒衣架产品、自行车产品、健身器材等。

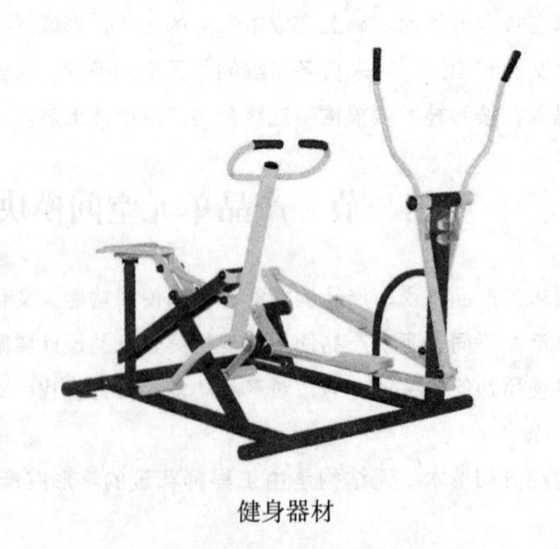

健身器材

2. 框架与板件构成的产品，担负固定和承载零件的作用，同时担负和承受小型元器件构成作用，如声音调节器等产品等。

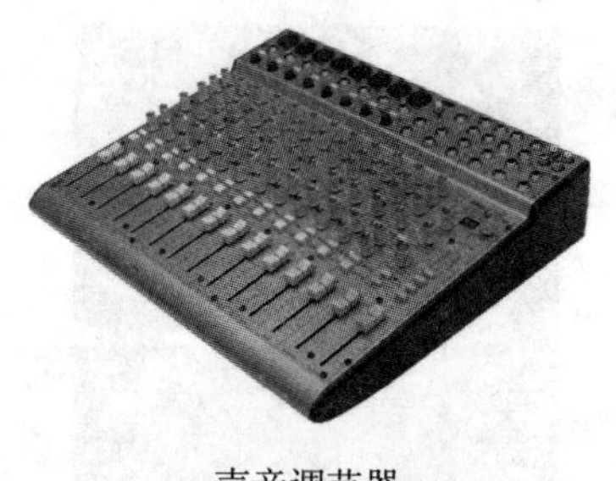

声音调节器

3. 纯包容结构的产品主要由板件包容整体，如圆球造型桌、茶壶等产品。

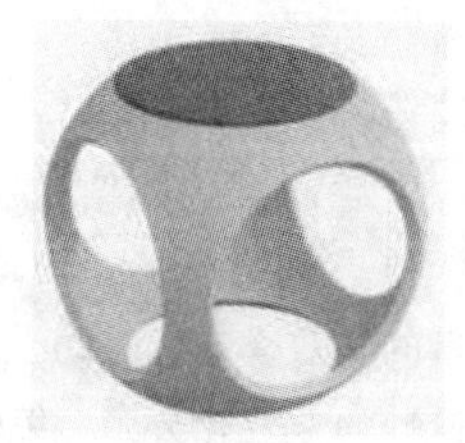

圆球造型桌

茶壶

4. 单元空间包括实现基本功能的元器件占有的空间和散热空间、机构运行空间和安装调试空间等。当单元单元空间达到最小体积时，就是产品的单元空间模块。单元空间模块是产品形态构成的基本单位。多技术组合的产品需要多个单元空间模块的整合，才能实现产品预期功能；单元空间是完成一个基本功能的单元空间，有时一个单独功能形成的单元空间也可以自成一个产品，如烟缸等产品。

烟缸

5. 随着科学技术的发展，连接构件在产品形态设计中的应用越来越广泛。连接构件可用于杆件与杆件的连接、块与块的连接、杆件与块的连接。连接方式又可分为固定连接和动态的连接。从现代手机形态发展中，可见连接件对手机机形态的影响：直板手机—上翻盖手机—180°旋转翻盖，平面旋盖手机360°—直滑翻盖手机——520°旋转翻盖，单翻盖手机—双翻盖手机—双滑翻盖手机，等等，无不显示不同方位的连接、不同形式的连接，可以创造出无穷无尽变化形态，给我们带来不同的感受。

平面360°旋转手机

二、单元空间模块分类

采用单元空间模块整合设计方法体现了专业人做专业事的高效模式，有助于工业设计整体规划产品形态合理设计，产品单元空间模块整合设计方法规范了产品设计的专业化分工，缩短了设计周期，降低复杂产品形态设计的难度，提高了产品的人机环相容度。

在产品设计中，各专业设计师完成本专业的原理设计和相应的元器件配置后，提供单元空间输入和输出的端口或条件，工业设计师首先要确定单元空间的最小尺寸，形成模块；根据实现产品功能预期，顺序连接各个单元空间模块，将各个单元模块按照美学法则和人机交互规范整合为产品总体形态。

单元空间模块按动静状态分，可分为单元静态空间和单元动态空间；按照专业分类，可分为电元器件空间、液压空间和机构空间等；按照形态空或实分，可分为实空间和虚空间。

1. 静态单元空间和动态单元空间。

手机产品设计中，电池本身就是一个单元空间模块，是典型的静态单元实空间，经过标准化后，形成单元空间模块。电风扇叶轮和防护罩形成的是动态单元空间，该空间包括叶轮、罩、心轴占有的空间，重要的是要预留叶轮旋转的空间。

静态单元空间

动态单元空间

2. 电元器件空间、液压空间和机构空间等。

电器单元空间

机构单元空间

3. 内、外实空间和虚空间。

产品形体是实现产品使用功能的载体，有时产品的功能需要通过产品的外形虚、实体部分来实现，这就是产品外形实虚构成。在产品形态设计中，虚体是指产品形态中透明或镂空的部分；实体是指产品形态中拥有不透明封闭空间的部分。虚体在视觉上给人以通透、轻巧的感觉，如单打孔机的冲孔处、小凳子下部悬空等部分，都采用了虚空间的手法。而实体部分在视觉上给人以厚实、重量感，打印机的下部外壳用不透明材料封闭的空间、单打孔机的不透明壳体封闭的空间、支撑人坐姿的不透明开放壳体的小凳等，则采用了实空间手法；产品外形凸、凹、虚、实空间构成最能打动人，从而影响产品整体形态的效果，如开放式衣橱、书架等。在产品设计中，一些使用功能需要通过产品的内虚空间来实现，如封闭的电冰箱的内部使用空间、衣柜内部使用空间等，处于封闭的内虚空间在产品外形上仍为实体。所以，产品的内部空间也有虚、实之分，与产品外形实虚体不是一个概念。

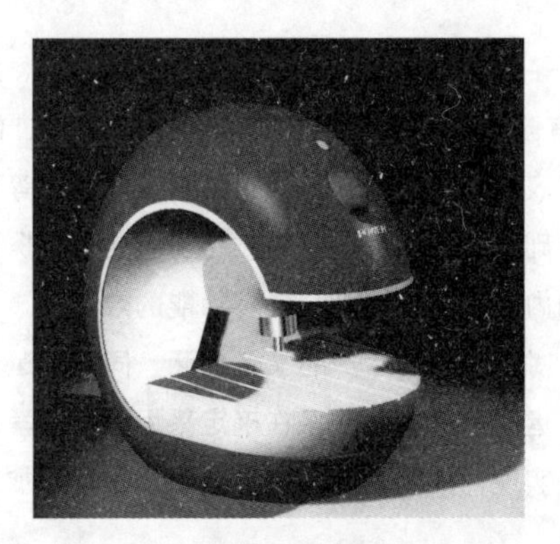

外凸内凹单打孔机

内虚空间的小冰柜

第二节 单元空间模块构成法

一、产品形态设计

产品设计包括原理设计、形态设计，形态设计主要指结构设计。

产品形态设计包括两个方面的内容：一是产品的结构形状；二是传达产品的情感和文化。在产品设计中，一部分产品强调设计的使用功能，淡化产品的文化效果；一部分有社会基础、使用成熟传统技术的产品，则强调产品的人文效果。单元空间模块整合方法是基于传统设计方法发展过来的，传统的设计方法能够驾驭类似烟缸、茶杯这样单空间产品的设计，而面对多功能、多技术产品的设计，传统的设计方法则显得苍白无力。单个单元空间是多个单元空间的特例，因此，单元空间模块整合设计方法适用于产品设计的两种形式。

X 光透视仪

每个产品概念的诞生，都有它特有的目的，只有实现了产品设计预期，设计才能形成价值，只有当设计的对象与经济发展密切相关，设计才能被社会认可。有些产品具有结构复杂、生产批量大、制造难度高，强调产品使用功能的产品设计，如机械设备、仪器仪表、家用电器、通信设备、医疗器械等产品，对这样的产品，应首先考虑实现产品的使用功能，在这个基础上，再根据产品的文化功能要求，探讨合适的美学法则进行形态修饰，以传达设计文化、情感等方面的内涵，或强调产品使用功能的效果。

由于各个产品的设计目的不同，其功能偏向也不同。对于强调传达产品文化内涵，同时能运用传统制造方法实现的产品，可从传达产品文化、情感角度出发，运用形态美学法，在确定采用哪种美学法则最能确切表达其设计目的后，再选择相应的材料和加工工艺来实现，如陶瓷制作、玻璃制造、家具加工等。

二、传统产品设计方法分析

功能分解法和问题归类法是产品设计中常用的方法之一。功能分解法是通过功能的归类分解，细化设计目标，提高设计明确度；问题归类法用以对于复杂问题进行分析，找出类似问题，并按类归纳，对同类问题使用一种方法解决，提高效率。

1. 功能的分解模式。

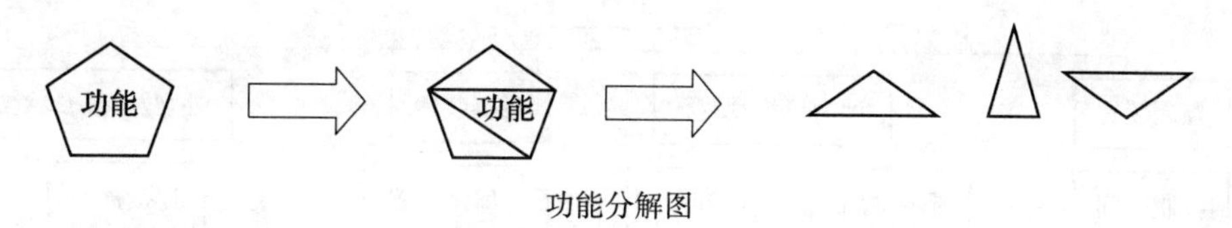

功能分解图

2. 问题归类的模式。

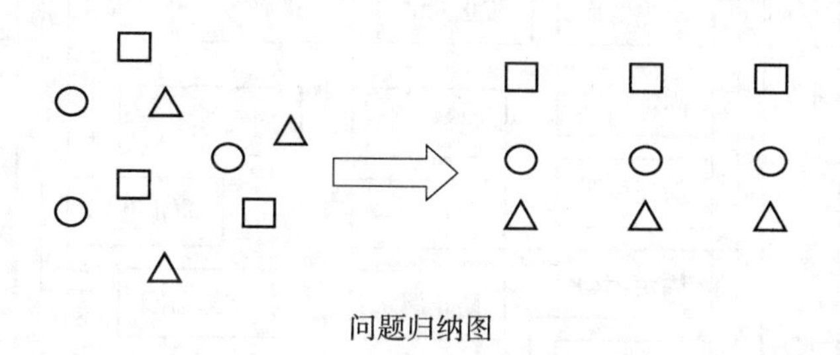

问题归纳图

3. 产品功能分解案例分析。

例1：吸尘器产品设计中功能分解。

产品总功能是吸尘，实现吸尘的方法有静电吸尘、真空吸尘和附着吸尘三种方法，不同的吸尘方法有着不同的工作原理。实现真空吸尘方法，主要由控制、集尘和动力三个功能来执行，通过电源插头、马达和扇叶实现动力功能；通过导杆、过滤网、吸头、集成空间实现集尘功能；通过把手、开关、尘量指标和除尘实现控制功能。

产品总功能分解为各个分功能时，首先按实现产品总功能的技术和方法分类，然后由专业设计师在系统内进一步细分，在实现每个细分功能的基础上实现产品的总功能。

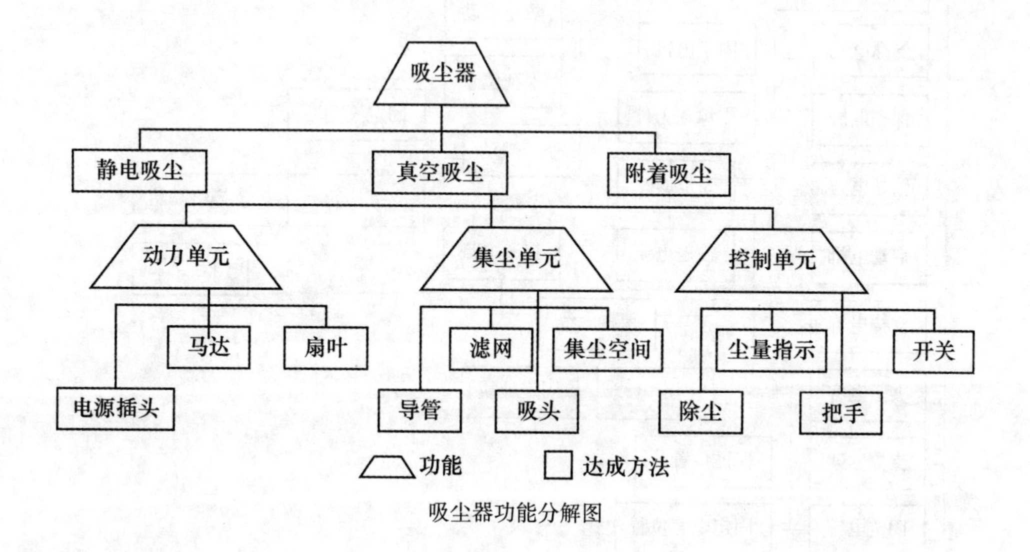

吸尘器功能分解图

例2：洗衣机功能分解。

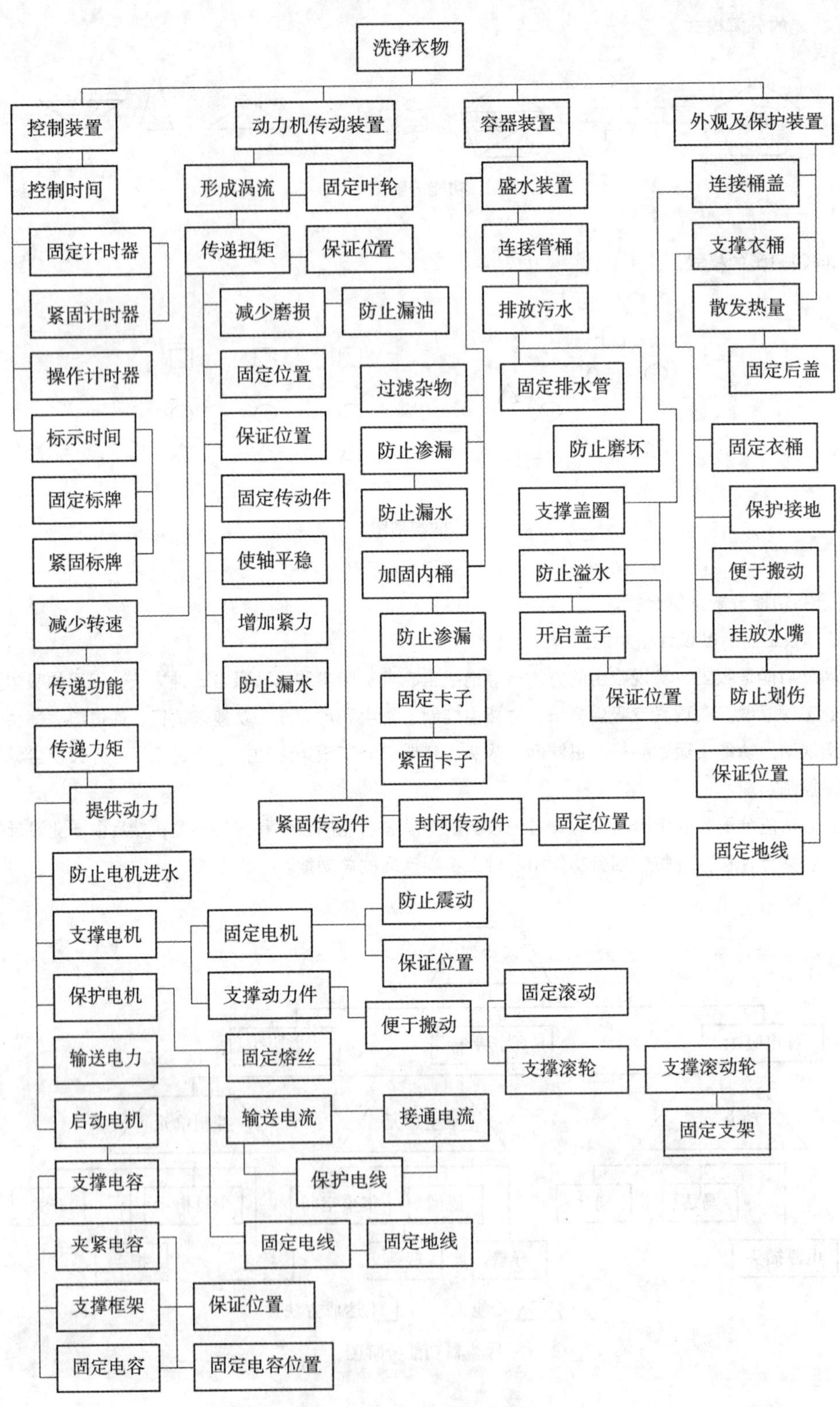

洗衣机的功能系统分解图

实现洗衣总功能需要有控制功能、传动功能、容器功能和外观保护功能四个基础功能支持，通过专业设计师在这四个方面进一步功能细分。如外观保护功能的实现，需要考虑连接桶盖、支撑衣桶和热量散发三个功能；热量散发考虑通过后盖固定来解决；支撑衣桶功能需要考虑衣桶固定。注意接地保护、便于搬动、水嘴挂放功能，水嘴挂放方式应注意防止划伤；连接桶盖功能需要注意支撑盖圈、防止溢水和后盖开启功能，后盖开启注意开启到位；可以说，洗衣机功能细分是通过使用程序的逻辑化展开和新问题的提出。针对最后基本功能目标设计相应的装置，形成单元空间模块，再将单元空间模块进行多方案的整合，确定最佳方案。

产品功能的分解，可以模拟产品使用逻辑程序展开，也可以按照设计技术要求展开，或者由系统问题的剥离形成。只有这样，才能使设计方案严谨不漏，为实现设计目标打下基础。

4. 模块整合案例分析。

例 1：吸尘器结构整合。

通过吸尘器功能分解，形成 3 个基本构件：电动机、吸尘箱和连接气管的吸尘口。排除不合理的构成形式和不可能出现的形式，通过优化后，单元空间整合后形成最佳 10 种形式。

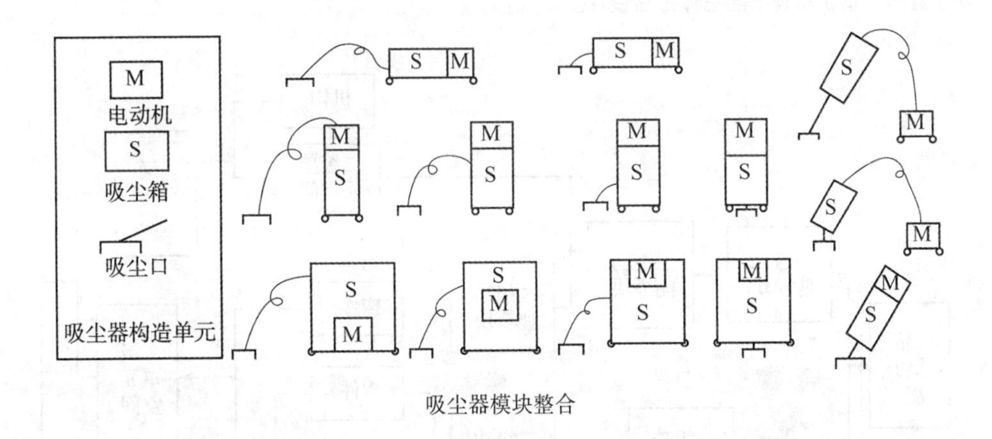

吸尘器模块整合

例 2：汽车模块整合设计。

车设计的基本单元有 4 个：驾驶座、客货车厢、发动机和车轮。排除原理和结构不合理部分，目前最佳车构成的方案有 11 种。

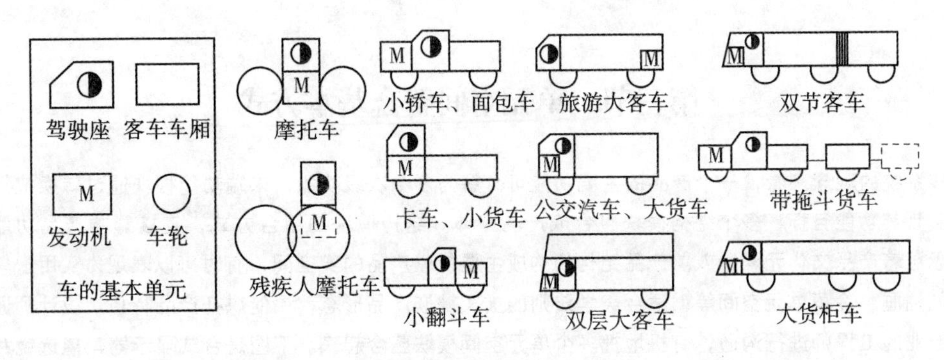

汽车模块整合

将产品的总功能化整为零，分级处理，可以将问题分解，各个击破，降低实现的难度。针对各个分解后单一的功能设计相应装置，在这些装置所拥有的相应的空间，进行不同形式的整合，就可以实现设计预期。

上述产品设计的方法即为产品单元空间模块设计方法，是功能到形态的设计过程方法。这种方法的要点是：（1）确定产品的主要功能；（2）分解主功能为多个子功能的组合；（3）对已有的子功能按三种二级功能块展开，然后在确保实现产品总功能的同时，根据结构逻辑顺序，组成多个产品总体形态；（4）选取最佳可行的方案。

5. 单元空间模块整合设计方法。

通常这类产品的总功能需要分解为不同层次的各个分功能块，这些分功能模块都有具体、明确的目的，运用现代技术，通过各种构件、电器元件、机构来实现每个功能模块的目的，形成最初的结构单元空间，将这些初建的结构单元空间，通过整理、修正，便形成不同层次的单元空间（模块），最后将这些单元空间依据实现功能的逻辑顺序进行组合，便形成最初的产品雏形。当然，功能逻辑顺序会有多种，选择不同的功能逻辑顺序整合单元空间模块，就会有不同的产品整体形态。通过结构优化评判和形态修正，最终可确定最佳方案，实现产品总体形态设计。

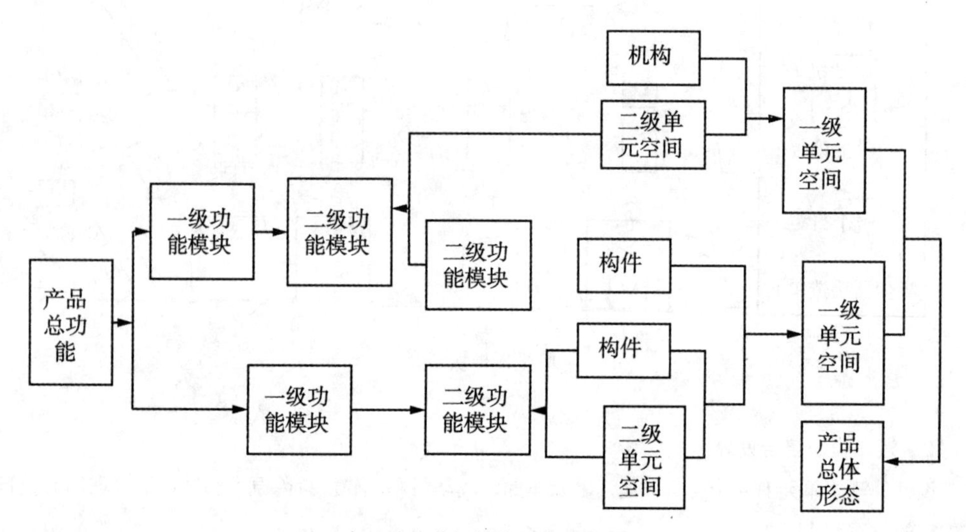

产品功能分解模块整合示意图

第三节 单元空间整合基本方式

按系统的观念来看，一个产品的主要功能可分解为多个次级功能，末端功能模块通过转换成结构模块来实现其功能目标，多个结构模块整合成产品整体。结构模块的组合方式，直接影响产品功能的实现，承载着产品文化元素融入。产品结构的构成主要依赖产品的实空间，有时可以表现为实用虚单元空间，如抽屉、冷藏单元空间等；适合美学法则的虚实镶嵌产品形态，更能烘托产品特色。设计师通过与相关专业的工程师进行沟通，有机地把多个单元空间模块整合起来。下图是台式显示器、望远镜和控制台整合示意图。

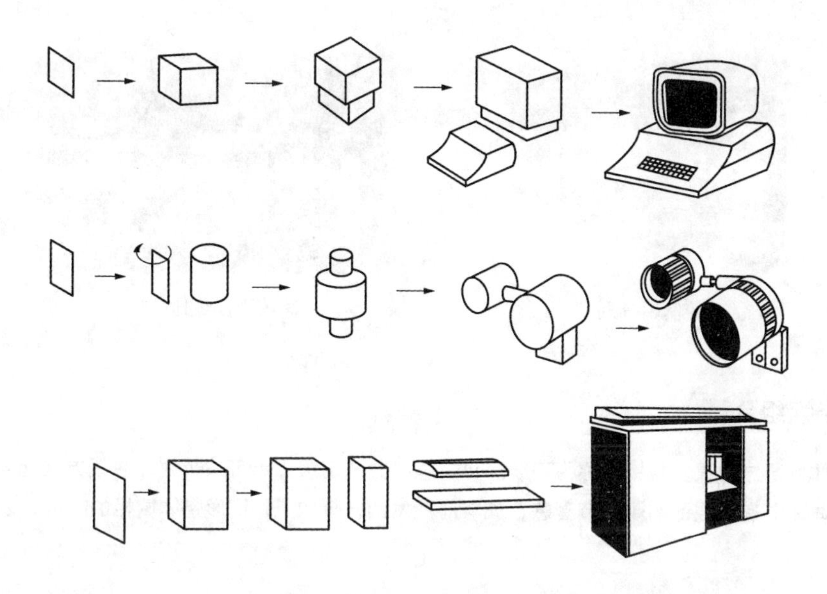

将多个单元结构模块构成产品总体形态的手法称为整合，单元空间模块基本整合常见方法有以下七种：

一、堆砌组合

形态由下至上地逐个平稳堆放在一起，构成一定的形状，叫做堆砌，如堆砌组合书柜的面板与机柜的构成，老式电话座机听筒与机体的构成。

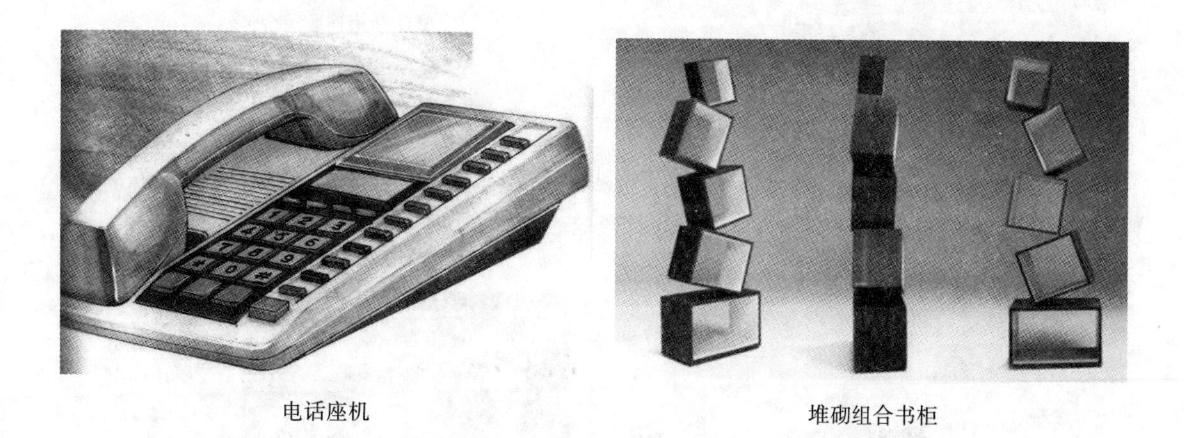

电话座机　　　　堆砌组合书柜

二、接触组合

形体的线、面在水平方向相互结合，叫做接触。按形体间接触元素性质的不同，接触又分为面接触和线接触，如控制室设备及控制柜摆放设计，以及搁架设计。

控制柜排列

不规则排列搁架

三、连续组合

相同形体水平方向重复相接，称为连续。可按直线方式连续，也可按折线、弧线方式连续。连续的方式构成的形体，具有较强的韵律和节奏感，如客厅沙发的转折构成，U 形整体橱柜的构成，以及大型展台的形态设计。

沙发连续组合

整体橱柜连续组合

四、渐变组合

按一定规律减少或增加形体的某一几何量的连续，称为渐变。渐变的形体具有动感，而且形体的过渡作用明显，如渐变花台的设计，客厅渐变式电视柜形态设计。

渐变花台

渐变小展台

五、贴加组合

在较大形体的侧壁上，悬空地贴附较小形体，叫做贴加组合。贴加形体的体量是依附与贴加侧面而支撑，贴合的形体失去稳定的概念，但立体整体的稳定性又取决于所有组合的单一形体体量的均衡，如复印机出纸盒的构成，测量仪器的贴合形体构成。

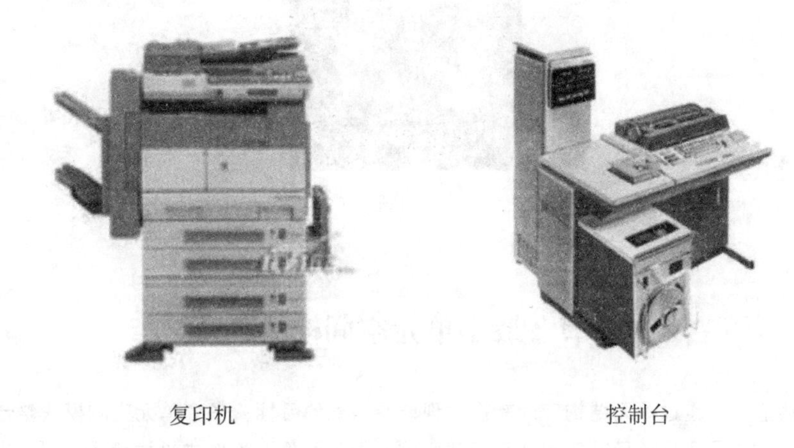

复印机　　　　控制台

六、叠合组合

一个形体的一部分嵌入另一个形体的某部分之中，称为叠合。叠合方式构成的形体，具有组合形体数量最少、立体构成凸凹多变、形象生动的视觉效果，如叠合小凳的形体设计，侧面翻盖形态摄像机设计。

开合小凳

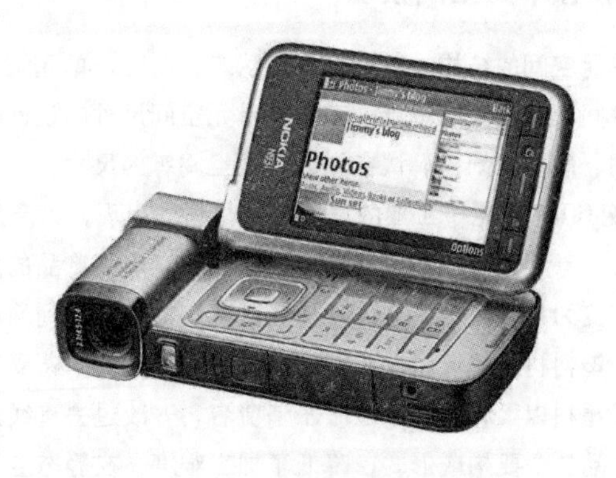

翻盖摄像机

七、贯穿组合

一个形体通过另一个形体的内部，称为贯穿。任意形体间贯穿，可按不同的方式和方位进行，贯穿各个面之间的交线视形体的复杂程度和方位的不同而不同，它们都是空间曲线或折线。过多的相贯交线对形体构成的线形关系将产生一定的影响，甚至破坏形体的美观，因此，要适宜地运用形体贯穿。

装订机

第四节 最小单元空间模块的确定

产品单元功能模块通过单元结构空间转换实现单元功能的目标；多个单元空间模块整合可以实现产品总功能。单元结构是实现单元功能模块目标的实体，由元器件、构件或机构组成，单元空间的尺寸取决于构件的大小和构成的形式，单元空间模块尺寸是最小单元结构尺寸，单元空间模块尺寸是构成产品总体形态的基础。实现单元功能目标的技术结构，有的是以固态的形式展开，如固定安装的电子元器件、线路板、电池等；也有的是以动态的形式展开，如实现传递运动的四连杆机构、齿轮机构、涡轮蜗杆机构等。依据单元结构的状态，可分为静态单元空间和动态单元空间，不同的状态空间尺寸有不同的计算方法。

一、静态单元空间模块

静态单元空间的结构一般处在固定状态，此时，单元结构空间最大尺寸就是静态单元空间的尺寸，是产品单元空间模块尺寸的基础；在静态单元空间尺寸的设计中，除了考虑结构的尺寸外，还要考虑元器件的安装空间、散热空间、调试空间、屏蔽空间等的尺寸。

20 世纪 60 年代电子工业的发展和新材料的出现，为产品外观造型设计打开广阔的空间，从电子显像管到晶体管、集成线路、集成块、芯片的变化，电子产品的体积迅速缩小，电子管时代 8 人合围、3 层楼高的手机，变为只有半个手掌大；曾经需要一幢小楼空间的计算机，现在只有一个手掌大，速度更快、信号更清晰；塑料材料的可塑、防震、轻、绝缘等性能，备受消费者青睐，也为设计师们施展才华拓展了广阔的空间，塑料以柔和的曲线征服了消费者，一改过去直线大平面的设计风格，静态空间的形态设计形式成为电子产品的主要构成形式，降低了加工难度，在静态空间设计中，设计师可以把自己大部分的精力放在优化产品形态设计方面，此时，形态静态空间尺寸直接取决于单元空间尺寸，为最小单元空间模块。与动态单元空间模块尺寸的确定相比，静态单元空间模块要简单些，但要考虑元器件的安装空间、散热空间、调试空间、屏蔽空间等的尺寸的预留。

二、动态单元空间模块

实现单元功能模块目标时，常采用机构技术来实现分功能目标，动态单元空间最小尺寸取决于单元机构的最大尺寸的计算。

产品的结构是实现产品功能的载体，每个功能块都会通过适当的技术或机构来实现其功能目标，当实现分功能目的是由机构来实现时，该单元空间即为动态单元空间。常用的典型机构有四杆机构，齿轮机构、凸轮机构、行星机构、链轮机构等，这里通过四连杆机构单元空间最小尺寸分析，探讨机构最大单元空间确定的方法。

（一）四杆机构

平面连杆机构是实现平面运动转换的机构，由四个构件组成的平面连杆机构称为四杆机构。平面四杆机构可分为铰链四杆机构和滑块四杆机构两大类。铰链四杆机构按其中的两个连架杆是曲柄还是摇杆，可分为三种基本形式：曲柄摇杆机构、双曲柄机构和双摇杆机构。

铰链四杆机构的两个连架杆中，如果一个是曲柄，另一个是摇杆，则称为曲柄摇杆机构。曲柄摇杆机构能实现以下两种运动转换：

1. 以曲柄为原动件，可将曲柄的连续转动转换为摇杆的往返摆动；

2. 以摇杆为原动件，可将摇杆的往返摆动转换为曲柄的连续转动。

若铰链四杆机构的两个连架杆均为曲柄，则称为双曲柄机构。双曲柄机构中的任一个曲柄均可作为原动件，由原动曲柄旋转带动从动曲柄旋转。

1. 若铰链四杆机构的两个连架杆均为摇杆，则称为双摇杆机构；

2. 双摇杆机构中的任一个活动件（摇杆或连杆）均可作为原动件，使两个摇杆均实现往返摆动。

3. 若四杆机构中含有移动副，则称为滑块四杆机构，简称滑块机构。其基本形式有曲柄滑块机构、导杆机构、摇杆机构和定块机构。

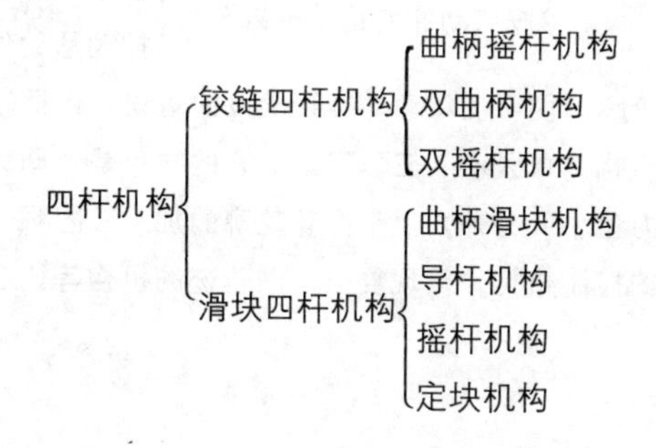

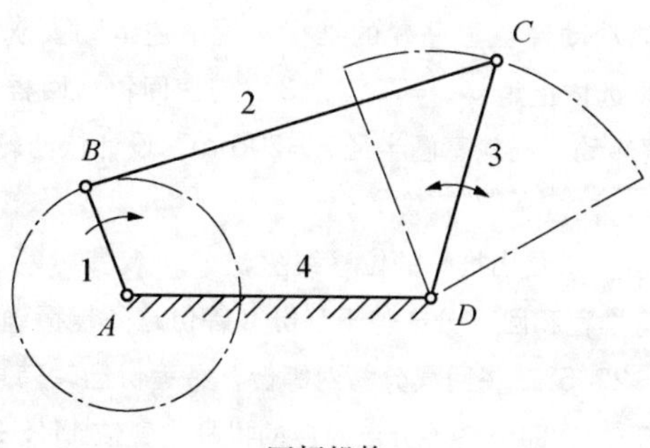

四杆机构

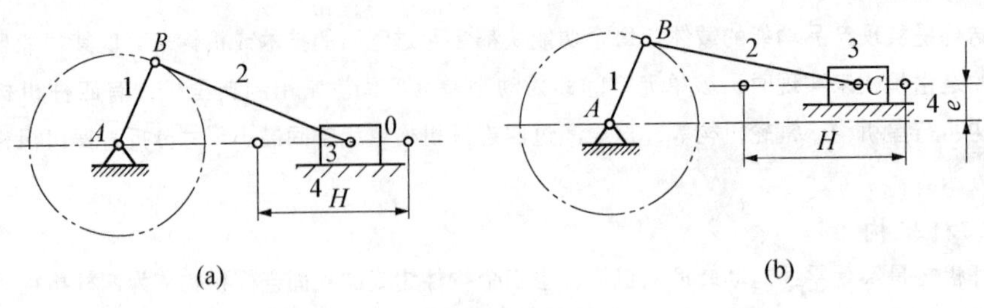

滑块机构

(二) 凸轮机构

凸轮机构一般由凸轮、从动件和机架三部分组成。

凸轮是一个具有曲线轮廓或曲线凹槽的构件，凸轮与从动件构成高副。凸轮通常是原动件，它作转动、摆动或往返移动，驱动从动件按预设的规律做连续或间歇的转动、移动或摆动。

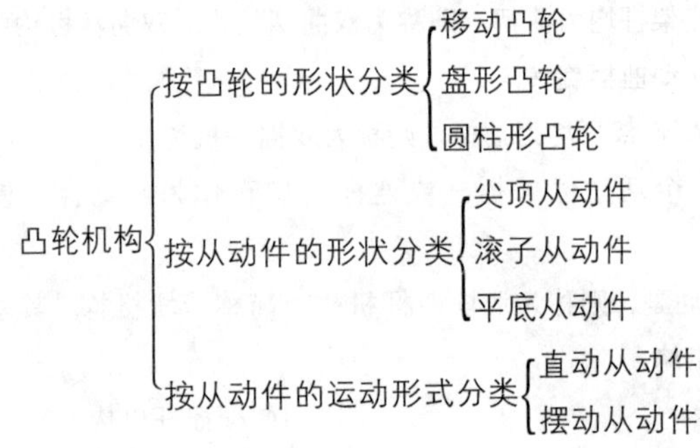

只需要设计出适当的凸轮轮廓，便可使从动件实现预设的运动，包括较复杂的曲线运动。与四杆机构比较，凸轮机构设计方便、机构简单紧凑、工作可靠。它的缺点是：凸轮与从动件是高副连接的点接触或线接触，易磨损，传递的力量小；另外，复杂凸轮轮廓的加工较困难、成本高。由于凸轮机构的特点，它广泛用于自动、半自动的控制机构，实现复杂运动轨迹的机构等，在玩具、娱乐设施中的应用也很常见。

例 1：简单凸轮轮廓的设计。

通常采用图解法进行设计。

设计要求：使对心尖顶直动从动件盘形凸轮的推杆实现下述运动要求：（1）匀速推程，推程 h=10mm。推程角 Φ_o=135°；（2）远休止角 $\Phi_s{'}$=75°；（3）匀速回程，回程角 $\Phi_o{'}$=60°；（4）近休止角 Φ_s=90°；（5）凸轮以匀角速度转动，凸轮基圆半径 r_o=20mm，设计该凸轮的轮廓。

凸轮轮廓的作用设计如下：

1. 以适当的比例尺度按题目要求画出推杆的位移线图。

在位移线图的横坐标上，将推程和回程分成若干等份（等份越多越精确）。现将推程分为 6 等份，每等份对应凸轮转角（135°/6 =）22.5°；将回程分为两等份，每等份凸轮转角对应（60°/6 =）30°，在横坐标上得到等分点 1，2，…，9，0，即为各等分点对应的推杆位置值 11′，22′，…，99′，00′。

以 r_o=20mm 为半径画出基圆，然后以 0 点为起始点，向顺时针的方向按位移图上各等分点的凸轮转角，依次画出径向线 01，02，…，09，并在径向线上依次量取 00′，11′，…，99′分别与位移线图上的位移相对，在图上得到 1′，2′，…，9′各点（注意：凸轮逆时针转动工作，则作图时按顺时针方向依次截取

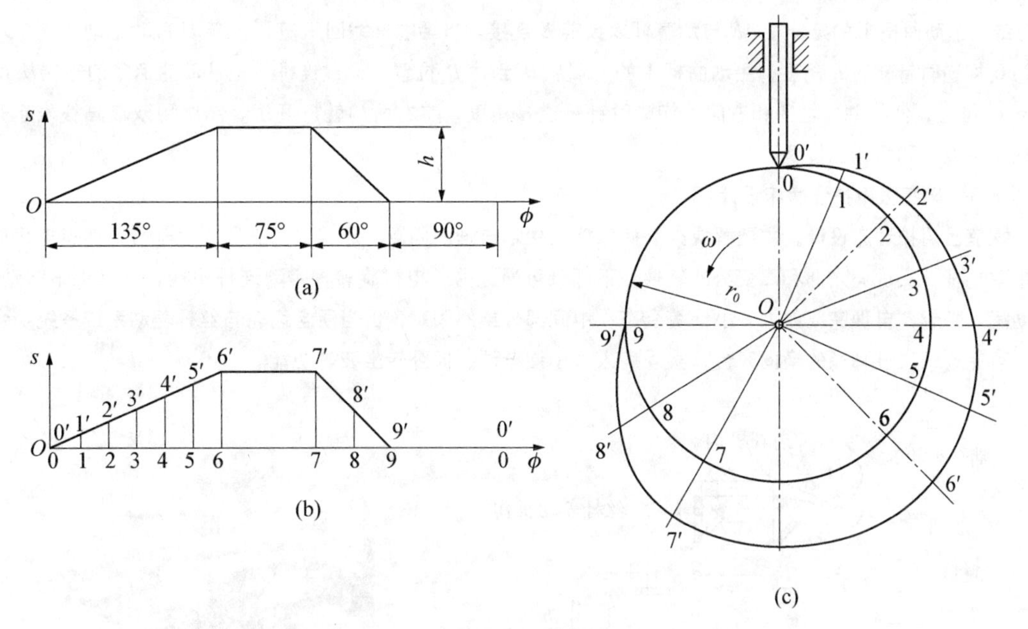

简单凸轮轮廓设计

等分点，画径向线，两者的方向应该相反）。

以光滑曲线连接1′，2′，…，6′各点，得到凸轮的推程轮廓；以光滑曲线连接7′，8′，9′各点，得到凸轮的回程轮廓；作圆弧6′7′和9′0′，则分别得到远休止段的凸轮轮廓。至此，已经得到完整封闭的凸轮轮廓。

2. 以原点为中心，确定机构最左、最右、最上和最下尺寸。

例2：实现自动开合门机构单元空间尺寸计算。

选择曲柄导杆机构启动双摇杆机构，气缸活塞杆伸出或缩回，就可实现开关车门，这个动作是通过四连杆机构来实现的。取机构运行的最长和最宽尺寸为最小单元空间尺寸，形成单元空间模块。

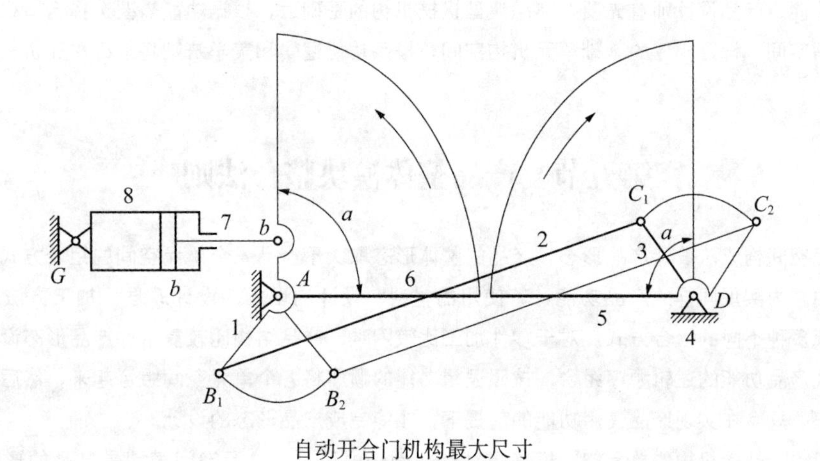

自动开合门机构最大尺寸

上图中构件6、5分别是左门和右门，活塞杆7处于从汽缸8伸出的位置，对应着左右门处于关闭，该四杆机构由主动曲柄1、从动曲柄3、连杆2和机架4组成；左门6与曲柄1固结，右门5与从动曲柄3固结，主动曲柄1的延伸段 AE 与活塞杆以铰链 E 连接。当活塞杆缩回汽缸，铰链 E 带动主动曲柄1和左门6均逆时针转过 α 角度，主动曲柄1的一端从 B_1 到达 B_2 位置，通过连杆2把从动曲柄3的一端从 C_1 推到 C_2 位置，使从动曲轴3和右门5均顺时针转过 α 角度，左右两门就打开了。图中用双点画线表示开门状态下双门和机构的位置。

例3：家庭医用护理病床设计。

家庭医用护理床设计，主要解决久卧病床病人生活自理的问题。床身分为三段，上部分可通过电机旋转带动摇杆，实现病人仰和靠姿势的转换；下部分可通过另一电机旋转，带动连杆机构，使其上下移动，帮助病人坐起，自理完成如大、小便等姿态；中间部分虽然固定，但当所含齿轮与丝杆差动系统系统啮合时，可完成一次性马桶的横向开合，实现病人大小便自理、仰卧转坐姿等功能。

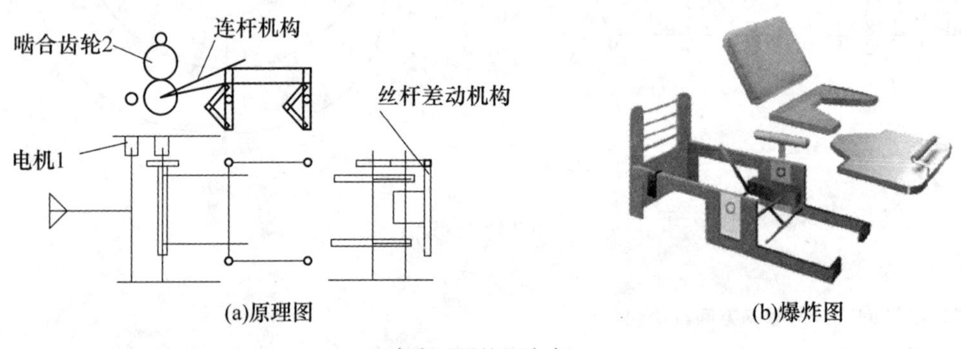

(a)原理图 (b)爆炸图

家庭医用护理病床

既然产品设计是有明确使用功能的，产品功能通常通过机构或其他科学技术实现功能的，而机构是用来传递与改变运动和受力的可动装置，实现产品动态功能要求，如带动、链传动、连杆机构、凸轮机构及齿轮机构等。在产品形态设计中，如有产品功能需要通过机构功能来实现，可将产品总功能分解为各个基础功能块，根据相应基础功能块要求，选择相应典型机构完成一个个传递或转换运动和力的功能，从而实现产品总体功能，产品设计师首先要在熟悉典型机械机构的基础上，根据功能需要选择合适机构，计算出各个机构所需空间，设定相应的基础单元机构空间，按照功能逻辑和美学法则将基础单元机构空间实现产品总体组合。

第五节 产品整体模块整合法则

采用单元空间构成法设计产品形态，产品的整体形态取决于产品各个单元空间的组合方式。在实际产品形态设计中，为实现同样的产品功能，若使用的材料、设计的理念、设计原理、加工方法及工艺等不同，就会形成多种不同的组合方式。对于零件加工比较困难、产品结构比较复杂的产品形态设计，应首先考虑有效实现产品功能的逻辑顺序组合，按照逻辑功能的顺序将各个单元空间组合起来，然后再通过美学法则进行修正，只有在实现产品使用功能的前提下，才能完成产品形态的设计。

从四杆机构、凸轮机构的单元空间模块尺寸计算例子中可见，单元空间模块是产品的形态构成的基础，单元空间模块的尺寸确定直接影响产品的形态构成和使用功能的实现。动态单元空间模块尺寸来自单元机构运行的最大尺寸，再加上需要的调试空间、加油空间、安装空间等，因此，动态单元机构尺寸的确定可以参考四杆机构和凸轮机构的单元空间模块尺寸计算方法，根据单元功能要求确定单元机构尺寸，计算出机构运行的最大空间，确定动态单元空间的最小尺寸，这就是以机构为主的动态单元空间模块的计算方法。

最小单元空间形状可以是六面体和其他几何体形态，若产品整体形态有其他文化形态定位，单元空间形状必须在单元空间几何形状的基础上进行整体变化；若产品整体没有其他特定文化形态的要求，选择一个共有的形态统一产品整体，尺寸大小可以按某个比例统一变换，如根号矩形、黄金矩形等几何矩形，形成几何比例图形，同样能形成另一种几何美感。

例 1：混合比例产品立面分割设计。

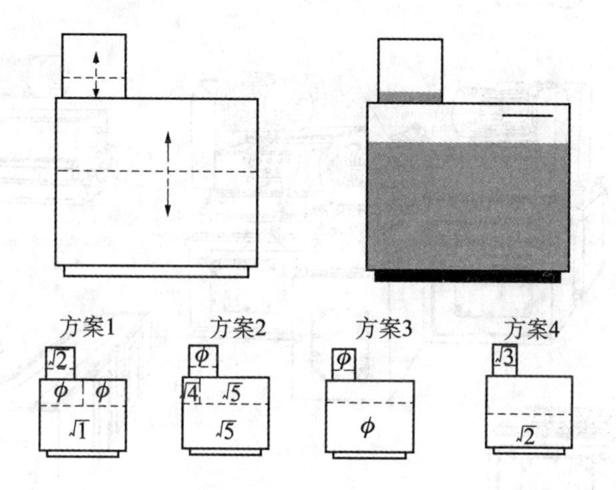

在产品立面设计中，分割方法是一种非常有用的设计方法，如产品整体仅由实体组成时，显得比较呆板，需要通过比例尺度、结构线形位置、装饰分隔线位置、面板的构图、色块划分等手法，加以改善，下图是仪器柜正立面，希望通过分割获得色彩分割线位置。

仪器柜由上、下两实体矩形组成，上部是一个正方形的显示屏，下部仪器柜正立面是一个 F 矩形，设计要求将两实体用色彩分割方式上下分色，上浅下深，以增强色彩变化和稳定感。由总体布局形式决定该仪器柜上下部尺寸比例接近 F 矩形，上部为一个正方形，按上述两形体组合关系，可按 F 矩形和正方形的分割方法选择上下分割方案，设计了 4 种分割方案。

综合功能、结构等各方面的因素，下部采用方案 3 和上部采用方案 2 比较适用，因为上部正方形分割为一个 F 矩形，既与下部 F 矩形有协调对应关系，又与分色后的深色的 Φ 矩形有呼应关系（F 矩形由两个 Φ 矩形组成）。因此，按此方案分色既可获得增强稳定性和色彩变化带来活跃气氛作用，又达到了整体与各个局部形体结构之间比例协调统一的视觉效果。

例 2：组合机床的总体形态的设计。

下图是一款卧式组合机床，有两个工步和四个工位，按零件加工要求，用来从两个方位同时对被加工件进行钻、铣、切加工，通过中间移动工作台变换加工工位，加工精度高、工作效率高，在大型机械加工厂常见到。由于组合机床可以根据被加工产品的要求，将已经标准化的机床零部件，随时组合而成，因此，在组合机床的形态设计中，各个零部件外轮廓形状基本以$\sqrt{2}$矩形为模块，进行了模块化的设计。如侧底座正面矩形、中间底座端头矩形、滑台底面矩形、动力头侧面矩形都采用的$\sqrt{2}$矩形，这样，不论被加工零件需要什么样配置的组合机床部件，或者选择什么样的方位，新组合的机床都很容易达到均衡的效果，这个均衡不光是物理量的均衡，同时也达到了视觉的均衡。这就是通过使用统一比例体，达到统一产品整体的效果。具有严谨比例的空间设计产品的各基本单元，既可以统一产品各基本单元，又可增强人与产品各部件之间的协调性，在形式上可创造出多个既多样化又协调统一的比例，同时，也可用最少的基本数值，创造出更多的形体组合。设计师应该熟悉常用的比例矩形的相互转换的几何关系，才能在产品形态设计中运筹帷幄，掌握产品形态设计主动权。

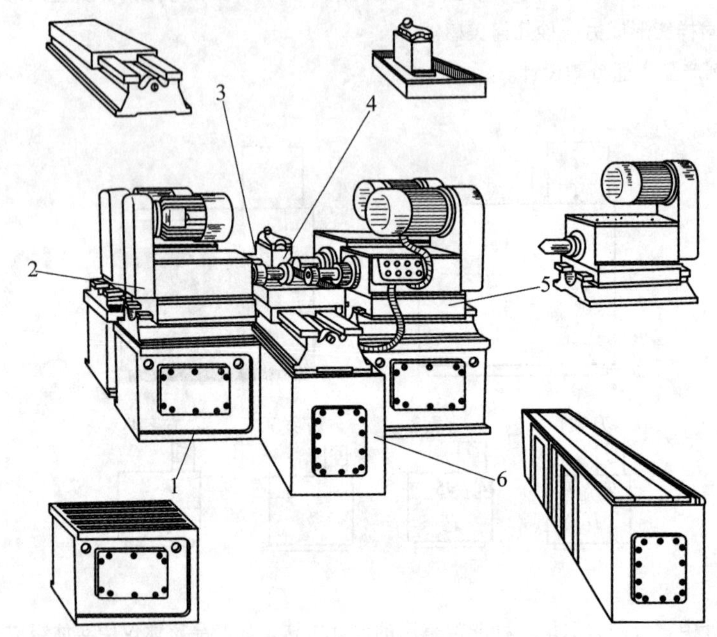

1—床身；2—左动力头；3—移动工作台；4—夹具；5—右动力头；6—中间底座。

双面移动工作台式组合机床

第六节 连接构件的设计

一、产品连接构件分类

产品单元空间连接构件主要将产品内部各组件在产品内部空间固定起来，保证各组件的相对位置、安装可靠性及各组件之间的逻辑关系。根据连接的性能不同，连接方式可分为动连接和静连接。安装连接构件可以起到单元空间与框架及产品组件共同连接起来的作用。

在设计产品时，必须对产品构成形式有一个清楚认识，对构成的连接方式有一个透彻的了解，才能对产品形态设计保持清晰的设计思路，下面对现代工业产品形态设计中的连接构件，按动、静连接方式和按加工方式进行分类。

工业产品设计是伴随着机械设计的诞生而形成的，因此，在产品形态设计中，我们可以参考机械标准选定合适的材料，根据产品功能要求选取典型的机构以及最佳构成形式，参考常用的加工工艺方法进行产品的形态设计。

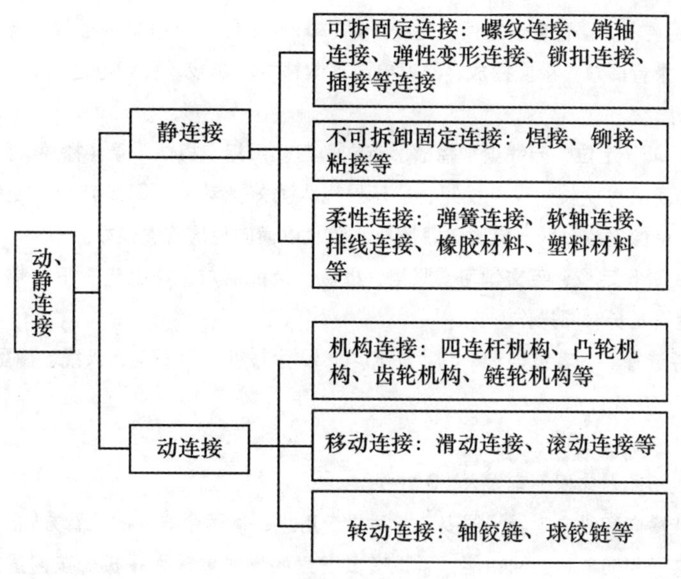

动、静态连接分类图

二、按原理方法分类

下面以手机功能块分割设计分析为例来讲解。

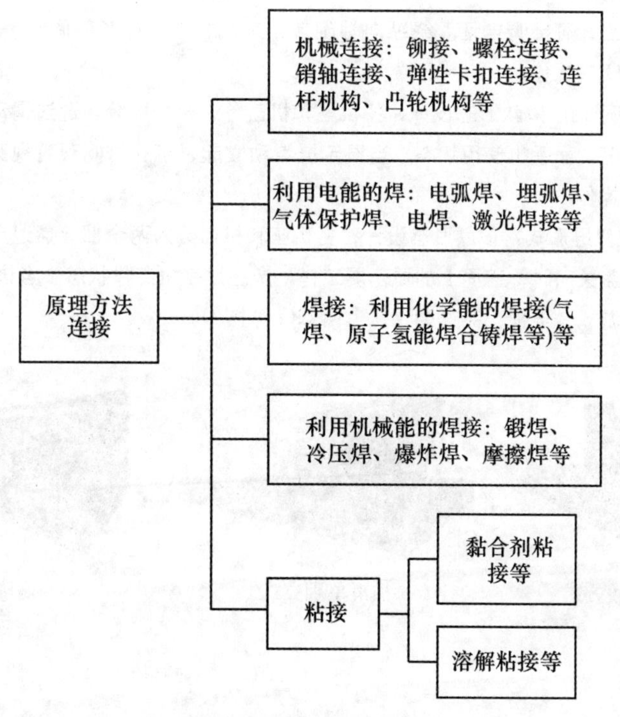

原理方法连接分类图

1. 手机输出功能要求。语音电子阅读、无线上网、GPS 定位、无线电视播放、无线收音播放、英文学习、照相、摄像、录音播放、录像播放、网上电影下载播放、游戏、视频电话。

2. 使用环境分析。

(1) 无线上网、GPS 定位、无线电视播放、英文学习、照相、摄像、录像播放、网上电影下载播放、游戏、视频电话等功能都需要长久观看视频，显示屏以大为好。其中，GPS 定位、无线电视播放、英文学习、照相、摄像、录像播放、网上电影下载播放、游戏以横向视屏观看最好。

(2) 无线上网、GPS 定位、英文学习、照相、摄像、录像播放、网上电影下载播放、游戏、视频电话等功能都需要多键重复长时间操作。

3. 产品基本构件选择。大容量电池、3 寸显示屏、30 个按键、手写笔、天线、微型摄像头、录音头、喇叭等。

形态设计草案：

(1) 由于有手机功能，体积不宜太大，3 寸视屏。

(2) 由于有最佳横向和纵向观看视屏姿态，手机应用纵、横两个方向的观看方式。

(3) 由于有英文学习功能和上网功能，手机有多键盘的操作要求和手机少按键重复使用两套按键系统。

(4) 由于手机人机界面相容性要求较高、手机功能件较小，较多采用壳体框架结构，将手机所有构件组合起来，通过美学法则分割形成功能区域或功能单元体，形成整体统一风格。

综上所述，设计出以下几款手机，手机形态设计都能满足产品功能要求和构件安装要求，但由于产品采用的不同的功能分割法则，以及不同的连接形式，形成了不同的设计风格。

(1) 采用双翻连接形式：该产品形态被分割为三个相似根号矩形，通过横轴旋转和纵轴旋转连接。绕横向轴旋转，手机直立，可接听电话。绕纵向轴旋转，呈此状态，可长时间观看视频，进行游戏、电视、英语翻译、上网 QQ 等操作。

(2) 采用横滑单翻形式：该款形态设计，将机座和机盖分为两个部分，通过滑动翻盖连接机构连接。当显示屏滑平，覆盖多键，呈手机使用状态；当显示屏滑动立起，可长时间观看视频，进行游戏、电视、英语翻译、上网 QQ 等操作。

(3) 采用活页翻盖双屏形式：该款形态设计，将机座和机盖分为两个部分通过成熟的排线连接信息，用轴连接两个部分。当盖关闭时，盖面上的显示屏工作，产品呈手机工作状态。当该盖翻开，产品适用于长时间观看视频，进行游戏、电视、英语翻译、上网 QQ 等操作。

活页翻盖方式

横滑单翻方式

双翻连接方式

第七章 产品设计常用材料

第一节 工业产品的材料选取

产品材料的运用，是实现产品形态设计的重要内容。从实现产品使用功能角度出发，选材要考虑材料的加工性能、强度、刚度等物理性能，而不同的材料具有不同的本质，反映在物体表面，会形成不同的肌理，通过人的视觉和触觉，在人心理和生理上产生不同的感觉。这种感觉直接影响人和物体的亲和度。不同材料肌理，对产品形态会产生不同的影响，这一章通过对不同材料性能和肌理的探讨，了解不同材料形成的不同肌理，了解对同种材料使用不同加工工艺会得到的不同肌理，讨论不同的肌理对产品形态设计产生的影响。

第二节 金属材料及成形工艺

在产品形态设计中，结构是实现功能的载体，而合适的材料是产品结构的载体，要实现产品的功能，就必须充分了解材料的性能、加工工艺，以及相应的质感，这样我们才能尽情进行产品形态设计，不然，材料的性能、加工工艺、肌理等因素就会影响设计的表达效果，就不能实现产品设计功能，设计也就成为一句空话。

一、常用金属材料

(一) 钢材

钢材是产品形态设计中常用的材料，随着现代科学技术的进步，钢材的品种也越来越多，根据其物理性能，被应用在不同的地方，首先我们要知道常用的钢材品种、它们具有的特性、使用的场合，这样就会迅速提高设计速度和设计水平。

1. 钢材分类。

钢
- 结构钢
  - 碳素结构钢
  - 合金结构钢和低合金结构钢
- 工具钢——碳素工具钢、合金工具钢、高速工具钢
- 特殊钢——弹簧钢、轴承钢、不锈钢、量具钢、耐热钢

2. 钢的相关性能。

下表以钢板为例，列出了常用钢材的性能。

钢板的相关性能表

品种	拉拔材料	弯曲加工	冲压加工	焊接性	耐蚀性	耐气候性	耐热性	涂装性	冲击性	用途
涂覆氯化乙烯基树脂钢板	○	○	○		○	○	×		○	建筑、家具、办公器具、脂钢板车辆、日用品、杂品
着色塑料涂装锌钢板	○	○	○		○	○	×		○	建筑、家具、办公器具、脂钢板车辆、日用品、杂品
磷酸盐处理钢板	○	○	○	○	○	○	200	○		化学实验室桌面材料
铬酸盐处理钢板	○	○	○	○	○	○		○		化学实验室桌面材料
涂漆钢板	○	△	△	×	○	○	◇		○	耐热排气管、烟囱、耐蚀建筑材料
硼钢板	×	×	×	×	○	○	◇		△	建筑物外壁、道路标志牌
沥青积层钢板	×	×	×	×	○	○	○		○	房基用外壁材料

注：×表示差 ○表示好 ◇表示优 △表示中等

（二）常用的碳素钢

用于产品壳体结构、框架结构及安装连接结构的钢材，常用的有低碳钢、部分中碳钢（低碳钢碳含量小于0.25%，中碳钢碳含量为0.25%~0.6%，高碳钢碳含量大于0.6%）。这些钢材一般制成型钢和钢板形式，常用的型钢有角钢、槽钢、方钢、圆钢、钢管、扁钢等，其规格、尺寸与性能可查相关的金属钢材国家标准手册。

钢板材料广泛用于产品形态设计，钢板具有平直、刚强、挺拔的风格，钢板成型简洁、加工灵活性大，可适用任何量的生产，适宜大中型产品的相同造型、支撑结构、安装连接结构。钢板表面可进行多种物理、化学处理，这使得钢板应用范围更广泛。高碳钢一般用于产品铸造，常用于产品的零部件制造。

（三）铸铁

铸铁在产品形态设计中应用比较广泛，一般将其铸造件作为产品底座、机身、支架等。常用的铸铁

有：灰口铸铁，断口呈灰色，其生产工艺简单，成品合格率高，成本低，利于造型；球磨铸铁，又可分为珠光球磨铸铁、铁素体球磨铸铁、贝氏体球磨铸铁，主要应用于产品的耐磨零件制造。

二、常用有色金属材料

（一）铝合金材料

由于铝的来源较丰富，铝与铝合金材料大量应用于工业及产品制造中。铝材密度小、重量轻、耐腐蚀、导电导热性能好、可塑性强，是产品造型的主要材料之一。变形铝合金用途最广，它可分为不可热处理与可热处理铝合金。不可热处理的防锈铝合金进行深冲压、弯曲等加工，通常用于产品外壳、焊接结构件、容器制造、装饰材料等，是产品成型的好材料。可热处理硬铝合金，常用于制造产品框架结构体及焊丝、焊条、轴、销轴等连零件。铸造铝合金常用于制造工业产品的壳体、板盖、底座等零件。

（二）铜金属材料

铜及铜合金材料是产品可应用的材料之一，可分为纯铜、黄铜、青铜及合金铜四类。纯铜呈紫红色，机械性能较差，故常用于制造工艺礼品。黄铜机械性能比纯铜好，且经济、不生锈、易于加工，常用做工艺礼品及其他产品的装饰件，青铜的耐磨性好，常用做产品中耐磨的软零件，如轴套、轴瓦、蜗轮等。合金铜机械性能较好，易加工、耐腐蚀、耐热，且表面有色泽、质地优良，常用于豪华的餐具、装饰品及工艺美术品等。

三、材料应用方法与形态

材料质感是指物质内在本质通过其表面，给人生理与心理感受的总和，是物质材料表面的结构、颜色、光泽等给人的触觉、视觉产生的综合印象。产品质感取决于材料表面的肌理、色彩、光泽三个内容。其中，肌理又分视觉肌理与触觉肌理。触觉肌理包括软硬、粗细、冷暖、凸凹、干湿、滑涩等感觉；材料的颜色取决于材料的质地色彩，任何材料都有颜色，材料颜色分为自然固有色彩和表现处理后的色彩；由于材料表面光洁（滑）程度不同，它所呈现的光泽与材料表现肌理有关，不同的肌理组织呈现光泽的效果及现象不同。

在产品形态设计中，材料质感的选用应与产品设计目标相适应，其作用应对强调产品功能有益，要与产品性质及内涵相协调。

1. 材料质感强化产品性格，如木质纹质感，强化了产品自然与柔和性格。

2. 材料质感强化产品档次和价值感，如有肌理的塑料制品比光滑的塑料制品更显得有档次和品位。

3. 材料质感表现是产品造型的重要手段之一，产品外表质感搭配好，显得高雅大方，极具品质感，可建立优质的产品形象。

4. 材料质感直接影响人与产品的亲和关系，如舒适的、柔和、优雅的材料质感，拉近了人与产品之间的关系。

四、产品形态设计中选材法则

在产品开发设计过程中明确所选用材料的要求，当产品完成概念设计，进入产品具体设计时，即从产品的人机工程学设计开始，根据产品不同部件考虑选择产品材料，一般材料选择按照从外到内，从设计到加工的顺序进行材料的选用。壳体选材重在考虑成型性能，运动构件选材重在考虑耐磨，支撑结构选材主要注重强度，安装结构选材主要考虑易加工性和经济性。

第三节 塑料性能成形工艺

一、常用的工程塑料

（一）ABS

1. ABS 的特有性能。

ABS 是丙烯腈、丁二烯与苯乙烯三种单体组成的三元共聚物。ABS 具有耐热、质硬、刚性的特性，同时还具有表面硬度高、尺寸稳定性好、耐腐蚀性好、绝缘性好等性能。ABS 在物理性能方面，不透明、浅象牙色、着色性好，能够制造成色彩好、光泽性高的产品外观，是无毒、无味、不透水、略透水蒸气、吸水率低、不易燃烧、燃烧缓慢的材料。在机械性能方面，ABS 表现较强的抗蠕动性和耐磨性。

2. ABS 在产品形态中的应用。

ABS 因其良好的综合性能，在产品制造中应用十分广泛。ABS 材料具有绝缘性，可用于制造电信器材、机电产品与工业电器产品，如电话机。ABS 材料的无毒、无味、耐低温性能，广泛用于冷冻与冷藏产品的制造，如冷冻机及冷冻汽车、电冰箱、冷藏库等的内壁板、衬板、门及隔音箱等。ABS 材料良好的强度及机械、物理性能，可用于家用电器及各种仪器仪表的制造，如洗衣机、打字机、打印机、计算机、电视机、电风扇、电流表、电压表、各种检测仪表等。由于 ABS 重量轻，也用于飞机上的各种装饰板、仪表板、机罩等。

ABS 根据其自身组成成分，可分为通用性、耐热性、阻燃性、透明性、结构发泡性及电镀性、改性等类型。通用性 ABS 用于产品把手、产品外壳及仪器、仪表、玩具、小家电等产品外壳的制造。阻燃性 ABS 用于制造交通工具、家用电器与工业电器壳体。结构发泡性 ABS 用于制造电子装置的各种罩壳件。透明性 ABS 用于制造各种家用电器、个人电器及电脑等壳体。电镀性 ABS 用于制造精装饰的各种旋钮、铭牌、装饰件等产品。

（二）聚烯烃塑料

1. 聚乙烯 PE 塑料。

聚乙烯按聚合时的压力不同，可分为高压聚乙烯、中压聚乙烯、低压聚乙烯。通常聚乙烯为白色蜡状半透明材料，材料柔韧，比重比水轻，易燃烧，但无毒性，在常温时对各种酸碱等均有抗腐蚀性，材料表面难于涂饰。由于其机械强度不高，很少用于支撑结构件。PE 塑料广泛应用于工业及家用领域，如制造家用电器、塑料容器、包袋制品，用于工业及日用产品的外包装，用于电器制造的绝缘护套，用于抗腐蚀制品的表面护层。

2. 聚丙烯 PP 塑料。

聚丙烯 PP 塑料密度最小，耐热性能好，常用于廉价的耐热塑料。通常 PP 塑料呈较透明的蜡烛白色，易燃。PP 塑料由于其典型特性，广泛应用于耐热制品，如齿轮、轴套、齿条、丝杆等各种运动的零件。用于录音带、电机罩、灯具内罩等，还可用于各种浮力制品、防潮制品、旅行便携产品等。

3. 聚苯乙烯 PS 塑料。

聚苯乙烯 PS 塑料广泛应用于工业、家用及其他行业。PS 塑料导热率小，材料尺寸及形态不易受到温度影响，且具有光泽、无毒、无味、比重小的性能，PS 塑料易着色，因此，它广泛应用于高热、冷寒之间的绝缘材料，如汽车灯罩及其他灯罩。另外，PS 可用于一些透明壳体的制造及光学产品的器件，还可用于各种着色的产品外壳制品。

4. 聚氯乙烯 PVC 塑料。

聚氯乙烯 PVC 塑料是易燃有毒材料，在工业中应用最早最广。聚氯乙烯 PVC 塑料因在其组成成分中加入增强剂，可分为硬质 PVC 与软质 PVC。硬质 PVC 的应用比软质 PVC 应用更广泛，硬质 PVC 因机械强度高、绝缘性好，常用于电器产品及电器配件产品的结构体，如工业中常用的管、棒、板等型材及电机、离心泵、通风机壳件，还有一些耐寒、耐酸碱的软管材料、薄板材料及承受高压的纤维软组织材料，如薄膜等。由于 PVC 材料的着色性及色彩的黏着性，PVC 材料还用于制造各种有颜色、质地柔软、富有弹性与光泽的日用产品，如脸盆、皮箱、家用制品与办公用品。

5. 有机玻璃 PMMA 塑料。

有机玻璃 PMMA 塑料，化学名称聚甲基丙烯酸甲酯，材料的透明性很好，与硅酸盐玻璃相似，可以透过 90％以上的阳光，它重量轻、机械强度高，具有相当的耐热性和耐冲击性，并有一定的弹性，比硅酸盐玻璃受力性好。有机玻璃有水晶效果，能添加着色料，能制成各种不同颜色。有机玻璃通过加热能够卷曲和折弯，能够切削、打孔和粘结，可使用制作各种不用开模具的透明非标构件。有机玻璃的不足之处是质地脆、易开裂，它的表面硬度低、易划伤、易摩擦起毛。有机玻璃可用来制造有透明和强度要求的产品构件，如显示窗盖板、装饰牌、油标、油杆等，还可用来作为造型的创新材料，用于家具、文具、生活用品的制造。

6. 聚碳酸酯 PC 塑料。

聚碳酸酯 PC 塑料是透明的、偏淡黄色的塑料，它是一种新型的热塑料的工程塑料，近年来，PC 塑料越来越多地被应用到日用品、文化用品、家用产品的设计上。其拉伸强度较高，伸长率在塑料中最高，其韧性和弹性在塑料中也是最好的。其弯曲性能好，压缩强度与冲击强度较高，无毒、耐温较高，PC 塑料可用来制成产品外壳，如玩具壳、文具结构、电子产品的部件。由于其耐高压和绝缘性，PC 塑料可以用来制造垫圈、垫片、套管等电气零件。由于有较强综合机械性能，PC 塑料还可以用来制造开关、手柄、旋钮、螺丝、螺母、产品铭牌。特别是 PC 具有优良的耐冲击性，可以用于制造安全帽和有关产品的顶盖。PC 也可以用来制造各种工业用、野外用灯具的灯罩以及产品视窗盖和检测构件。

7. 酚醛树脂 PF 塑料。

酚醛树脂 PF 塑料由酚类与醛类材料化学反应而成，它是一种热固性塑料，其硬度高、脆性大、刚性大。PF 塑料颜色深、透明度低，通常情况下，是黑色、深棕色、深灰色等。这种材料用于产品外壳十分有限，常用于机械工业、汽车工业、航空工业、电器制造的产品零部件和产品内部的安装结构件，如塑料齿轮、凸轮、轴承、皮带轮、电器支架。在 PF 塑料中若添加材料、有色填料，则可以制成有纹理的装饰材料，用于仪表板、家具、交通产品、居室空间的装饰板材。

二、塑料的成形方法与应用

塑料材料成形方法直接影响产品的成形，如：塑料材料的零件与钢材零件在边线风格上相比，塑料零件边线较圆滑，而钢材零件边线较锐利，这是由材料的性能和加工方法决定的。了解塑料的种类与属性，还必须熟悉塑料对应的成形加工方法，掌握塑料的成形效果及成型应用，将给产品形态设计提供实施条件。

（一）注塑成形

使用设备为注塑机。成形过程：将粒状塑料原料加入料筒内，塑料受热熔融，开动注塑机，操作注射螺杆或活塞推动，将熔融的塑料通过腔体经喷嘴和模具的浇注结构注入模具空腔内，塑料在此模具内，冷却硬化定型，最终形成注塑体。注塑成形的塑料制成品加工效率高，适用于复杂结构与复杂曲面的中小型产品壳件与结构件，适宜于大批量生产，一套模具，可以承受四五十万件产品的加工，并且在模具中可预埋金属连接件、嵌件，下图中外壳是利用注塑成形的。

（二）挤出成形

使用设备为螺杆挤出机。成形过程：将塑料颗粒原料加入料筒加热成流通状态，然后利用机械动力，在挤出螺杆的带动下，将流体塑料灌入模具型腔获得连续性的型材。挤出成形能够加工各种热塑性塑料和部分热固性塑料，挤出的塑料通常为管材、薄膜、棒材、板材或其他截面形状不变的连续性型材。

（三）吹塑成形

使用设备为吹塑机。成形过程：将颗粒塑料加工成熔融状态，然后将熔融状态的塑料形成料坯，并置于模具空腔内，当模具闭合后，通过压缩空气对料坯的吹胀，在模腔内成形并冷却，最终形成中空形状的塑料制品。吹塑成形依据吹塑设备的不同，可分为挤出吹塑成形、注塑吹塑成形、注射延伸吹塑成形、多层次吹塑成形、片材吹塑成形等。吹塑成形一般适用于加工形体为中空、薄壁、口径小的各种容器制品。

（四）吸塑成形

使用设备为吸塑机。成型过程：将热塑性塑料板材或片材置入吸塑机内加热使其软化，通过机械抽真空，借助大气压力，将软化的板材或片材吸附于一个实体模型之上，冷却后即可得到成型塑料件。这种加工方法适宜制造杆、盘、箱壳、盆、罩、盖等薄壁敞开口制品。吸塑成形的优点是设备简单，可批量生产，模具加工要求低，成本低。吸塑成形的不足之处是成形后厚度不均，不能制造太复杂形状的制品，不能形成小倒角的曲面。适用于吸塑的工程塑料有 ABS 有机玻璃、氯乙烯及其共聚物、苯乙烯及其共聚物、聚碳酸酯等。吸塑模具依据加工精度要求及生产量要求，可制成铜模、铝模、木模和石膏模等。

（五）压制与浇铸成形

压制成形适用于热固性塑料。成形过程：将粒状热固塑料原料加入模具内，通过加压，将模内原料压紧，同时加热模具，使模具内原料软化填充模具型腔，在加热中塑料产生硬化，脱模后即得成形体。压制成形特点是：方法简单，能制作复杂形状，成形后变形小，生产周期长，效率低，不能连续生产，模具成本高。一般不常用这种塑料成形方法。

浇铸成形也适用于热固性塑料。成形过程：将塑料原料加入模具料室内，使其加热成熔融状态，通过活塞压力作用并经过浇铸系统，将熔融塑料灌注入封闭的型腔内，塑料在型腔中继续受热受压而固化成型，打开模腔可取成形件。浇铸成形方法的特点是成形效率高，形件电器性能与机械性能好，适宜机械化和自动化生产。下图是选用玻璃钢材料，借助木模压制与浇铸形成大型医疗设备的外壳。

（六）塑料加工成形

工程塑料通过机械加工及相关连接加工，也是产品成形的方法之一，并且这种加工方法成本低，适宜不同批量的生产。

1. 塑料机加工成形。

利用工程塑料板材、棒材、管材，通过各种机械加工，如车、铣、刨等，能够成形各种塑料成型体，尤其是 CNC 数控加工，可以将塑料加工成复杂结构及复杂曲面的小型产品壳体，其效果接近注塑成形效果。塑料导热性差，在塑料机加工时，一般切削量要小，防止色料升温。热性塑料硬脆，切削时要防止崩溃裂。

2. 塑料连接成形。

塑料成形必须依赖彼此连接实现，常用的连接方法有机械连接、化学粘接与焊接连接、粘贴等。

(1) 机械连接：通过铆接与螺栓连接。通常是在塑料构件预埋螺母，在螺母口处打孔，可实现螺丝与螺母连接。

(2) 化学粘接：利用溶剂粘接。利用溶剂的作用，使塑料表面层化学反应，使构件表面溶胀、胶化，在适当加压力后，两构件贴紧，溶剂挥发后，两塑料件粘接为一体。此粘接方法适用于 ABS 等热塑性工程材料。常用的粘接剂有甲乙酮、丙酮、醋酸乙酯、氯乙烯、二甲苯。选择溶剂一般根据其挥发快慢来选择。

(3) 焊接连接：主要是超声焊接，利用超声设备将两塑料件在焊接头位置形成熔融状态，冷却后溶解在一起，这种焊接成点状连接，时间短，连接性能好，外表无损伤，适宜于焊接夹具能够夹住的塑料件。

第四节 产品表面涂饰设计

产品通过一定的加工工艺，在其表面形成另一种材质组织的涂层，对产品起到保护与装饰作用，对产品的功能发挥起到相应的支持作用，如屏蔽、导电、接地等，这些加工均属于产品表面涂饰。这种方法在物质表面复置另一种材料的同时，也给予了这种物质另外一种肌理，产生新的视觉效果。

一、表面涂装设计应用

涂料主要是油漆，品种繁多，作用各异。作为产品表面涂饰，油漆的大致分类：

1. 按施工方式分为：刷漆、喷漆、烤漆、电泳漆等。
2. 按涂料的作用分为：打底漆、防锈漆、防腐漆、防火漆、耐高温漆、头度漆、二度漆等。
3. 按涂料组成成分分为：清漆、有色漆等。
4. 按涂料用途分为：建筑用漆、船舶用漆、汽车用漆、工业产品用漆、日用产品用漆等。
5. 按涂料漆膜外观分为：大烘漆、有光漆、无光漆、皱纹漆、锤纹漆等。

二、涂料表面装饰性与应用

类别	名称与型号	性能与用途
清漆	纯酚醛清漆 F01-15	漆膜光亮坚硬、耐水性好，自干烘干均可，适用于交通工具（机车等）及食品容器铁外壁涂装
磁漆	各色酚醛磁漆 F04-1	附着力好，色彩鲜艳光泽好，可常温干燥，适用于机械设备，交通工具等金属表面涂装
底漆	铁黑酚醛底漆 F06-55	漆膜较硬、附着力好、可防止锈蚀、烘干、适用于自行车的钢铁表面打底
磁漆	保护色纯酚醛漆 F11-55	漆膜附着力好，可防腐蚀，采用电泳施工，烘干，适用于汽车打底防锈漆涂装

续表

类别	名称与型号	性能与用途
磁漆	各色酚醛皱纹漆 F17-51	烘干后皱纹均匀光泽适中，适用于仪器仪表、医疗器材、文教用品、电器、照明与照相器材、五金零件的涂装
清漆	酚醛绝缘漆 F30-12	涂膜耐油、耐电压、耐振动、防潮、适用于变压器、电极及一般电工器材的涂装
清漆	酚醛漆包线漆 F43-1	烘干、漆膜坚韧、绝缘性好、耐蚀，对铜线有较强的附着力，用于漆包线涂饰
磁漆	各色酚醛船壳漆 F43-31	耐水性好、耐气候变化、有一定的附着力，常温干燥较快，适用于船舶水线以上的船壳涂装

当涂料用做产品装饰时，涂料必须具备以下功能：

1. 涂料的色彩功能。

通常产生色彩功能方案在执行时，要比照色标定案。在执行时，按色标调色，国内常用的国际色标是 PNTONE 色标，调色时，由浅到深，依次取样，对照比较。目前，调色较准的方法是按照色标，运用电脑配色。同时，涂料颜色的干湿度会影响涂料颜色的明暗。

2. 涂料的光泽效果。

一般挥发性的油性涂料和合成树脂涂料光泽效果好，尤其以热固性树脂中的合成树脂涂料光泽最好。

3. 涂料的漆层硬度、黏度与附着性。

涂料的漆层硬度、黏度与附着性好，涂层硬度高则不易划伤，涂层有黏度，能形成涂层厚度，涂层附着性好，确保涂层不易脱落。

4. 涂料的耐候性与耐化学腐蚀性强。

涂料的耐候性与耐化学腐蚀性越强，涂层对紫外线、湿度变化、水分、氧化的抵抗性越好，对化学物质腐蚀的抵抗性越高，涂层装饰效果就越稳定。

三、表面电镀设计应用

电镀就是利用电化学方法，在金属或非金属的表面镀上一层金属镀层，对于产品设计而言，选择电镀有两个方面的作用：一是对材料表面的保护作用，二是对材料表面的装饰作用。尤其是塑料电镀，能使塑料件产生金属质感，同时对塑料表面硬度、耐磨性、导电性、导磁性、反光性等有明显提高。

（一）铬电镀工艺及特性

铬电镀层一般呈蓝色调的银白色，常用于产品造型的表面装饰及材料表面的保护。铬电镀依据其特点，一般分为：

1. 装饰性镀铬：在镍或合金层上镀铬，可获得细致、精密、光亮美观的表层，而且表面光泽像镜子一样，高反光，常用于产品部件，操作件的表面装饰。镀铬分为镀黑铬和镀乳白铬。黑铬颜色为深灰黑色，色泽均匀、耐磨，常用于产品的装饰件与标志件。乳白铬给人以柔和无光泽的感觉，常用于量具的镀层。

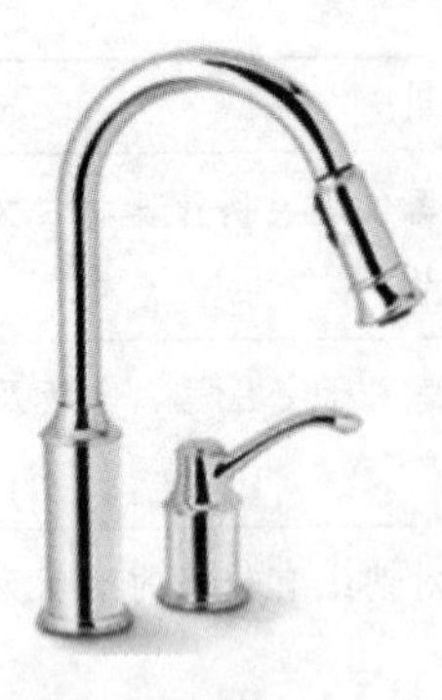

镀铬

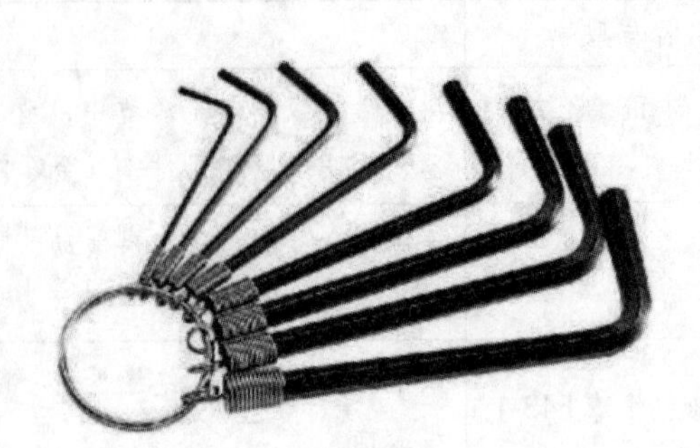

镀黑铬

2. 保护性镀铬：为了保护材料表层而进行的镀铬。通常有镀硬铬与多孔性镀铬。镀硬铬是强度层厚，以达到耐热、耐磨损、耐腐蚀的效果，如产品中的一些转轴的修复镀铬。多孔性镀铬主要是为提高运动件表面的耐磨性而镀铬，有网状沟、点孔隙，以利于润滑油发挥耐磨作用。

（二）镍电镀工艺及特性

1. 防护与装饰性镀镍：由于镍有较强的钝化能力，镍镀层对钢铁材料而言，呈现阴极属性，需要利用铜、镍、铬等材料作为辅助的镀层，以及提高镍镀层的抗腐蚀性。镍电镀常用于汽车、钟表、医疗器械、仪器仪表、自行车、缝纫机、文化用品等产品中，作为保护层，又作为装饰层。

镀镍

镀黑镍

2. 黑镍装饰性电镀：在电解质中增加锌元素，使得镀层呈黑灰色。黑镍镀层表面有金属质感，柔和，又不反光，故常用于光学产品仪器仪表及其他精密机械产品中，如照相机、显微镜等。这种金属黑色，有特殊的现代色彩装饰效果。

（三）金与银电镀工艺特性

1. 金电镀工艺特性：镀金一般是在铜、银层上进行。金质地柔软，易于抛光，常用来作为高档豪华产品的表面装饰，还可用来作为仪器、钟表、首饰、分析天平的砝码等的外涂层。金镀层价格高、光泽效果好。

镀银

镀金

2. 银电镀工艺特点：银是一种白色、光亮、可锻、可塑与反光能力较好的贵金属。银在通常情况下性质稳定，但在氧化物与硫化物空气中易发生化学反应而失去光泽。银镀层耀眼华丽，极具有光泽效果，常用于仪器、仪表、灯具、反光镜及日常用品的表层涂饰。银电镀一般分为氰化镀银与无氰镀银。

（四）合金电镀工艺及特点

由于金属电镀一般光泽性极强、反射性极高，使人的视觉产生不适，合金电镀在这方面做了有益弥补。

1. 锡-镍合金电镀工艺：镀层外观呈淡玫瑰色，镀层表面直接反映被镀材料的表面性质。当被电镀材料光滑时，镀层光泽效果较好，对于非光滑表面，镀层也能反映其肌理特性。镀层还具有较强的抗腐蚀性，质地舒适宜人。

2. 锡-钴合金电镀工艺：镀层色调同钴镀层一致，表面细致柔和，令人的视觉、触觉产生柔和舒适感。该镀层有优良的均镀能力和流动能力，适宜复杂形状的镀件。

3. 铜-锡合金电镀工艺：低锡青铜镀层呈粉红色，质地细密，有较高的防腐蚀能力和良好的抛光性能，具有保护装饰的镀层作用，中低锡青铜镀层呈黄色，防腐蚀性好，常用做镀铬的底层。高锡青铜层具有美丽的银白色光泽和良好的抛光性，有较高的耐磨性与硬度，常用做光学器械及日用品的保护装饰层。

4. 黄铜电镀工艺：黄铜镀层是玫瑰金色与柠檬金色，可用做仿金镀层，镀层抗腐蚀性差，一般在此镀层上要涂上一层保护层来增强镀层抗腐蚀性。电镀黄铜主要用于钟表、首饰、灯具、工艺品、仿金制品等。

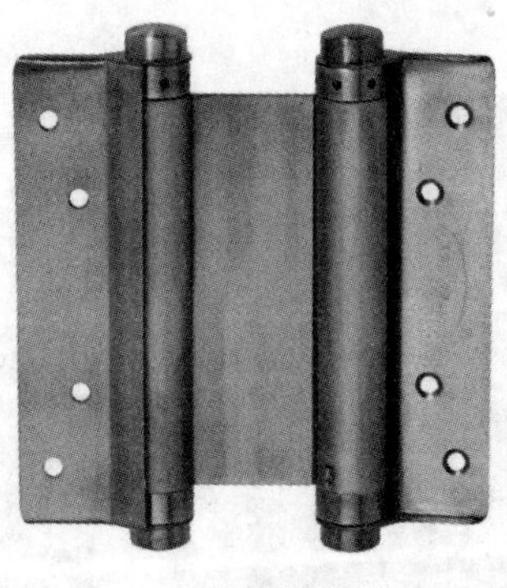
镀黄铜

（五）真空镀膜工艺及特性

1. 真空镀膜工艺：在真空中将金属、合金或它们的化合物加热熔化，使之蒸发，或不经熔化就蒸发，在蒸发时，将镀件放在周围，与蒸发面相对的表面被蒸发物质覆盖成膜，由此形成真空镀膜。它的镀层光泽及平滑度比化学镀好。

2. 真空镀膜特点：

（1）可以镀不导电的塑料、玻璃、陶瓷、木材等。

（2）因为光学性质好，也用于镀透镜与反射镜。

（3）真空镀层经过特殊加工，可以得到多种颜色。

（4）可用于电子工业的印制电路。

（5）不耐磨和冲击，镀层要进行保护性加工。

（6）镀件另一面难镀上，整体均匀性难以控制，且不能厚镀。

第五节 材料成形与产品形态

一、常用材料工艺结构特性

所谓产品结构特性，是指运用不同材料和不同的加工工艺来实现产品结构时，其结构所具有的特别要求，这种特殊的结构明显地约制产品原有的风格设计。

（一）注塑结构

注塑结构是工业产品设计中应用较广的结构，如产品构件，外壳件、支撑件或安装连接件大多是通过塑料的注塑加工形成的。特别是注塑的壳体结构，在工业产品中占相当大的比例，如电视机、电话机等产品的壳体，均是通过注塑形成获得的。注塑结构用于安装连接时，其尺寸准确性好（利用塑料的弹性做的接口），但它不适于作为框架支撑结构。

（二）金属钣金结构

金属钣金应用十分广泛，而且应用功能较强，许多机柜类产品主要通过钣金结构件形成。利用金属板材进行相关加工，形成的结构件可用来作为产品壳体结构件。钣金结构最易于作为框架支撑结构，而作为壳体结构时，成形效果较为单调，作为安装结构时，其尺寸精度不高。

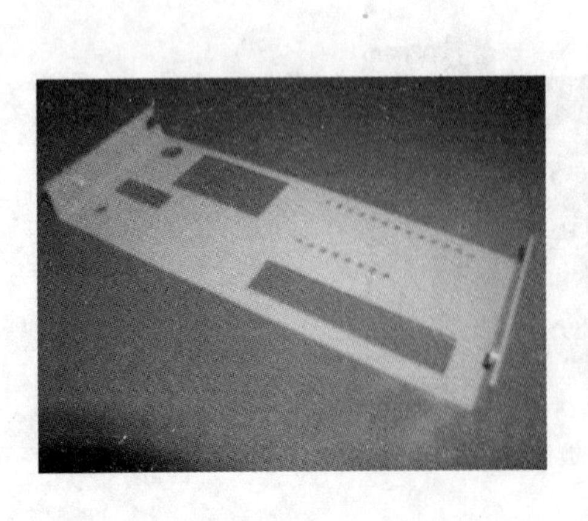

（三）金属冷、热加工结构

利用金属型材进行热加工，如焊接、铸造、注压、锻压加工等，形成的加工结构件，称为金属热加工结构件，如不锈钢焊接结构件用于居室门、五金产品、铸造的机床座、锻压的健身器材等。利用金属材料进行冷加工，如车、铣、刨、磨、钻、冲压、折弯等加工形成的结构件，称为金属冷加工结构。其中的冲压件，又称五金模冲压件，运用模具冲压加工板材而形成的凸凹形态结构，如抽油烟机面壳件、燃气灶具的壳体件等。这类加工结构在产品结构中也较多用。

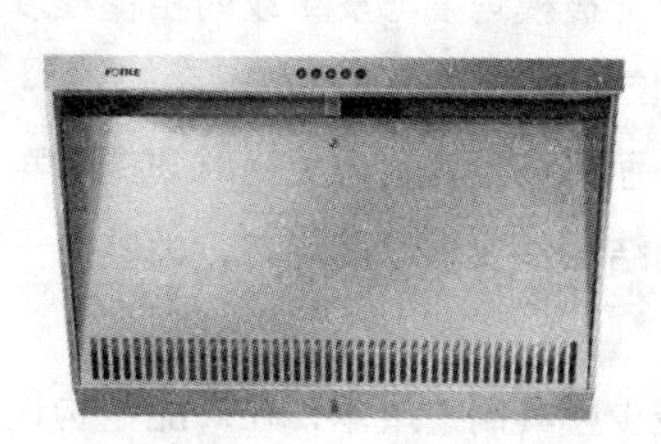

（四）吹、吸塑结构

通过吹塑模具和吸塑模具加工的结构件，称为吹塑结构或吸塑结构。产品的包装可采用吸塑加工的结构件，如有些医疗产品的外壳采用吸塑加工结构件，一些容器产品多采用吹塑结构，还有一些玻璃产品也是采用吹塑模具加工结构。

吹塑加工产品

（五）复合材料加工结构

这种结构比较多，如玻璃钢结构件，采用木模加工成形。有机玻璃结构件，是易机加工和化学加工形成。其他还有碳纤维结构件，橡胶成型结构件，陶瓷成形结构件，树脂成形结构件。

玻璃钢材料

二、工艺结构对产品形态的限制

1. 针对注塑结构与形态，最小拔模角度为 1°+X°，X 为最小拔模角度的增加值。因此，在进行产品设计时，不应有绝对 90°的结构与造型，在设计图中应为 90°+1°+X°。拔模角度实际大小与拔模高度相对应，拔模高度越大，拔模角度相对要小一些，反之亦然。

2. 对于注塑表面皮革纹，纹理粗细与拔模角度有关，对于有皮革纹的造型注塑结构，最小拔模角度不小于 1.5°，拔模角度与皮革纹的粗糙程度成正比，纹理越粗，其拔模角度越大。皮革纹的选样，可由模具制造单位提高的纹样来选择。

3. 形态面折弯设计，避免绝对 90°转角，应采用圆弧过渡，最小圆弧半径为 0.5 ~1mm。

4. 产品结构件要求厚度均匀，尤其对于有结构交叉的汇集处，构件厚度保持一致，以减少表面缩水现象。

5. 为减少模具制造成本，在产品结构设计时，应尽可能减少垂直脱模方向上的开孔，以利于模具抽芯。

6. 两块注塑件组合时，要考虑接口处的口型结构，以上下唇结构形成咬合对接。

7. 钣金结构设计对形态的限定:

(1) 钣金件多以垂直折弯成型结构，既加强了强度，又形成造型形态。按一维方向折弯，不可能实施二维折弯。

(2) 运用简单折弯构件组成特别结构，以焊接和螺栓连接形成稳定受力结构。

(3) 钣金结构用于形态设计，避免立体圆弧造型，只能形成单面圆弧造型。

(4) 钣金结构用于形态设计，避免在钣金面上焊接，钣金结构用于产品外壳，应以机械方式与内部连接，避免热连接。

三、产品结构与形态

目前，实现产品造型的方式主要有机械加工、金属冲压成型和塑料注塑成型等方法，机械加工成型是工业产品成型的主要方法之一，因此工业产品整体可主要采用机械成型方法，其设计呈模块设计特点，而金属冲压成型和塑料成型的产品，则可以考虑壳体的造型特点。

1. 外观结构对造型的影响。

外观构件结构方式直接关系产品外观造型，不同的外观结构有不同的造型效果，好的外观结构设计应能产生好的造型效果。

对于用螺栓或螺钉连接的壳体结构，一般以隐藏螺钉的外形结构最佳。

由此可见，结构方式与外观造型有非常密切的关系，在满足产品内部结构要求的基础上，凡直接与外观有关的结构，一定要结合外观的造型效果，形成相互兼顾与统一。

2. 运动结构对造型的影响。

产品这种结构的存在方式，形成较为独特的造型，且难以对其改造，除非改变运动方式或结构形成原理。

3. 功能结构对产品造型的影响。

产品功能有时以一定结构形成，如挖掘机的挖斗及臂的功能结构，直接决定论产品造型。冰箱的功能结构是立体空间结构，由此形成柜式造型方式。

附录一 论文规范

标准号： GB/T 7713—1987

中文名称：科学技术报告、学位论文和学术论文的编写格式

英文名称：presentation of scientific and technical reports，dissertations and scientific papers

发布日期：1987-05-05

实施日期：1988-01-01

1 引言

1.1 制定本标准的目的是为了统一科学技术报告、学位论文和学术论文（以下简称报告、论文）的撰写和编辑的格式，便利信息系统的收集、存储、处理、加工、检索、利用、交流、传播。

1.2 本标准适用于报告、论文的编写格式，包括形式构成和题录著录，及其撰写、编辑、印刷、出版等。

本标准所指报告、论文可以是手稿，包括手抄本和打字本及其复制品；也可以是印刷本，包括发表在期刊或会议录上的论文及其预印本、抽印本和变异本；作为书中一部分或独立成书的专著；缩微复制品和其他形式。

1.3 本标准全部或部分适用于其他科技文件，如年报、便览、备忘录等，也适用于技术档案。

2 定义

2.1 科学技术报告

科学技术报告是描述一项科学技术研究的结果或进展或一项技术研制试验和评价的结果；或是论述某项科学技术问题的现状和发展的文件。

科学技术报告是为了呈送科学技术工作主管机构或科学基金会等组织或主持研究的人

等。科学技术报告中一般应该提供系统的或按工作进程的充分信息，可以包括正反两方面的结果和经验，以便有关人员和读者判断和评价，以及对报告中的结论和建议提出修正意见。

2.2 学位论文

学位论文是表明作者从事科学研究取得创造性的结果或有了新的见解，并以此为内容撰写而成、作为提出申请授予相应的学位时评审用的学术论文。

学士论文应能表明作者确已较好地掌握了本门学科的基础理论、专门知识和基本技能，并具有从事科学研究工作或担负专门技术工作的初步能力。

硕士论文应能表明作者确已在本门学科上掌握了坚实的基础理论和系统的专门知识，并对所研究课题有新的见解，有从事科学研究工作或独立担负专门技术工作的能力。

博士论文应能表明作者确已在本门学科上掌握了坚实宽广的基础理论和系统深入的专门知识，并具有独立从事科学研究工作的能力，在科学或专门技术上做出了创造性的成果。

2.3 学术论文

学术论文是某一学术课题在实验性、理论性或观测性上具有新的科学研究成果或创新见解和知识的科学记录；或是某种已知原理应用于实际中取得新进展的科学总结，用以提供学术会议上宣读、交流或讨论；或在学术刊物上发表；或做其他用途的书面文件。

学术论文应提供新的科技信息，其内容应有所发现、有所发明、有所创造、有所前进，而不是重复、模仿、抄袭前人的工作。

3 编写要求

报告、论文的中文稿必须用白色稿纸单面缮写或打字；外文稿必须用打字。可以用不褪色的复制本。

报告、论文宜用A4（210mm×297mm）标准大小的白纸，应便于阅读、复制和拍摄缩微制品。报告、论文在书写、扫字或印刷时，要求纸的四周留足空白边缘，以便装订、复制和读者批注。每一面的上方（天头）和左侧（订口）应分别留边25mm以上，下方（地脚）和右侧（切口）应分别留边20mm以上。

4 编写格式

报告、论文章、条的编号参照国家标准GB1.1《标准化工作导则标准编写的基本规定》第8章“标准条文的编排”的有关规定，采用阿拉伯数字分级编号。

报告、论文的合成

5 前置部分

5.1 封面

5.1.1 封面是报告、论文的外表面，提供应有的信息，并起保护作用。

封面不是必不可少的。学术论文如作为期刊、书或其他出版物的一部分，无需封面；

如作为预印本、抽印本等单行本时，可以有封面。

5.1.2 封面上可包括下列内容：

a. 分类号 在左上角注明分类号，便于信息交换和处理。一般应注明《中国图书资料类法》的类号，同时应尽可能注明《国际十进分类法UDC》的类号。

b. 本单位编号 一般标注在右上角。学术论文无必要。

c. 密级视报告、论文的内容，按国家规定的保密条例，在右上角注明密级。如系公开发行，不注密级。

d. 题名和副题名或分册题名 用大号字标注于明显地位。

e. 卷、分册、篇的序号和名称 如系全一册，无需此项。

f. 版本　如草案、初稿、修订版等。如系初版，无需此项。

g. 责任者姓名　责任者包括报告、论文的作者、学位论文的导师、评阅人、答辩委员会主席以及学位授予单位等。必要时可注明个人责任者的职务、职称、学位、所在单位名称及地址；如责任者系单位、团体或小组，应写明全称和地址。

在封面和题名页上，或学术论文的正文前署名的个人作者，只限于那些对于选定研究课题和制订研究方案、直接参加全部或主要部分研究工作并作出主要贡献，以及参加撰写论文并能对内容负责的人，按其贡献大小排列名次。至于参加部分工作的合作者、按研究计划分工负责具体小项的工作者、某一项测试的承担者，以及接受委托进行分析检验和观察的辅助人员等，均不列入。这些人可以作为参加工作的人员一一列入致谢部分，或排于脚注。

如责任者姓名有必要附注汉语拼音时，必须遵照国家规定，即姓在名前，名连成一词，不加连字符，不缩写。

h. 申请学位级别　应按《中华人民共和国学位条例暂行实施办法》所规定的名称进行标注。

i. 专业名称　系指学位论文作者主修专业的名称。

j. 工作完成日期　包括报告、论文提交日期，学位论文的答辩日期，学位的授予日期，出版部门收到日期（必要时）。

k. 出版项　出版地及出版者名称，出版年、月、日（必要时）。

5. 1. 3　报告和论文的封面格式参见附录 A。

5. 2　封二

报告的封二可标注送发方式，包括免费赠送或价购，以及送发单位和个人；版权规定；其他应注明事项。

5. 3　题名页

题名页是对报告、论文进行著录的依据。

学术论文无需题名页。

题名页置于封二和衬页之后，成为另页的右页。

报告、论文如分装两册以上，每一分册均应各有其题名页。在题名页上注明分册名称和序号。

题名页除 5. 1 规定封面应有的内容并取得一致外，还应包括下列各项：

单位名称和地址，在封面上未列出的责任者职务、职称、学位、单位名称和地址，参加部分工作的合作者姓名。

5. 4　变异本

报告、论文有时适应某种需要，除正式的全文正本以外，要求有某种变异本，如：节本、摘录本、为送请评审用的详细摘要本、为摘取所需内容的改写本等。

变异本的封面上必须标明“节本、摘录本或改写本”字样，其余应注明项目，参见 5. 1 的规定执行。

5. 5　题名

5. 5. 1　题名是以最恰当、最简明的词语反映报告、论文中最重要的特定内容的逻辑组合。题名所用每一词语必须考虑到有助于选定关键词和编制题录、索引等二次文献可以提供检索的特定实用信息。

题名应该避免使用不常见的缩略词、首字母缩写字、字符、代号和公式等。

题名一般不宜超过 20 字。

报告、论文用做国际交流，应有外文（多用英文）题名。外文题名一般不宜超过 10 个实词。

5. 5. 2　下列情况可以有副题名：

题名语意未尽，用副题名补充说明报告论文中的特定内容；

报告、论文分册出版，或是一系列工作分几篇报道，或是分阶段的研究结果，各用不同副题名区别其特定内容；

其他有必要用副题名作为引申或说明者。

5.5.3 题名在整本报告、论文中不同地方出现时，应完全相同，但眉题可以节略。

5.6 序或前言

序并非必要。报告、论文的序，一般是作者或他人对本篇基本特征的简介，如说明研究工作缘起、背景、主旨、目的、意义、编写体例，以及资助、支持、协作经过等；也可以评述和对相关问题研究阐发。这些内容也可以在正文引言中说明。

5.7 摘要

5.7.1 摘要是报告、论文的内容不加注释和评论的简短陈述。

5.7.2 报告、论文一般均应有摘要，为了国际交流，还应有外文（多用英文）摘要。

5.7.3 摘要应具有独立性和自含性，即不阅读报告、论文的全文，就能获得必要的信息。摘要中有数据、有结论，是一篇完整的短文，可以独立使用，可以引用，可以用于工艺推广。摘要的内容应包含与报告、论文同等量的主要信息，供读者确定有无必要阅读全文，也供文摘等二次文献采用。摘要一般应说明研究工作目的、实验方法、结果和最终结论等，而重点是结果和结论。

5.7.4 中文摘要一般不宜超过200 ~300 字；外文摘要不宜超过250 个实词。如遇特殊需要字数可以略多。

5.7.5 除了实在无变通办法可用以外，摘要中不用图、表、化学结构式、非公知公用的符号和术语。

5.7.6 报告、论文的摘要可以用另页置于题名页之后，学术论文的摘要一般置于题名和作者之后、正文之前。

5.7.7 学位论文为了评审，学术论文为了参加学术会议，可按要求写成变异本式的摘要，不受字数规定的限制。

5.8 关键词是为了文献标引工作从报告、论文中选取出来用以表示全文主题内容信息款目的单词或术语。

每篇报告、论文选取3 ~8 个词作为关键词，以显著的字符另起一行，排在摘要的左下方。如有可能，尽量用《汉语主题词表》等词表提供的规范词。

为了国际交流，应标注与中文对应的英文关键词。

5.9 目次页

长篇报告、论文可以有目次页，短文无需目次页。

目次页由报告、论文的篇、章、条、附录、题录等的序号、名称和页码组成，另页排在序之后。

整套报告、论文分卷编制时，每一分卷均应有全部报告、论文内容的目次页。

5.10 插图和附表清单报告、论文中如图表较多，可以分别列出清单置于目次页之后。图的清单应有序号、图题和页码。表的清单应有序号、表题和页码。

5.11 符号、标志、缩略词、首字母缩写、计量单位、名词、术语等的注释表符号、标志、缩略词、首字母缩写、计量单位、名词、术语等的注释说明汇集表，应置于图表清单之后。

6 主体部分

6.1 格式

主体部分的编写格式可由作者自定，但一般由引言（或绪论）开始，以结论或讨论结束。主体部分必须由另页右页开始。每一篇（或部分）必须另页起。如报告、论文印成书刊等出版物，则按书刊编排格式的规定。

全部报告、论文的每一章、条的格式和版面安排，要求划一，层次清楚。

6.2 序号

6.2.1 如报告、论文在一个总题下装为两卷（或分册）以上，或分为两篇（或部分）以上，各卷或篇应有序号。可以写成：第一卷、第二分册；第一篇、第二部分等。用外文撰写的报告、论文，其卷（分册）和篇（部分）的序号，用罗马数字编码。

6.2.2 报告、论文中的图、表、附注、参考文献、公式、算式等，一律用阿拉伯数字分别依序连续编排序号。序号可以就全篇报告、论文统一按出现先后顺序编码，对长篇报告、论文也可以分章依序编码。其标注形式应便于互相区别，可以分别为：图 l、图 2.1；表 2、表 3.2；附注 1)；文献［4］；式(5)、式（3.5）等。

6.2.3 报告、论文一律用阿拉伯数字连续编页码。页码由书写、打字或印刷的首页开始，作为第 l 页，并为右页另页。封面、封二、封三和封底不编入页码。可以将题名页、序、目次页等前置部分单独编排页码。页码必须标注在每页的相同位置，便于识别。

力求不出空白页，如有，仍应以有页作为单页页码。

如在一个总题下装成两册以上，应连续编页码。如各册有其副题名，则可分别独立编页码。

6.2.4 报告、论文的附录依序用大写正体 A，B，C……编序号，如：附录 A。

附录中的图、表、式、参考文献等另行编序号，与正文分开，也一律用阿拉伯数字编码，但在数码前冠以附录序码，如：图 A1；表 B2；式（B3）；文献［A5］等。

6.3 引言（或绪论）

引言（或绪论）简要说明研究工作的目的、范围、相关领域的前人工作和知识空白、理论基础和分析、研究设想、研究方法和实验设计、预期结果和意义等。应言简意赅，不要与摘要雷同，不要成为摘要的注释。一般教科书中有的知识，在引言中不必赘述。比较短的论文可以只用小段文字起着引言的效用。

学位论文为了需要反映出作者确已掌握了坚实的基础理论和系统的专门知识，具有开阔的科学视野，对研究方案作了充分论证，因此，有关历史回顾和前人工作的综合评述，以及理论分析等，可以单独成章，用足够的文字叙述。

6.4 正文

报告、论文的正文是核心部分，占主要篇幅，可以包括：调查对象、实验和观测方法、仪器设备、材料原料、实验和观测结果、计算方法和编程原理、数据资料、经过加工整理的图表、形成的论点和导出的结论等。

由于研究工作涉及的学科、选题、研究方法、工作进程、结果表达方式等有很大的差异，对正文内容不能作统一的规定。但是，必须实事求是，客观真切，准确完备，合乎逻辑，层次分明，简练可读。

图包括曲线图、构造图、示意图、图解、框图、流程图、记录图、布置图、地图、照片、图版等。

图应具有“自明性”，即只看图、图题和图例，不阅读正文，就可理解图意。

图应编排序号（见 6.2.2）。

每一图应有简短确切的题名，连同图号置于图下。必要时，应将图上的符号、标记、代码，以及实验条件等，用最简练的文字，横排于图题下方，作为图例说明。

曲线图的纵横坐标必须标注“量、标准规定符号、单位”。此三者只有在不必要标明（如无量纲等）的情况下方可省略。坐标上标注的量的符号和缩略词必须与正文中一致。

照片图要求主题和主要显示部分的轮廓鲜明，便于制版。如用放大缩小的复制品，必须清晰，反差适中。照片上应该有表示目的物尺寸的标度。

6.4.1 表

表的编排，一般是内容和测试项目由左至右横读，数据依序竖排。表应有自明性。

表应编排序号（见6.2.2）。

每一表应有简短确切的题名，连同表号置于表上。必要时应将表中的符号、标记、代码，以及需要说明事项，以最简练的文字，横排于表题下，作为表注，也可以附注于表下。

附注序号的编排，见6.2.2。表内附注的序号宜用小号阿拉伯数字并加圆括号置于被标注对象的右上角，如：×××1)，不宜用星号“*”，以免与数学上共轭和物质转移的符号相混。

表的各栏均应标明“量或测试项目、标准规定符号、单位”。只有在无必要标注的情况下方可省略。表中的缩略词和符号，必须与正文中一致。

表内同一栏的数字必须上下对齐。表内不宜用“同上”、“同左”等类似词，一律填入具体数字或文字。表内“空白”代表未测或无此项，“–”或“…”（因“–”可能与代表阴性反应相混）代表未发现，“0”代表实测结果确为零。

如数据已绘成曲线图，可不再列表。

6.4.2 数学、物理和化学式

正文中的公式、算式或方程式等应编排序号（见6.2.2），序号标注于该式所在行（当有续行时，应标注于最后一行）的最右边。

较长的式，另行居中横排。如式必须转行时，只能在+，–，×，÷，<，>处转行。上下式尽可能在等号“=”处对齐。

示例1：

(1)

示例2：

(2)

示例3：

(3)

小数点用“.”表示。大于999的整数和多于三位数的小数，一律用半个阿拉伯数字符的小间隔分开，不用千位撇。对于纯小数应将0列于小数点之前。

示例：应该写成94 652.023 567；0.314 325，不应写成94，652.023，567；.314，325。应注意区别各种字符，如：拉丁文、希腊文、俄文、德文花体、草体；罗马数字和阿拉伯数字；字符的正斜体、黑白体、大小写、上下角标（特别是多层次，如“三踏步”）、上下偏差等。

示例：I，l，1，i；C，c；K，k，κ；0，o，(°)；S，s，5；Z，z，2；B，β；W，w，ω。

6.4.3 计量单位

报告、论文必须采用1984年2月27日国务院发布的《中华人民共和国法定计量中位》，并遵照《中华人民共和国法定计量单位使用方法》执行。使用各种量、单位和符号，必须遵循附录B所列国家标准的规定执行。单位名称和符号的书写方式一律采用国际通用符号。

6.4.4 符号和缩略词

符号和缩略词应遵照国家标准（见附录B）的有关规定执行。如无标准可循，可采纳本学科或本专业的权威性机构或学术团体所公布的规定；也可以采用全国自然科学名词审定委员会编印的各学科词汇的用词。如不得不引用某些不是公知公用的、且又不易为同行读者所理解的、或系作者自定的符号、记号、缩略词、首字母缩写字等时，均应在第一次出现时一一加以说明，给予明确的定义。

6.5 结论

报告、论文的结论是最终的、总体的结论，不是正文中各段的小结的简单重复。结论应该准确、完整、明确、精练。

如果不可能导出应有的结论，也可以没有结论而进行必要的讨论。

可以在结论或讨论中提出建议、研究设想、仪器设备改进意见、尚待解决的问题等。

6.6 致谢

可以在正文后对下列方面致谢：

国家科学基金、资助研究工作的奖学金基金、合同单位、资助或支持的企业、组织或个人；

协助完成研究工作和提供便利条件的组织或个人；

在研究工作中提出建议和提供帮助的人；

给予转载和引用权的资料、图片、文献、研究思想和设想的所有者；

其他应感谢的组织或个人。

6.7 参考文献表

按照 GB 7714—87《文后参考文献著录规则》的规定执行。

7 附录

附录是作为报告、论文主体的补充项目，并不是必需的。

7.1 下列内容可以作为附录编于报告、论文后，也可以另编成册。

a. 为了整篇报告、论文材料的完整，但编入正文又有损于编排的条理和逻辑性，这一类材料包括比正文更为详尽的信息、研究方法和技术更深入的叙述，建议可以阅读的参考文献题录，对了解正文内容有用的补充信息等；

b. 由于篇幅过大或取材于复制品而不便于编入正文的材料；

c. 不便于编入正文的罕见珍贵资料；

d. 对一般读者并非必要阅读，但对本专业同行有参考价值的资料；

e. 某些重要的原始数据、数学推导、计算程序、框图、结构图、注释、统计表、计算机打印输出件等。

7.2 附录与正文连续编页码。每一附录的各种序号的编排见 4.2 和 6.2.4。

7.3 每一附录均另页起。如报告、论文分装几册。凡属于某一册的附录应置于该册正文之后。

8 结尾部分（必要时）

为了将报告、论文迅速存储入电子计算机，可以提供有关的输入数据。

可以编排分类索引、著者索引、关键词索引等。

封三和封底（包括版权页）。

附 录 A

封面示例

（参考件）

附 录 B

相 关 标 准

（补充件）

B.1 GB 1434—78 物理量符号

B.2 GB 3100—82 国际单位制及其应用。

B.3 GB 3101—82 有关量、单位和符号的一般原则。

B.4 GB3102.1—82 空间和时间的量和单位。

B.5 GB 3102.2—82 周期及其有关现象的量和单位。

B.6 GB 3102.3—82 力学的量和单位。

B.7 GB 3102.4—82 热学的量和单位。

B. 8 GB 3102. 5—82 电学和磁学的量和单位。

B. 9 GB 3102. 6—82 光及有关电磁辐射的量和单位。

B. 10 GB 3102. 7—82 声学的量和单位。

B. 11 GB 3102. 8—82 物理化学和分子物理学的量和单位。

B. 12 GB 3102. 9—82 原子物理学和核物理学的量和单位。

B. 13 GB 3102. 10—82 核反应和电离辐射的量和单位。

B. 14 GB 3102. 11—82 物理科学和技术中使用的数学符号。

B. 15 GB 3102. 12—82 无量纲参数。

B. 16 GB 3102. 13—82 固体物理学的量和单位。

附加说明:

本标准由全国文献工作标准化技术委员会提出。

本标准由全国文献工作标准化技术委员会第七分委员会负责起草。

本标准主要起草人谭丙煜。

附录二 毕业设计表格（参考模板）

一、毕业设计（论文）任务书（仅供参考）

学生姓名		学号		专业班级		电话	
毕业设计(论文)中文题目							
毕业设计(论文)外文题目							
指导教师		职称		所在单位		电话	
课题类型	□设计 □专题研究 □综合实验 □科研论文 □其他						
课题来源	□国家级科研项目 □省部级科研项目 □市级科研项目 □学院科研项目 □横向课题项目 □教师自选项目 □学生自选项目 □其他						
毕业设计(论文)时间	年 月 日至 年 月 日						

阶段工作内容	工作进度安排周次																												
	第七学期（周）														第八学期（周）														
	4	5	6	7	8	9	10	11	12	13	14	15	16	17	1	2	3	4	5	6	7	8	9	10	11	12	13	14	15
查阅文献	–	–	–																										
文献综述和外文翻译				–	–	–																							
开题报告							–	–	–	–	–	–																	
设计、开发													–	–	–	–	–	–	–	–	–	–	–						
设计报告															–	–	–	–	–	–	–	–	–	–	–	–			
展出与答辩																						–	–	–	–	–	–	–	–

1. “阶段工作内容”包括：查阅文献、调研、撰写综述、翻译外文资料、开题、设计、绘图、撰写设计说明、定稿及答辩等；

2. 工作进度在相应周次下面画横线表示。

续表

<table>
<tr><td>设计（报告）的主要内容及要求：
1. 开题报告要求
（1）文献阅读：查阅文献15篇（含）以上，其中外文文献2篇（含）以上，近三年公开发表的文献5篇（含）以上，书籍至少3本，期刊（[J]）和论文集（[C]）10篇（含）以上，包括导师指定的全部参考文献。
（2）外文翻译：1500字以上。
（3）文献综述：2000字以上，包括国内外现状、研究方向、进展情况、存在问题和参考依据等。
（4）开题报告：2500字以上，包括选题的意义、可行性分析、设计的内容、设计方法、拟解决的关键问题、预期结果、进度计划等。
2. 设计要解决的主要问题
3. 设计的具体要求
（1）
（2）
（3）
……
4. 设计报告要求：
（1）3000字以上。
（2）
（3）
……</td></tr>
<tr><td>推荐参考文献：
[此处输入导师推荐的参考文献]

指导教师推荐的参考文献5～10篇，含近三年公开发表的文献至少3篇，其中外文文献至少2篇，尽量推荐期刊（[J]）和论文集（[C]）。
[1]
[2]
[3]
……</td></tr>
<tr><td>指导教师签名：
年 月 日</td></tr>
<tr><td>毕业设计（论文）工作指导小组意见：
☐ 同意下达任务书
☐ 不同意下达任务书
负责人签名：
年 月 日</td></tr>
</table>

二、毕业设计（论文）答辩申请表（仅供参考）

<table>
<tr><th colspan="6">基本情况（由学生填写）</th></tr>
<tr><td>学生姓名</td><td></td><td>学 号</td><td></td><td>专业班级</td><td>艺术设计090X班</td></tr>
<tr><td colspan="2">毕业设计（论文）题目</td><td colspan="4"></td></tr>
<tr><td>指导教师</td><td></td><td>职 称</td><td></td><td>所在单位</td><td>创意与艺术设计学院</td></tr>
<tr><td>课题类型</td><td colspan="5">□设计 □综合实验 □其他</td></tr>
<tr><td rowspan="10">规范检查
（学生自查，
教师检查）</td><td colspan="2">毕业设计（论文）完成情况</td><td>完成</td><td>未完成</td><td>字数</td></tr>
<tr><td colspan="2">开题报告</td><td></td><td></td><td></td></tr>
<tr><td colspan="2">文献综述</td><td></td><td></td><td></td></tr>
<tr><td colspan="2">外文翻译</td><td></td><td></td><td></td></tr>
<tr><td colspan="2">中英文摘要</td><td></td><td></td><td></td></tr>
<tr><td colspan="2">论文（正文）</td><td></td><td></td><td></td></tr>
<tr><td colspan="2">设计作品</td><td></td><td></td><td>（不填）</td></tr>
<tr><td colspan="2">中文参考文献</td><td>篇数</td><td colspan="2"></td></tr>
<tr><td colspan="2">英文参考文献</td><td>篇数</td><td colspan="2"></td></tr>
</table>

诚 信 承 诺

本人谨此承诺，本人所写毕业设计（论文）均由本人独立撰写，没有任何抄袭行为。凡涉及他人的观点和材料，均作了注释。如出现抄袭或侵犯他人知识产权的情况，愿承担由此引起的任何责任，并接受相应的处分。

学生签名：

年 月 日

指导教师意见（由导师填写）

☐ 同意推荐该毕业设计（论文）参加答辩
☐ 尚不符合毕业设计（论文）答辩条件

指导教师签名：

年 月 日

毕业设计（论文）工作指导小组意见（由负责人填写）

☐ 同意该毕业设计（论文）参加答辩
☐ 不同意该毕业设计（论文）参加答辩

负责人签名：

年 月 日

三、优秀毕业设计（论文）答辩申请表（仅供参考）

基本情况（由学生填写）					
学生姓名		学　号		专业班级	艺术设计090X班
毕业设计（论文）题目					
指导教师		职　称		所在单位	创意与艺术设计学院
课题类型	□设计　□综合实验　□其他				
课题来源	□国家级科研项目　□省部级科研项目　□市级科研项目　□学院立项项目 □横向课题项目　□学生自行设计项目　□教师自选项目　□其他				
自我评价（研究意义、水平和创新点）	学生签名： 年　月　日				
指导教师推荐意见（由导师填写）					
指导教师签名： 年　月　日					

注：1. 申请优秀毕业设计（论文）答辩的同学必须同时填写“毕业设计（论文）答辩申请表”；

2. 未申请优秀毕业设计（论文）答辩的同学请删除本表格，并更新目录。

四、毕业设计（论文）指导教师评语及评分（仅供参考）

<table>
<tr><td colspan="7">指导教师对开题报告的评语：</td></tr>
<tr><td colspan="7">指导教师对文献综述的评语：</td></tr>
<tr><td colspan="7">指导教师对译文的评语：</td></tr>
<tr><td colspan="7">指导教师对毕业设计（论文）的评语：</td></tr>
<tr><td rowspan="2">指导教师
评分</td><td>评分内容
及分值</td><td>选题
（10 分）</td><td>开题
（30 分）</td><td>毕业论文
（30 分）</td><td>设计作品
（30 分）</td><td>总分
（100 分）</td></tr>
<tr><td>评分</td><td></td><td></td><td></td><td></td><td></td></tr>
<tr><td colspan="7">指导教师签名：

年　　月　　日</td></tr>
</table>

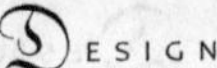

五、毕业设计（论文）评阅人意见（仅供参考）

<table>
<tr><td colspan="6">基本情况（由学生填写）</td></tr>
<tr><td>学生姓名</td><td></td><td>学　号</td><td></td><td>专业班级</td><td>艺术设计 090X 班</td></tr>
<tr><td colspan="2">毕业设计（论文）题目</td><td colspan="4"></td></tr>
<tr><td>指导教师</td><td></td><td>职　称</td><td></td><td>所在单位</td><td>创意与艺术设计学院</td></tr>
<tr><td>课题类型</td><td colspan="5">□设计　□综合实验　□其他</td></tr>
<tr><td colspan="6">评阅人意见（由评阅人填写）</td></tr>
<tr><td>项　目</td><td colspan="5">评　　价</td></tr>
<tr><td>选题</td><td colspan="5">□优秀　□良好　□一般　□较差</td></tr>
<tr><td>开题报告</td><td colspan="5">□优秀　□良好　□一般　□较差</td></tr>
<tr><td>文献综述</td><td colspan="5">□优秀　□良好　□一般　□较差</td></tr>
<tr><td>外文翻译</td><td colspan="5">□优秀　□良好　□一般　□较差</td></tr>
<tr><td>研究内容与方法</td><td colspan="5">□优秀　□良好　□一般　□较差</td></tr>
<tr><td>专业应用水平</td><td colspan="5">□优秀　□良好　□一般　□较差</td></tr>
<tr><td>撰写能力</td><td colspan="5">□优秀　□良好　□一般　□较差</td></tr>
<tr><td>创新点</td><td colspan="5">□优秀　□良好　□一般　□较差</td></tr>
<tr><td colspan="6">意见：</td></tr>
</table>

<table>
<tr><td rowspan="2">评阅人
评分</td><td>评分内容
及分值</td><td>选题
（10 分）</td><td>开题报告
（10 分）</td><td>文献综述
（10 分）</td><td>外文翻译
（10 分）</td><td>专业应用
水平
（50 分）</td><td>撰写能力
（10 分）</td><td>总分
（100 分）</td></tr>
<tr><td>评分</td><td></td><td></td><td></td><td></td><td></td><td></td><td></td></tr>
<tr><td colspan="9">评阅人签名：

年　月　日</td></tr>
</table>

六、毕业设计作品验收意见（仅供参考）

<table>
<tr><td colspan="6">基本情况（由学生填写）</td></tr>
<tr><td>学生姓名</td><td></td><td>学　号</td><td></td><td>专业班级</td><td>艺术设计 090X 班</td></tr>
<tr><td colspan="2">毕业设计（论文）题目</td><td colspan="4"></td></tr>
<tr><td>指导教师</td><td></td><td>职　称</td><td></td><td>所在单位</td><td>创意与艺术设计学院</td></tr>
<tr><td>课题类型</td><td colspan="5">□设计　　□综合实验　　□其他</td></tr>
<tr><td>作品名称</td><td colspan="5"></td></tr>
<tr><td>创意说明</td><td colspan="5"></td></tr>
<tr><td>开发工具</td><td colspan="5"></td></tr>
<tr><td>本人完成工作
及创新点</td><td colspan="5"></td></tr>
<tr><td colspan="6">验收意见（由验收小组填写）</td></tr>
<tr><td colspan="2">项　目</td><td colspan="4">评　价</td></tr>
<tr><td colspan="2">作品性能</td><td colspan="4">□优秀　□良好　□一般　□较差</td></tr>
<tr><td colspan="2">功能完整性</td><td colspan="4">□优秀　□良好　□一般　□较差</td></tr>
<tr><td colspan="2">作品质量</td><td colspan="4">□优秀　□良好　□一般　□较差</td></tr>
<tr><td colspan="2">创新性与应用性</td><td colspan="4">□优秀　□良好　□一般　□较差</td></tr>
<tr><td colspan="6">验收结果：
□ 通过
□ 不通过
验收人签名：
年　月　日</td></tr>
</table>

注：1. 课题类型是“工程设计”、“综合实验”或“其他”的学生，在答辩前需进行毕业设计作品验收。

2. 课题类型是“专题研究”或“科研论文”的学生请删除本表格，并更新目录。

3. 请各分院根据专业特点确定对作品的描述内容、验收的项目和评价指标。

七、毕业设计（论文）答辩评语及评分（仅供参考）

答辩小组对毕业设计（论文）及答辩的评语：

答辩评分	评分内容及分值	选题（10 分）	毕业论文（30 分）	设计作品（30 分）	答辩情况（30 分）	总分（100 分）
	评分					

答辩小组成员签名：

答辩小组负责人签名：

年　　月　　日

八、毕业设计（论文）总评表（仅供参考）

<table>
<tr><th colspan="6">基本情况（由学生填写）</th></tr>
<tr><td>学生姓名</td><td></td><td>学　号</td><td></td><td>专业班级</td><td></td></tr>
<tr><td colspan="2">毕业设计（论文）题目</td><td colspan="4"></td></tr>
</table>

<table>
<tr><th colspan="4">评分项目构成</th></tr>
<tr><td>评分项目</td><td>评阅项目</td><td>评分内容及分值明细</td><td>合计</td></tr>
<tr><td rowspan="7">指导教师评分</td><td>选题</td><td>选题（10 分）</td><td rowspan="7">100 分</td></tr>
<tr><td rowspan="3">开题</td><td>开题报告（10 分）</td></tr>
<tr><td>文献综述（10 分）</td></tr>
<tr><td>外文翻译（10 分）</td></tr>
<tr><td rowspan="2">毕业论文</td><td>专业应用水平（20 分）</td></tr>
<tr><td>撰写能力（10 分）</td></tr>
<tr><td>设计作品</td><td>专业应用水平与展示效果（30 分）</td></tr>
<tr><td rowspan="6">评阅人评分</td><td>选题</td><td>选题（10 分）</td><td rowspan="6">100 分</td></tr>
<tr><td rowspan="3">开题</td><td>开题报告（10 分）</td></tr>
<tr><td>文献综述（10 分）</td></tr>
<tr><td>外文翻译（10 分）</td></tr>
<tr><td rowspan="2">毕业论文</td><td>专业应用水平（50 分）</td></tr>
<tr><td>撰写能力（10 分）</td></tr>
<tr><td rowspan="5">答辩评分</td><td>选题</td><td>选题（10 分）</td><td rowspan="5">100 分</td></tr>
<tr><td rowspan="2">毕业论文</td><td>专业应用水平（20 分）</td></tr>
<tr><td>撰写能力（10 分）</td></tr>
<tr><td>设计作品</td><td>专业应用水平与展示效果（30 分）</td></tr>
<tr><td>答辩</td><td>答辩情况（30 分）</td></tr>
</table>

<table>
<tr><th colspan="4">评分</th></tr>
<tr><td>评分项目</td><td>评分</td><td>权数</td><td>总评成绩</td></tr>
<tr><td>指导教师评分</td><td></td><td>20%</td><td rowspan="3"></td></tr>
<tr><td>评阅人评分</td><td></td><td>10%</td></tr>
<tr><td>答辩评分</td><td></td><td>70%</td></tr>
<tr><td colspan="4">毕业设计工作指导小组负责人签名：　　　　年　　月　　日</td></tr>
</table>

九、毕业设计（论文）答辩记录（仅供参考）

<table>
<tr><td colspan="6">基本情况（由学生填写）</td></tr>
<tr><td>学生姓名</td><td></td><td>学　号</td><td></td><td>专业班级</td><td></td></tr>
<tr><td colspan="2">毕业设计（论文）题目</td><td colspan="4"></td></tr>
<tr><td colspan="6">答辩记录（由答辩小组填写）</td></tr>
<tr><td colspan="6">答辩记录：

记录人签名：
答辩小组负责人签名：
年　月　日</td></tr>
</table>

附录三 毕业设计开题报告(参考模板)

(包括选题的意义、可行性分析、研究的内容、研究方法、拟解决的关键问题、预期结果、研究进度计划等)

1. 选题的背景和意义

（1）开题报告是对所设计的课题进行说明的一种文字材料，是随着现代科学研究活动的程序化管理要求应运而生的。通过开题报告，可以把选题的意义、设计可行性分析、所要设计的内容、设计方法、拟解决的关键问题、预期结果以及设计的进度计划等阐述清楚，并为评审者提供完整的书面依据。

（2）开题报告是申请批准开展某项工作的建议书。毕业设计（论文）开题报告要回答以下问题：要研究什么问题？这个问题的研究有什么理论意义和实际意义？这项研究要解决的关键问题是什么？预期能得到什么结果？这项研究需要哪些资源？为什么这项研究是能够达到目标？

（3）开题报告的字数不少于2500字。

（4）选题的背景和意义：说明所选课题的设计依据、历史背景、国内外研究现状和发展趋势。开题报告写这些内容一方面可以论证本课题研究的地位和价值，即选题的意义，包括对选题的理论意义和现实意义的说明；另一方面也可以表明开题报告撰写者对本课题研究是否有很好的把握。

1.1 选题的背景

（1）插图的标示和引用方法请参见毕业设计（论文）模板2.1.1。开题报告的插图编

号依次为1.1、1.2、1.3等。

（2）表格的标示和引用方法请参见毕业设计（论文）模板2.1.2。开题报告的表格编号依次为1.1、1.2、1.3等。

1.2 国内外研究现状

说明本课题目前在国内外的研究状况，介绍各种观点，比较各种观点的异同，着重说明本课题目前存在的争论焦点，同时说明自己的观点。

1.3 发展趋势

说明本课题目前国内外研究已经达到什么水平，还存在什么问题，以及发展趋势等，指明研究方向，提出可能解决的方法。

2. 设计的基本内容

在开题报告中要对设计的基本内容和要解决的问题给予粗略但必须是清楚的介绍。只有对设计的基本内容和主要问题了解清楚，才能明白研究的重点和研究的方向，明确进一步研究的具体思路。设计的基本内容可以分为以下几个部分来介绍：

2.1 基本内容

2.2 拟解决的主要问题

3. 设计方法

设计方法是否正确，会影响到毕业设计的水平，甚至成败。在开题报告中，学生要说明自己准备采用什么样的设计方法，比如调查研究中的抽样法、问卷法，论文论证中的实证分析法、比较分析法，设计中的文献阅读、资料收集、丝网印刷、模型制作、实物制作等。

4. 预期设计成果

说明在课题研究已有的基础上，在哪些方面有望获得有新意的成果。

5. 设计工作进度计划

设计工作的进度计划也就是整体设计在时间和顺序上的安排。毕业设计创作过程中，材料的收集、初稿的写作、设计与实物制作、布展等，都要分阶段进行，每个阶段从什么时间开始，到什么时间结束都要有规定。

在时间安排上，要充分考虑各个阶段设计内容的相互关系和难易程度。对于指导教师在任务书和进度表中规定的时间安排，学生应在开题报告中给予呼应，并最后得到批准。

6. 其他需要说明的问题

如果没有需要说明的问题，该部分可省略。

附录四 文献综述(参考模板)

(包括国内外现状、研究方向、进展情况、存在问题、参考依据等)

1. 国内外现状

(1) 文献综述是站在巨人的肩上从而避免低水平地重复前人的工作，文献综述应当全面而概括地描述在作者将要开展研究的领域中，前人已经发表的文章的意义、观点、内容、方法、结果。文献综述一般应在完成开题报告之前完成。

(2) 文献综述是在针对选题相关的研究领域搜集大量文献资料的基础上，就×××设计国内外在该相关领域的主要研究成果、最新进展、研究动态、前沿问题等进行综合分析和评论，能较全面地反映课题的历史背景、争论焦点、设计现状、设计方向和发展前景等内容。

(3) 文献综述的字数不少于2000字。

(4) 掌握全面、大量、新颖的文献资料是写好综述的前提。首先应选择研究大量国内外设计书刊、学术期刊和学术会议文章，其次是教科书或其他书籍，再次是大众传播媒介，如报纸、广播、通俗杂志、网上文献等，还可以适当引用一些数据和事实，但其中的观点不能作为论证的依据。

(5) 插图的标示和引用方法请参见毕业设计（论文）模板2.1.1。文献综述的插图编号依次为2.1、2.2、2.3等。

(6) 表格的标示和引用方法请参见毕业设计（论文）模板2.1.2。文献综述的表格编号依次为2.1、2.2、2.3等。

2. 相关设计案例分析

3. 发展趋势

此处还应简要总结并提出自己的见解。

4. 参考文献（含开题报告和文献综述）

参考文献写作应注意的问题：

（1）参考文献是开题报告和文献综述不可缺少的组成部分，在撰写过程中应承认和尊重他人的知识成果，参考与引用的内容必须注明，杜绝抄袭、剽窃他人成果。同时，引用的资料应具有权威性，并对开题报告和文献综述有直接的参考价值。

（2）要求查阅文献15篇（含）以上，其中外文文献2篇（含）以上，近三年公开发表的文献5篇（含）以上，包括导师指定的全部参考文献。

（3）列出的参考文献在开题报告和文献综述中必须有引用，参考文献按照开题报告和文献综述中引用出现的顺序统一编号。

（4）对参考文献的引用采用上标表示。

（5）各类参考文献条目的编排格式。参考文献的来源分为连续出版物、专著、专利文献、国际（国家）标准及电子文献等几类，各类参考文献条目的编排格式和示例如下：

A. 连续出版物：

[序号] 主要责任者. 文献题名 [J]. 刊名，出版年份，卷号（期号）.

例如：[1] 袁庆龙，侯文义. Ni-P合金镀层组织形貌及显微硬度研究 [J]. 太原理工大学学报，2001，32（1）.

B. 专著：

[序号] 主要责任者. 文献题名 [M]. 出版地：出版者，出版年.

例如：[2] 刘国钧，王连成. 图书馆史研究 [M]. 北京：高等教育出版社，1979.

C. 论文集：

[序号] 主要责任者. 文献题名 [C]. 主编. 论文集名. 出版地：出版者，出版年.

例如：[3] 孙品一. 高校学报编辑工作现代化特征 [C]. 中国高等学校自然科学学报研究会. 科技编辑学论文集（2）. 北京：北京师范大学出版社，1998.

D. 学位论文：

[序号] 主要责任者. 文献题名 [D]. 保存地：保存单位，年份.

例如：[4] 张和生. 地质力学系统理论 [D]. 太原：太原理工大学，1998.

E. 报告：

[序号] 主要责任者. 文献题名 [R]. 报告地：报告会主办单位，年份.

例如：[5] 冯西桥. 核反应堆压力容器的LBB分析 [R]. 北京：清华大学核能技术设计研究院，1997.

F. 专利文献：

[序号] 专利所有者. 专利题名 [P]. 专利国别：专利号，发布日期.

例如：[6] 姜锡洲. 一种温热外敷药制备方案 [P]. 中国专利：881056078，1983-08-12.

G. 国际、国家标准：

[序号] 标准代号，标准名称 [S]. 出版地：出版者，出版年.

例如：[7] GB/T 16159—1996，汉语拼音正词法基本规则 [S]. 北京：中国标准出版社，1996.

H. 报纸文章：

[序号] 主要责任者. 文献题名 [N]. 报纸名，出版日期（版次）.

例如：[8] 谢希德. 创造学习的思路 [N]. 人民日报，1998-12-25（10）.

I. 电子文献：

[序号] 主要责任者. 电子文献题名 [文献类型/载体类型]. 电子文献的出版或可获得地址，发表或更新的期/引用日期（任选）.

例如：[9] 王明亮. 中国学术期刊标准化数据库系统工程的建设 [EB/OL].

http：//www. cajcd. cn/pub/wml. txt/9808 10-2. html，1998-08-16/1998-10-04.

（6）文献类型的标注方法。根据 GB3469—83《文献类型与文献载体代码》的规定，以下各种参考文献类型用英文大写字母方式标注：专著 [M]，论文集 [C]，报纸文章 [N]，期刊文章 [J]，学位论文 [D]，报告 [R]，标准 [S]，专利 [P]，单篇论文 [A]，其他 [Z]。电子文献类型：数据库（database）[DB]，计算机程序（computer program）[CP]，电子公告（electronic bulletin board）[EB]。

（7）载体类型标识的标注方法。

以纸张为载体的文献在引做参考文献时，不必注明其载体类型。

对于非纸张型载体的电子文献，当被引用为参考文献时，需在参考文献类型标识中同时标明其载体类型，用英文大写字母标注：

磁带（magnetic）[MT]，磁盘（disk）[DK]，光盘 [CD]，联机网络（online）[OL]。

电子文献类型与载体类型标识基本格式为 [文献类型标识/载体类型标识]

例如：

[DB/OL] ——联机网上数据（database online）；

[DB/MT] ——磁带数据库（database on magnetic tape）；

[M/CD] ——光盘图书（monograph on CD ROM）；

[CP/CK] ——磁盘软件（computer program on disk）；

[J/OL] ——网上期刊（serial online）；

[EB/OL] ——网上电子公告（electronic bulletin board online）。

（8）参考文献示例：

[1] D. Spinellis，K. Raptis. Component Mining：A Process and Its Pattern Language [J]. Information and Software Technology，2006，42（5）：5-8.

[2] 杨芙清，梅宏，李克勤. 软件复用与软件构件技术 [J]. 电子学报，1999，27（2）：32-38.

[3] Nenad Medvidovic，Richard Taylor. A Classification and Comparison Framework for Software Architecture Description Languages [J]. IEEE Transactions on Software Engineering，2005，25（1）：40-48.

[4] 窦郁宏，陈松乔. 程序挖掘中需求描述的研究 [J]. 计算机工程与应用，2006，10：46-49.

[5] 贾名宇. 工程硕士论文撰写规范 [D]. 硕士学位论文，上海交通大学，2007.

[6] 胡海洋，杨玫. Cogent 后组装技术研究与实现 [J]. 电子学报，2002，30（12）：65-70.

[7] 袁庆龙，侯文义. Ni-P 合金镀层组织形貌及显微硬度研究 [J]. 太原理工大学学报，2001，32

(1)：71-75.

[8] 刘国钧，王连成．图书馆史研究［M］．北京：高等教育出版社，1979.

[9] 孙品一．高校学报编辑工作现代化特征［C］．中国高等学校自然科学学报研究会．科技编辑学论文集（2）．北京：北京师范大学出版社，1998.

[10] 张和生．地质力学系统理论［D］．太原：太原理工大学，1998.

[11] 冯西桥．核反应堆压力容器的LBB分析［R］．北京：清华大学核能技术设计研究院，1997.

[12] 姜锡洲．一种温热外敷药制备方案［P］．中国专利：881056078，1983-08-12.

[13] GB/T 16159—1996，汉语拼音正词法基本规则［S］．北京：中国标准出版社，1996.

[14] 谢希德．创造学习的思路［N］．人民日报，1998-12-25（10）．

[15] 王明亮．中国学术期刊标准化数据库系统工程的建设［EB/OL］．http：//www. cajcd. cn/pub/wml. txt/9808 10-2. html，1998-08-16/1998-10-04.

[16] 任洪敏，钱乐秋．构件组装及其形式化推导研究［J］．软件学报，2007，14（6）：76-80.

附录五 毕业设计译文及原稿编写要求

(1) 在“原稿出处”中对原稿的来源进行说明，包括作者姓名、出处、出版信息等。有两篇以上译文的，按如下顺序列出：

译文题目一

原稿题目一

原稿出处一

译文题目二

原稿题目二

原稿出处二

(2) 检索和利用外文资料的能力是现阶段毕业设计（论文）环节中所要求掌握的基本能力之一。外文翻译是在查阅外文文献时，将篇幅适当、内容与选题相关的外文资料翻译成中文。通过翻译外文资料，可以更深层次地了解国外相关领域的现状，同时也是翻译能力的锻炼，并为考查和检验学生语言能力提供依据。

(3) 进行外文翻译应注意以下几点：

①外文文献的内容与选题相关或专业上有联系；

②篇幅、深度和难度适当，可以由两至三篇小文章组成。

(4) 外文翻译字数应达到1500字以上（翻译成中文后的汉字字数）。

(5) 外文原稿可以直接使用复印件。

附录六　毕业设计论文（参考模板）

［毕业论文中文题目］

——［中文副标题］

【摘要】

【关键词】

1. 题目的确定

题目应简短、明确、有概括性，用极为精练的文字把论文的主题或总体内容表达出来，能反映论文内容、专业特点和学科范畴，且涵盖的内容不宜过大。字数一般不超过24字，必要时可加副标题，副标题的字数一般不要超过题目的字数。

2. 摘要的撰写

摘要反映了毕业设计（论文）的主要信息，以浓缩的形式概括说明研究目的、内容、方法、成果和结论，具有独立性和完整性。中文摘要一般为300字左右，不含公式、图表和注释。论文摘要应采用第三人称的写法，力求文字精悍简练。

摘要通常包括：

（1）毕业设计（论文）所研究问题的意义（通常一句话概括）；

（2）毕业设计（论文）所研究的问题（通常一两句话概括）；

（3）论文中有新意的部分（观点、方法、材料、结论等）的明确概括；

（4）结果的意义。

3. 关键词的选择

关键词是供检索用的主题词条，应采用能覆盖毕业设计（论文）主要内容的通用技术词条（参照相应的技术术语标准）。关键词一般为3～5个，每个关键词不超过5个字。

4. 在论文的总体结构和关键点控制中应注意的问题

（1）毕业论文的题目与章节标题之间的关系要前后呼应。论文的题目应该体现在章节标题中，避免章节的题目比整个论文的题目还要大的情况出现。

（2）摘要的书写和关键词选择要到位。读者通过阅读摘要就能了解论文主要做了哪些方面的工作，有哪些方面的创新成果等。避免出现用较大的篇幅说明研究意义等现象。

（3）关键词必须与论文的题目和摘要密切联系，论文的题目和关键词应该体现在摘要中。

导师在进行毕业设计（论文）指导时，应该更多地从总的方面来把握，尤其要在论文题目、章节标题、摘要、关键词、绪论、结论等总体结构方面和关键性控制点对学生多加指导。

[毕业论文外文标题]

——[外文副标题]

【Abstract】

【Key Words】

（1）毕业设计（论文）的英文题目应与中文题目一致。

（2）英文摘要与中文摘要的内容应一致。

（3）每一个英文关键词都必须与中文关键词一一对应。

图目录

表目录

第 1 章　市场调研

1.1　国内外市场现状

1. 论文的构成

毕业设计（论文）主要包括绪论、正文主体、结论、参考文献、附录和致谢等。

正文主体是论文的主要组成部分，是毕业设计（论文）的核心，要求层次清楚，文字规范、通顺，重点突出。

正文主体应分章节撰写，各章标题要突出重点，章标题的字数一般在15字以内。正文主体的内容一般由标题、文字、公式、表格和插图等部分组成。

2. 在撰写绪论时应注意的问题

绪论包括本课题的研究意义、研究目的、主要研究内容、研究范围和应该解决的问题。

绪论中要明确说明哪些是别人已经做过的工作，哪些是自己要做的工作。

1.1.1 [条标题]

1.1.2 [条标题]

1.2 存在问题

1.2.1 [条标题]

1.2.2 [条标题]

1.3 设计定位

毕业设计作品拟解决哪些问题，针对哪些用户，区域等。

1.3.1 [条标题]

1.3.2 [条标题]

第2章 设计实践

2.1 设计思路

2.1.1 [条标题]

（1）插图的标示和引用

每幅插图都必须有图编号和图标题（即图的名称）。

每一章的图都要统一编号。例如，假设第2章有3幅插图，则图编号分别为图2-1、图2-2和图2-3。

正文中引用插图内容时，用图编号指代插图。如图2-1表示第2章的第1幅图。

（2）插图应设置于文章中首次提到处附近，先见文字后见插图。插图中的术语、符号、单位等应同正文文字表达所使用的一致。图与图标题不能破页。

（3）坐标图要求纵横坐标目的量和单位符号应齐全，居中置于纵横坐标的外侧，横坐标的标目自左至右；纵坐标的标目自下而上，右侧纵坐标的标目方式与左侧相同。

（4）在本模板中，图编号和图标题使用了统一的样式，在正式成文后可以自动生成图目录。如果作者需要更多的插图，请先粘贴插图示例的图编号和图标题，再修改图编号和图标题的内容。

（5）正式成文后请更新图目录。

2.1.2 ［条标题］

（1）表格的标示和引用。

每张表格都必须有表编号和表标题（即表的名称）。

每一章的表格都要统一编号。例如，假设第2章有3张表格，则表编号分别为表2-1、表2-2和表2-3。

正文中引用表格内容时，用表编号指代表格，如表2-1表示第2章的第1张表格。

（2）表格应设置于文章中首次提到处附近，先见文字后见表格。表格中的术语、符号、单位等应同正文文字表达所使用的一致。表格与表标题不能破页。

（3）在本模板中，表编号和表标题使用了统一的样式，在正式成文后可以自动生成表目录。如果作者需要更多的表格，请先粘贴表格示例的表编号和表标题，再修改表编号和表标题的内容。

（4）正式成文后请更新表目录。

2.1.3 ［条标题］

2.2 前期方案

2.2.1 ［条标题］

2.2.2 ［条标题］

第3章 定案与用户体验报告

3.1 草模与使用方式图示

3.1.1 ［条标题］

插图的标示和引用方法请参见毕业设计（论文）模板2.1.1。

3.1.2 ［条标题］

表格的标示和引用方法请参见毕业设计（论文）模板2.1.2。

3.1.3 ［条标题］

3.2 色彩方案

3.2.1 ［条标题］

3.2.2 ［条标题］

3.3 材质设计

3.3.1 ［条标题］

3.3.2 ［条标题］

3.4 商业渲染效果图

3.4.1 ［条标题］

3.4.2 ［条标题］

第4章 毕业设计总结

（1）总结是对整个毕业设计和四年学习的概括总结，它集中反映作者的学习成果，表达作者对设计作品的见解和主张。总结的内容要精练、明确、扼要、集中，一般不超过1000字。

（2）撰写总结时应注意下列事项：

①总结要简单、明确，措辞上应严密，容易理解。

②总结应反映个人的研究工作，对于他人已有的结论要尽量少提。

③要实事求是地介绍自己的研究成果，切忌言过其实，在无充分把握时，应留有余地。

参考文献

参考文献写作注意事项参见文献综述模板中相关内容。

附 录

对于一些不宜放入正文，又是毕业设计（论文）不可缺少的部分，或有重要参考价值的内容，可编入附录中，如过长的公式推导、大量的数据和图表、程序全文及其说明等。可用英文大写字母编序号，必要时按目录上的三级标题加注数字，如附录A，附录A1，附录A1.1，附录A1.1.1等。

致 谢

简述自己通过毕业设计（论文）的体会，向给予指导、合作、支持及协助完成研究工作的单位、组织或个人致谢。

致谢的文字虽不多，却是论文不可缺少的内容。内容应简洁明了、实事求是、避免俗套。

参 考 文 献

[1] 张黎骅，吕小荣．机械工程专业毕业设计指导书［M］．北京：北京大学出版社，2011.
[2] 教育部高等教育司，北京市教育委员会．高等学校毕业设计（论文）指导手册［M］．北京：高等教育出版社，2008.
[3] 周家华，黄绮冰．毕业论文写作指南［M］．南京：南京大学出版社，2007.
[4] 周志高，刘志平．大学毕业设计（论文）写作指南［M］．北京：北京大学出版社，2007.
[5] 何庆．机械制造专业设计指导与范例［M］．北京：化学工业出版社，2008.
[6] 肖世华．工业设计教材［M］．北京：中国建筑工业出版社，2007.
[7] 中华人民共和国教育部高等教育司．普通高等学校本科专业目录和专业介绍［M］．北京：高等教育出版社，2012.
[8] 焦永和，林宏．画法几何及工程制图［M］．北京：北京理工大学出版社，2000.
[9] 尚淼．产品形态设计［M］．武汉：武汉大学出版社，2010.